21世纪高等学校系列教材｜电子信息

U0366462

数字电子技术基础

孟庆斌 主编

王芳 徐颖超 鞠兰 赵云红 编著

清华大学出版社

北 京

内 容 简 介

本书共12章,分别介绍了数制和码制、逻辑代数基础、逻辑门电路、组合逻辑电路、触发器、时序逻辑电路、半导体存储器、可编程逻辑器件、脉冲波形发生与整形电路、数/模转换和模/数转换、Multisim仿真软件简介及硬件描述语言简介。本书面向应用型、复合型、创新型人才培养,注重数字逻辑基本理论和基本方法的同时,着力强化逻辑电路的分析和应用。

本书可作为高等学校电子信息、自动化、计算机等理工科专业的本科生教材,也可供相关工程技术人员和有兴趣的读者自学使用。

图书在版编目(CIP)数据

数字电子技术基础/孟庆斌主编.—北京:清华大学出版社,2022.1
21世纪高等学校系列教材·电子信息
ISBN 978-7-302-59350-8

Ⅰ.①数… Ⅱ.①孟… Ⅲ.①数字电路-电子技术-高等学校-教材 Ⅳ.①TN79

中国版本图书馆CIP数据核字(2021)第207682号

责任编辑:刘向威 常晓敏
封面设计:傅瑞学
责任校对:郝美丽
责任印制:曹婉颖

出版发行:清华大学出版社
　　　　　网　　址:http://www.tup.com.cn,http://www.wqbook.com
　　　　　地　　址:北京清华大学学研大厦A座　　　邮　　编:100084
　　　　　社 总 机:010-62770175　　　　　　　　邮　　购:010-83470235
　　　　　投稿与读者服务:010-62776969,c-service@tup.tsinghua.edu.cn
　　　　　质量反馈:010-62772015,zhiliang@tup.tsinghua.edu.cn
　　　　　课件下载:http://www.tup.com.cn,010-83470236
印 刷 者:北京富博印刷有限公司
装 订 者:北京市密云县京文制本装订厂
经　　销:全国新华书店
开　　本:185mm×260mm　　　印　　张:19　　　字　　数:466千字
版　　次:2022年1月第1版　　　　　　　　　　印　　次:2022年1月第1次印刷
印　　数:1~1500
定　　价:59.00元

产品编号:070085-01

前　言

　　"数字电子技术"是电子信息、自动化、计算机等理工科专业的重要基础课。为适应应用型、复合型、创新型人才培养的需要,"数字电子技术"课程应在注重数字逻辑基本理论和基本方法的基础上,强化逻辑电路分析和应用能力的培养。面向应用型人才培养的数字电子技术教材不应花费大量篇幅着墨于基本逻辑门电路和中小规模数字集成逻辑电路的内部结构,这会使学生在面对复杂的内部电路结构时产生畏难心理,对学习基本逻辑电路失去兴趣;而应加强对基本逻辑电路应用的阐述,使学生能够较为轻松地进行数字逻辑电路应用实践。因此,本书在编写过程中注重对数字电子技术的内容进行整合,减少内部电路结构所占篇幅,着力阐述基本理论和一般方法,侧重基本逻辑功能电路的原理及应用。书中给出的应用实例可以有效帮助学生理论联系实际,掌握并应用理论知识解决实际问题。此外,本书还对 Multisim 电路仿真和硬件描述语言进行了介绍,为进行计算机辅助学习提供了帮助,也为学生进一步学习现代数字系统设计架设了桥梁。

　　本书共 12 章,第 1~4 章和第 10 章由南开大学滨海学院孟庆斌编写,第 5 章由北京科技大学天津学院王芳编写,第 6 章由天津理工大学中环信息学院徐颖超编写,第 7、8、11、12 章由南开大学鞠兰编写,第 9 章由天津大学赵云红编写。全书由孟庆斌担任主编,并负责全书的统稿。

　　在本书的编写过程中,得到了编者所在单位各级领导的支持与帮助,感谢南开大学滨海学院田建国教授、天津理工大学中环信息学院渠丽岩教授、北京科技大学天津学院许学东教授、南开大学孙桂玲教授的大力支持,感谢南开大学李维祥教授、李国峰教授和中国人民解放军军事交通学院张宪教授在数字电子技术授课和本书编写中给予的宝贵意见和帮助。

　　本书在编写过程中查阅和参考了众多的文献资料,在授课实践过程中得到了许多学生给予的有益反馈,这对本书的编写起到了积极的推动作用,在此向参考文献的作者和可爱的同学们致以诚挚的谢意。本书在编写和出版过程中,得到了清华大学出版社的大力支持和帮助,在此表示衷心的感谢。

　　由于编者的能力和水平有限,书中存在不足和不完善之处,恳请读者及同行给予批评和指正。

编　者

2021 年 6 月

目 录

第 1 章　数制和码制 ·· 1

　1.1　概述 ·· 1

　1.2　十进制和二进制 ·· 2

　　　1.2.1　十进制 ·· 2

　　　1.2.2　二进制 ·· 3

　　　1.2.3　十进制数与二进制数的相互转换 ·· 4

　1.3　二进制算术运算 ·· 6

　1.4　反码、补码和补码运算 ·· 8

　1.5　八进制和十六进制 ·· 9

　　　1.5.1　八进制 ·· 9

　　　1.5.2　十六进制 ·· 10

　　　1.5.3　八进制数、十六进制数与二进制数、十进制数之间的转换 ·············· 10

　1.6　数字编码 ·· 12

　　　1.6.1　二-十进制编码 ·· 12

　　　1.6.2　格雷码 ·· 12

　　　1.6.3　美国信息交换标准代码 ·· 13

　1.7　误码检测 ·· 14

　习题 ·· 15

第 2 章　逻辑代数基础 ·· 17

　2.1　概述 ·· 17

　2.2　基本逻辑运算 ·· 17

　　　2.2.1　3 种基本逻辑运算 ·· 17

　　　2.2.2　常用复合逻辑运算 ·· 21

　2.3　基本公式和常用公式 ·· 24

　　　2.3.1　基本公式 ·· 24

　　　2.3.2　若干常用公式 ·· 25

　2.4　基本定理 ·· 26

　　　2.4.1　代入定理 ·· 26

　　　2.4.2　反演定理 ·· 26

　　　2.4.3　对偶定理 ·· 27

　2.5　逻辑函数及其表示方法 ·· 27

2.5.1 逻辑函数的定义 27

2.5.2 逻辑函数的表示方法 28

2.6 逻辑函数的标准形式 32

2.6.1 逻辑函数式的基本形式 32

2.6.2 逻辑函数的最小项之和形式 33

2.6.3 逻辑函数的最大项之积形式 34

2.6.4 逻辑函数形式的变换 36

2.7 逻辑函数的化简方法 37

2.7.1 公式化简法 38

2.7.2 卡诺图化简法 40

2.8 具有无关项的逻辑函数及其化简 44

2.8.1 无关项的定义 44

2.8.2 具有无关项逻辑函数的化简 44

习题 45

第 3 章 逻辑门电路 48

3.1 概述 48

3.2 逻辑门电路的基本结构和工作原理 50

3.2.1 分立元件门电路 50

3.2.2 TTL 门电路 52

3.2.3 CMOS 门电路 56

3.3 特别功能门电路 60

3.3.1 三态输出门 60

3.3.2 集电极开路门和漏极开路门 62

3.3.3 CMOS 传输门 66

3.4 集成门电路产品及性能参数 68

3.4.1 TTL 数字集成电路的产品系列 68

3.4.2 CMOS 数字集成电路的产品系列 69

3.4.3 其他种类数字集成电路的产品系列 72

3.4.4 逻辑器件的封装 74

3.5 集成门电路应用 75

3.5.1 集成门电路的正确使用 75

3.5.2 不同类型集成门电路间的接口 76

习题 79

第 4 章 组合逻辑电路 83

4.1 概述 83

4.2 组合逻辑电路的分析方法 83

4.3 组合逻辑电路的设计方法 85

4.4 若干常用的组合逻辑电路 ·· 88
    4.4.1 编码器 ··· 88
    4.4.2 译码器 ··· 94
    4.4.3 数据选择器 ·· 108
    4.4.4 加法器 ··· 112
    4.4.5 数值比较器 ··· 116
4.5 组合逻辑电路中的竞争-冒险 ·· 118
    4.5.1 竞争-冒险现象的产生 ····························· 118
    4.5.2 检查竞争-冒险现象的方法 ······················· 120
    4.5.3 消除竞争-冒险现象的方法 ······················· 121
    习题 ··· 122

第 5 章 触发器 ·· 125

5.1 概述 ·· 125
    5.1.1 触发器的定义 ······································ 125
    5.1.2 触发器的分类 ······································ 125
    5.1.3 触发器的逻辑功能表示方法 ····················· 126
5.2 SR 锁存器 ·· 126
    5.2.1 SR 锁存器的电路结构 ························· 126
    5.2.2 SR 锁存器的工作原理 ························· 127
    5.2.3 SR 锁存器的动作特点 ························· 129
5.3 电平触发器 ·· 130
    5.3.1 电平触发器的电路结构 ··························· 130
    5.3.2 电平 SR 触发器的工作原理 ·················· 130
    5.3.3 电平触发方式的动作特点 ························ 132
5.4 脉冲触发器 ·· 133
    5.4.1 脉冲触发器的电路结构 ··························· 133
    5.4.2 主从 SR 触发器的工作原理 ·················· 134
    5.4.3 主从 JK 触发器的电路结构和工作原理 ····· 135
    5.4.4 脉冲触发方式的动作特点 ························ 136
5.5 边沿触发器 ·· 137
    5.5.1 边沿触发器的电路结构和工作原理 ············· 137
    5.5.2 边沿触发方式的动作特点 ························ 138
5.6 触发器的逻辑功能 ··· 138
    5.6.1 D 触发器 ·· 138
    5.6.2 JK 触发器 ·· 139
    5.6.3 T 触发器 ·· 140
    5.6.4 T' 触发器 ··· 141
    5.6.5 SR 触发器 ·· 141

5.6.6　触发器的功能转换 ·· 142

5.7　常用触发器芯片 ··· 143

习题 ·· 144

第 6 章　时序逻辑电路 ·· 148

6.1　概述 ·· 148

6.1.1　时序逻辑电路的特点 ·· 148

6.1.2　时序逻辑电路的分类 ·· 149

6.1.3　时序逻辑电路的逻辑功能表示方法 ······························ 150

6.2　时序逻辑电路的分析方法 ··· 152

6.2.1　同步时序逻辑电路的分析方法 ······································ 152

6.2.2　异步时序逻辑电路的分析方法 ······································ 154

6.3　寄存器 ··· 156

6.3.1　并行寄存器 ·· 157

6.3.2　移位寄存器 ·· 157

6.4　计数器 ··· 160

6.4.1　同步计数器 ·· 160

6.4.2　异步计数器 ·· 168

6.4.3　任意进制计数器 ·· 172

6.5　顺序脉冲发生器 ·· 175

6.6　序列信号发生器 ·· 177

6.7　同步时序逻辑电路 ··· 180

6.7.1　同步时序逻辑电路的设计方法 ······································ 180

6.7.2　设计举例 ··· 191

习题 ·· 196

第 7 章　半导体存储器 ·· 201

7.1　概述 ·· 201

7.2　ROM ··· 202

7.2.1　ROM 的基本结构 ·· 202

7.2.2　ROM 的类型 ·· 203

7.3　RAM ··· 205

7.3.1　SRAM ·· 205

7.3.2　DRAM ·· 207

7.4　存储器的应用 ··· 209

7.4.1　存储器容量的扩展 ··· 209

7.4.2　用存储器实现组合逻辑函数 ··· 210

习题 ·· 213

第 8 章 可编程逻辑器件 ···················· 214

8.1 概述 ···················· 214

8.2 早期 PLD 原理 ···················· 215

   8.2.1 PLD 的表示方法 ···················· 215

   8.2.2 PLA ···················· 216

   8.2.3 PAL ···················· 216

   8.2.4 GAL ···················· 218

8.3 CPLD ···················· 220

8.4 FPGA ···················· 223

   8.4.1 查找表逻辑结构 ···················· 223

   8.4.2 FPGA 的结构和工作原理 ···················· 224

习题 ···················· 226

第 9 章 脉冲波形发生与整形电路 ···················· 227

9.1 概述 ···················· 227

9.2 施密特触发器及其应用 ···················· 228

   9.2.1 施密特触发器的组成和原理 ···················· 228

   9.2.2 施密特触发器的应用 ···················· 231

9.3 单稳态触发器 ···················· 232

   9.3.1 门电路组成的单稳态触发器 ···················· 232

   9.3.2 集成单稳态触发器 ···················· 235

9.4 多谐振荡器 ···················· 238

   9.4.1 门电路组成的多谐振荡器 ···················· 238

   9.4.2 由施密特触发器构成多谐振荡器 ···················· 241

   9.4.3 石英晶体多谐振荡器 ···················· 242

9.5 555 定时器电路结构及其应用 ···················· 243

   9.5.1 555 定时器 ···················· 243

   9.5.2 由 555 定时器接成施密特触发器 ···················· 244

   9.5.3 由 555 定时器接成单稳态触发器 ···················· 246

   9.5.4 由 555 定时器接成多谐振荡器 ···················· 247

习题 ···················· 249

第 10 章 数/模转换和模/数转换 ···················· 251

10.1 概述 ···················· 251

10.2 DAC ···················· 252

   10.2.1 DAC 的原理和结构 ···················· 252

   10.2.2 DAC 的主要技术参数 ···················· 256

   10.2.3 集成 DAC 芯片介绍及使用 ···················· 258

10.3　ADC ·· 259

　　10.3.1　ADC 的原理和结构 ·· 259

　　10.3.2　ADC 的主要技术参数 ···································· 265

　　10.3.3　集成 ADC 芯片介绍及使用 ···························· 267

习题 ·· 269

第 11 章　Multisim 仿真软件简介 ································ 271

11.1　概述 ··· 271

11.2　Multisim 软件的基本操作 ·· 272

　　11.2.1　建立设计文件并设置电路绘制界面 ··············· 272

　　11.2.2　选取、放置元件和仪器 ·································· 275

　　11.2.3　绘制电路 ··· 276

　　11.2.4　设置元件和仪器参数 ····································· 277

　　11.2.5　运行仿真并分析结果 ····································· 278

11.3　仿真分析示例 ·· 280

　　11.3.1　逻辑函数化简与变换 ····································· 280

　　11.3.2　组合逻辑电路仿真分析 ·································· 280

　　11.3.3　时序逻辑电路仿真分析 ·································· 281

习题 ·· 282

第 12 章　硬件描述语言简介 ······································ 283

12.1　概述 ··· 283

12.2　Verilog HDL 简介 ·· 284

　　12.2.1　基本程序结构 ·· 284

　　12.2.2　组合逻辑设计实例 ·· 285

　　12.2.3　时序逻辑设计实例 ·· 286

12.3　VHDL 简介 ·· 288

　　12.3.1　基本程序结构 ·· 288

　　12.3.2　组合逻辑设计实例 ·· 289

　　12.3.3　时序逻辑设计实例 ·· 291

习题 ·· 292

参考文献 ·· 293

数制和码制

本章学习目标

- 了解数制和码制的基本概念。
- 熟悉常用数制及不同数制之间的转换方法。
- 掌握二进制补码运算。
- 了解常用数字编码。

本章首先介绍数字信号和模拟信号,然后介绍数制和码制的基本概念,接下来给出 4 种常用数制:二进制、十进制、八进制和十六进制,并讲述不同数制之间的转换方法,之后介绍二进制算术运算和二进制补码运算的原理和方法,最后介绍 4 种常用的数字编码:BCD 码、格雷码、ASCII 码和校验码。

1.1 概述

数字电路是对数字信号进行存储、运算、处理的电子电路。所谓数字信号,是指描述数字物理量的信号,而数字物理量是指在时间上和数量上都取离散值的物理量。在自然界中,这一类物理量的变化总是发生在一系列离散的瞬间,在时间上不连续;而它们的取值和相对的增减变化都是某一个最小计量单位的整数倍,小于该最小计量单位的数值没有物理意义。例如,统计通过某一路口的人数,得到的就是数字物理量,通过路口的人数在时间上是不连续的,在数量上总是最小计量单位 1 的整数倍,小于 1 的数值没有任何物理意义。

自然界中大多数物理量并不是数字物理量,而是与之相对应的另一类物理量——模拟物理量。模拟物理量的变化在时间上和数量上都是连续的。例如,记录某个地方在一个时间段内的温度,得到的就是模拟物理量,温度的变化在时间上是连续的,在数值上也是连续的。描述模拟物理量的信号称为模拟信号,以模拟信号为处理对象的电子电路称为模拟电路。

数字电路和模拟电路是近代电子工程中的两个大类。

随着计算机技术和数字存储技术的飞速发展,用数字电路对信号进行处理体现出越来越突出的优势,利用数字的方法对海量数据进行存储、传输、运算和处理,推动人类社会进入信息时代。为了更好地发挥和利用数字电路在信号处理上的超强优势,通常可以将模拟信号按照一定规则转换为数字信号,然后利用包括通用计算机、专用数字信号处理器、并行可编程数字运算电路等在内的各种数字电路对其进行处理,最后再根据需要将处理结果按照一定规则转换为模拟信号输出。

在实际使用上,数字信号通常都是由数码形式表示的。不同的数码可以表示数量的不同大小。一般使用多位数码来表示更多的、不同大小的数量。多位数码表示数量时,其中每位数码的构成和低位到高位的进位都要遵循一定的规则,这种规则称为数制。即数制规定了多位数码中每位数码的构成规则和低位向高位进位的规则。例如,人们熟悉的十进制,它规定每位可以是 0、1、2、3、4、5、6、7、8、9 这 10 个数码中的一个,还规定低位向高位"逢十进一"。

多个数码分别表示不同的数量大小时,它们之间可以进行数量间的加、减、乘、除运算,这种运算称为算术运算。十进制的算术运算是人们非常熟悉的。但在数字电路中,更多使用的不是人们最熟悉的十进制,而是二进制和十六进制,有时还要用到八进制。另外,目前数字电路中的算术运算最终都是以二进制运算形式进行的。因此,这里将详细讨论二进制、十进制、十六进制、八进制在数量大小上的相互转换,以及在数字电路中二进制算术运算是如何进行的。

以上讨论的是不同数码表示数量的不同大小。如果数码不表示数量,还可以用来表示不同的事物或是事物的不同状态。例如,北京市固定电话区号为 010,天津市固定电话区号为 022,这里数码 010 和 022 不再表示数量大小,而是在固定电话系统里面用来代表北京和天津。这种不用于表示数量大小,而用于表示不同事物的数码,称为代码。

在实际使用中,人们编制代码时总要遵循一定的规则,这些规则被称为码制。例如,在学校体育比赛中,为每位参赛运动员编制代码。假如选择编制 5 位代码,前两位表示运动员所在学院(或系),中间一位表示性别,后两位表示学院(或系)内部运动员代号。按照这样的编码规则,编制出的代码在本学校就可以非常明确地代表指定的运动员。也就是说,每个人都可以根据自己的需要制定编码规则并编制出一组代码。而在更多的情况下,还需要制定一些大家共同使用的通用代码。例如,每个人都在使用的居民身份证号码。这时,通用的码制就非常必要了。下面将介绍几种在数字电路中常用的编码。

1.2   十进制和二进制

在日常生活中,数量计量和运算的问题随处可见,而且人们都习惯使用十进制记数。而在数字电路中,利用电路元器件的高、低电平这两种状态表示数码,往往采用二进制记数。熟悉十进制、二进制的特点,熟练掌握十进制与二进制之间的相互转换非常必要。

1.2.1   十进制

在人类文明的发展历程中,我们的祖先通过长期的生产实践活动学会了用 10 个指头记数,从而诞生了人们最熟悉的十进制数。在十进制数中,每位规定使用 0~9 这 10 个数码,所以记数的基数是 10。对于超过 9 的数必须用多位数表示,其中低位数和相邻高位数之间的关系是"逢十进一",所以称为十进制。例如:

$$328.75 = 3 \times 10^2 + 2 \times 10^1 + 8 \times 10^0 + 7 \times 10^{-1} + 5 \times 10^{-2} \tag{1-1}$$

该式是十进制数 328.75 的按权展开式。以第一项为例,3 是所在位的系数,10^2 是所在位的权。因此,对任意一个十进制数 D 可按权展开为

$$D = \sum k_i \times 10^i \tag{1-2}$$

式中,k_i 为第 i 位的系数,它可以是 $0 \sim 9$ 这 10 个数码中的任何一个;10^i 为第 i 位的权。如果整数部分的位数是 n,小数部分的位数是 m,则 i 包含从 $n-1$ 到 0 的所有正整数和从 -1 到 $-m$ 的所有负整数。

如果以 N 替换式(1-2)中的 10,则可以得到任意进制(N 进制)数 D 按权展开式的普遍形式

$$D = \sum k_i N^i \tag{1-3}$$

式中,i 的取值与式(1-2)的规定相同,N 为记数的基数;k_i 为第 i 位的系数;N^i 为第 i 位的权。需要说明的是,按权展开式的加法、乘法等运算遵循十进制算术运算规则,所得的"和"即为对应的十进制数。因此,按权展开式也是按十进制展开式。

十进制数的表示常用下标 10、D(decimal)或没有标记表示。例如,十进制数 38.5 可以表示为$(38.5)_{10}$、$(38.5)_{D}$ 或 38.5,其中的小数点用来分隔整数部分和小数部分。

1.2.2 二进制

在数字电路系统中,十进制是不容易被实现的,很难设计一个电子元器件可以具有 10 个不同的状态(即 10 个不同的电平,每个电平代表 $0 \sim 9$ 之中的一个数码)。而具有开关特性的半导体器件有"开"和"关"两个不同的状态(即两个不同的工作电平,可以代表 0 和 1 两个数码),可以实现二进制记数和运算。因此,二进制在数字电路系统中被广泛应用。

在二进制数中,每位规定使用 0 和 1 这两个数码,所以记数的基数是 2。对于超过 1 的数必须用多位数表示,其中低位数和相邻高位数之间的关系是"逢二进一",所以称为二进制。

对任意一个二进制数 B 可按权展开为

$$B = \sum k_i \times 2^i \tag{1-4}$$

式中,k_i 为第 i 位的系数,它可以是 0 和 1 这两个数码中的任何一个;2^i 是第 i 位的权。如果整数部分的位数是 n,小数部分的位数是 m,则 i 包含从 $n-1$ 到 0 的所有正整数和从 -1 到 $-m$ 的所有负整数。

二进制数的表示常用下标 2 或 B(binary)表示。例如,二进制数 1010.11 可以表示为$(1010.11)_2$ 或 $(1010.11)_{B}$,式中的小数点用来分隔整数部分和小数部分。例如:

$$\begin{aligned}(101.101)_2 &= 1 \times 2^2 + 0 \times 2^1 + 1 \times 2^0 + 1 \times 2^{-1} + 0 \times 2^{-2} + 1 \times 2^{-3} \\ &= (5.625)_{10}\end{aligned} \tag{1-5}$$

二进制数同样可以表示十进制数能表示的任何数,只是相较于十进制数,二进制数所需的位数更多。N 位二进制数可以实现 2^N 个计数,可以表示的最大数是 $2^N - 1$。

1.2.3　十进制数与二进制数的相互转换

1. 二进制数转换为十进制数

将二进制数转换为等值的十进制数，只需要将待转换的二进制数按照式(1-4)展开，然后将每项的数值按照十进制运算规则相加，就可以得到等值的十进制数了。例如：

$$(1101.11)_2 = 1 \times 2^3 + 1 \times 2^2 + 0 \times 2^1 + 1 \times 2^0 + 1 \times 2^{-1} + 1 \times 2^{-2} \tag{1-6}$$
$$= (13.75)_{10}$$

2. 十进制数转换为二进制数

将十进制数转换为等值的二进制数，情况要复杂一些，对整数部分和小数部分的转换要分别进行。

首先讨论整数部分的转换。整数部分转换采用"除基取余"法，即将待转换十进制整数连续除以基数 2，将每次除法所得余数取出。具体步骤如下。

(1) 将待转换十进制整数 D 除以 2，记下所得的商和余数。

(2) 将步骤(1)所得之商再除以 2，记下所得的商和余数。

(3) 重复步骤(2)，直至商为零。

(4) 将所得所有余数倒序排列(即最后一步得到的余数排在最前，步骤(1)得到的余数排在最后)，得到的即为转换完成的等值二进制数。

例如，将 $(235)_{10}$ 转换为等值二进制数，转换过程如下：

$$
\begin{array}{r|l}
2 & 235 \\
\hline
2 & 117 \\
\hline
2 & 58 \\
\hline
2 & 29 \\
\hline
2 & 14 \\
\hline
2 & 7 \\
\hline
2 & 3 \\
\hline
2 & 1 \\
\hline
 & 0
\end{array}
\quad
\begin{array}{l}
\cdots\cdots\cdots\cdots\cdots 余数 = 1 \\
\cdots\cdots\cdots\cdots\cdots 余数 = 1 \\
\cdots\cdots\cdots\cdots\cdots 余数 = 0 \\
\cdots\cdots\cdots\cdots\cdots 余数 = 1 \\
\cdots\cdots\cdots\cdots\cdots 余数 = 0 \\
\cdots\cdots\cdots\cdots\cdots 余数 = 1 \\
\cdots\cdots\cdots\cdots\cdots 余数 = 1 \\
\cdots\cdots\cdots\cdots\cdots 余数 = 1 \\
\end{array}
$$

转换结果为所有余数倒序排列，即 $(235)_{10} = (11101011)_2$。

下面讨论纯小数的转换。纯小数转换采用"乘基取整"法，即将待转换十进制纯小数连续乘以基数 2，将每次乘积的整数部分取出。具体步骤如下。

(1) 将待转换十进制纯小数乘以 2，记下所得积的整数部分。

(2) 将步骤(1)所得乘积的小数部分再乘以 2，记下所得积的整数部分。

(3) 重复步骤(2)，直至小数部分为零或满足预定精度要求为止。

(4) 将所得的所有整数部分顺序排列(即步骤(1)得到的整数排在最前，最后一步得到的整数排在最后)，得到的即为转换完成的等值二进制小数。

例如,将 $(0.6125)_{10}$ 转换为等值二进制数,要求转换结果小数点后保留 6 位,转换过程如下:

$$
\begin{array}{r}
0.6125 \\
\times \qquad 2 \\
\hline
1.2250 \\
\end{array}
\quad\cdots\cdots\cdots\cdots\text{整数部分}=1
$$

$$
\begin{array}{r}
0.2250 \\
\times \qquad 2 \\
\hline
0.4500 \\
\end{array}
\quad\cdots\cdots\cdots\cdots\text{整数部分}=0
$$

$$
\begin{array}{r}
0.4500 \\
\times \qquad 2 \\
\hline
0.9000 \\
\end{array}
\quad\cdots\cdots\cdots\cdots\text{整数部分}=0
$$

$$
\begin{array}{r}
0.9000 \\
\times \qquad 2 \\
\hline
1.8000 \\
\end{array}
\quad\cdots\cdots\cdots\cdots\text{整数部分}=1
$$

$$
\begin{array}{r}
0.8000 \\
\times \qquad 2 \\
\hline
1.6000 \\
\end{array}
\quad\cdots\cdots\cdots\cdots\text{整数部分}=1
$$

$$
\begin{array}{r}
0.6000 \\
\times \qquad 2 \\
\hline
1.2000 \\
\end{array}
\quad\cdots\cdots\cdots\cdots\text{整数部分}=1
$$

转换结果为所有整数部分顺序排列,即 $(0.6125)_{10}=(0.100111)_2$。

对于既有整数部分,又有小数部分的数,需要对整数部分和小数部分分别转换,然后再将两部分转换结果相加。

【例 1.1】 将 $(25.125)_{10}$ 转换为等值二进制数。

解:首先转换整数部分:

$$
\begin{array}{ll}
2\,\underline{|\,25} & \cdots\cdots\cdots\cdots\text{余数}=1 \\
2\,\underline{|\,12} & \cdots\cdots\cdots\cdots\text{余数}=0 \\
2\,\underline{|\,6} & \cdots\cdots\cdots\cdots\text{余数}=0 \\
2\,\underline{|\,3} & \cdots\cdots\cdots\cdots\text{余数}=1 \\
2\,\underline{|\,1} & \cdots\cdots\cdots\cdots\text{余数}=1 \\
\quad 0 &
\end{array}
$$

再转换小数部分:

$$
\begin{array}{r}
0.125 \\
\times \qquad 2 \\
\hline
0.250 \\
\end{array}
\quad\cdots\cdots\cdots\cdots\text{整数部分}=0
$$

$$
\begin{array}{r}
0.250 \\
\times \qquad 2 \\
\hline
0.500 \\
\end{array}
\quad\cdots\cdots\cdots\cdots\text{整数部分}=0
$$

$$
\begin{array}{r}
0.500 \\
\times \qquad 2 \\
\hline
1.000 \\
\end{array}
\quad\cdots\cdots\cdots\cdots\text{整数部分}=1
$$

转换结果为$(25.125)_{10}=(11001.001)_2$

1.3　二进制算术运算

二进制数之间可以进行数值运算,称为二进制算术运算。二进制算术运算和十进制算术运算的运算规则基本相同,不同之处只是在于二进制数是"逢二进一",十进制数是"逢十进一"。

1. 二进制加法

二进制加法运算是"逢二进一",其运算规则如表1-1所示。

表 1-1　二进制加法运算规则

被 加 数	加 数	和	进 位
0	0	0	0
0	1	1	0
1	0	1	0
1	1	0	1

【例 1.2】　计算$(10.01)_2+(11011.101)_2$。

解:列出加法运算式如下:

$$
\begin{array}{r}
11011.101 \\
+\quad 10.01 \\
\hline
11101.111
\end{array}
$$

运算结果为$(10.01)_2+(11011.101)_2=(11101.111)_2$。

2. 二进制减法

二进制减法运算是"借一当二",其运算规则如表1-2所示。

表 1-2　二进制减法运算规则

被 减 数	减 数	差	借 位
0	0	0	0
1	0	1	0
1	1	0	0
0	1	1	1

【例 1.3】　计算$(11011.101)_2-(10.01)_2$。

解:列出减法运算式如下:

$$
\begin{array}{r}
11011.101 \\
-\quad 10.01 \\
\hline
11001.011
\end{array}
$$

运算结果为$(11011.101)_2 - (10.01)_2 = (11001.011)_2$。

3．二进制乘法

二进制乘法运算规则如表 1-3 所示。

表 1-3　二进制乘法运算规则

被　乘　数	乘　　数	积
0	0	0
0	1	0
1	0	0
1	1	1

【例 1.4】　计算$(1101.11)_2 \times (10.01)_2$。

解：列出乘法运算式如下：

$$
\begin{array}{r}
1101.11 \\
\times \quad 10.01 \\
\hline
11.0111 \\
+ \quad 11011.1 \\
\hline
11110.1111 \\
\end{array}
$$

运算结果为$(1101.11)_2 \times (10.01)_2 = (11110.1111)_2$。

4．二进制除法

二进制除法是二进制乘法的逆运算，利用二进制乘法和减法规则可以很容易实现除法运算。

【例 1.5】　计算$(110110)_2 \div (101)_2$。

解：列出除法运算式如下：

$$
\begin{array}{r}
1010 \quad \cdots\cdots\cdots 商\\
101 \overline{)110110} \\
\underline{101} \qquad\\
111 \quad\\
\underline{101} \quad\\
100 \quad \cdots\cdots\cdots 余数
\end{array}
$$

5．二进制算术运算的特点

观察上面乘法运算和除法运算的例题，可以得出二进制算术运算的两个特点，即二进制数的乘法运算可以通过若干次的"被乘数左移 1 位（或零）"和"被乘数（或零）与部分积相加"这两种操作完成；而二进制数的除法运算能通过若干次的"除数右移一位"和"从被乘数或余数中减去除数"这两种操作完成。

如果再设法将减法运算转化为某种形式的加法操作，那么二进制数的加、减、乘、除运算就全部可以通过"移位"和"相加"两种操作来实现。这样可以大大简化运算电路的复杂度。

1.4　反码、补码和补码运算

本书 1.3 节分析了二进制算术运算的特点,希望通过容易实现的"移位"和"相加"两种操作完成加、减、乘、除以及它们组合在一起形成的各种复杂的算术运算。实际上,数字电路系统确实是这样做的。在十进制数环境下,两个数相减可以看作一个正数与一个负数相加。同样地,二进制数的减法也可以看作两个有符号数的加法。下面讨论数字电路中的有符号数。

数字电路中用逻辑电路输出的高、低电平表示二进制数的 1 和 0,那么数的正、负怎么表示呢? 通常在二进制数的前面增加一个符号位,符号位为 0 表示这个数是正数,符号位为 1 表示这个数是负数。在二进制数前面加上符号位构成的数码,称其为该数的原码。在做减法运算时,如果两个数都是由原码表示的,则首先要比较两个数的数值(绝对值)大小,然后以数值大的数作为被减数、数值小的数作为减数,计算出差值,并以数值大的那个数的符号作为差值的符号。在这个运算过程中,先后要用到数值比较电路和减法运算电路,电路结构复杂,操作麻烦。所以,实际中人们都是采用两个数的补码相加来代替原码的减法运算,在计算过程中不需要进行数值比较,也不需要进行减法运算,可以大大简化运算器的电路结构。

补码是对有符号数的另一种表示形式。实际上,有符号二进制数有 3 种表示形式,除原码、补码之外,还有一个是反码。原码是在二进制数前面增加一个符号位,符号位为 0 表示这个数是正数,符号位为 1 表示这个数是负数。正数的反码、补码与原码相同。负数的反码是原码符号位保持不变的前提下,其他各位均取反(即原码为 1 的位都变为 0,原码为 0 的位都变为 1)。负数的补码是其反码加 1。

【例 1.6】 写出带符号二进制数 $(+00110)_2$ 和 $(-01010)_2$ 的原码、反码和补码。

解:

	原码	反码	补码
$(+00110)_2$	000110	000110	000110
$(-01010)_2$	101010	110101	110110

图 1-1　补码运算原理示例

为了说明补码运算的原理,先讨论一个生活中常见的事例。例如,当读者的指针表走时不对时,读者发现现在时间是 6 点,而读者的表却指向 10 点,那么读者要调整它。由图 1-1 可以看出,读者可以通过两种方式调整表针。一种方式是将表针回调 4 格,$10-4=6$,表针指向 6 点;另一种方式是将表针向前调 8 格,$10+8=18$,由于表盘最大数是 12,超过 12 就只剩下减去 12 以后的余数了,即 $(10+8)-12=6$,表针也是指向 6 点。仔细观察上述两种调整表针的方法,发现 $10-4=6$ 的减法运算可以用 $10+8=18$ 的加法运算代替,原因是表盘最大示数是 12,超过 12 的数将产生"进位",而"进位"又会被自动舍弃。实际上,指针表可以看作一个可以实现 12 个计数的记数装置,12 是记数的模,8 是 −4 对模 12 的补数,即称为它的补码。

对于二进制数,利用补码加法运算代替减法运算,原理是一样的。下面讨论补码相加,和的符号位如何确定。

【例 1.7】 用二进制补码运算求 10+8、10−8、−10+8、−10−8。

解:首先要判断运算结果需要用有效数字为几位的二进制数表示。由于 10+8 和 −10−8 的结果的绝对值均为 18,需要有效数字为 5 位的二进制数才能表示,再加一位符号位,所以需要采用 6 位二进制补码。

算式中各运算数的二进制补码如下:

运算数	+10	+8	−10	−8
二进制补码	001010	001000	110110	111000

列运算式得到运算结果如下:

$$
\begin{array}{llll}
+10 & 0\ 01010 & +10 & 0\ 01010 \\
+\ 8 & 0\ 01000 & -\ 8 & 1\ 11000 \\
\hline
+18 & 0\ 10010 & +\ 2 & (1)\ 0\ 00010 \\
\end{array}
$$

$$
\begin{array}{llll}
-10 & 1\ 10110 & -10 & 1\ 10110 \\
+\ 8 & 0\ 01000 & -\ 8 & 1\ 11000 \\
\hline
-\ 2 & 1\ 11110 & -18 & (1)\ 1\ 01110 \\
\end{array}
$$

二进制补码运算结果对应的十进制数如下:

二进制补码	010010	000010	111110	101110
运算数	+18	+2	−2	−18

由例 1.7 可以看出,如果将两个加数的符号位和来自最高有效数字位的进位相加,得到的结果就是和的符号(如果符号位相加有进位,则舍弃进位)。但有一点要注意:两个有符号数相加,它们绝对值的和不能超过有效数字位所能表示的最大值;否则运算结果将产生错误。

1.5 八进制和十六进制

在某些场合还需要用到八进制和十六进制。特别是在微型计算机系统中,普遍采用 8 位、16 位、32 位二进制进行并行运算和处理,而 8 位、16 位、32 位二进制数可以用 2 位、4 位、8 位十六进制数表示,所以许多程序编写都采用十六进制符号。

1.5.1 八进制

在八进制数中,每位规定使用 0~7 这 8 个数码,所以记数的基数是 8。对于超过 7 的数必须用多位数表示,其中低位数和相邻高位数之间的关系是"逢八进一",所以称为八进制。

对任意一个八进制数 O 可按权展开为

$$O = \sum k_i \times 8^i \tag{1-7}$$

式中,k_i 是第 i 位的系数,它可以是 $0 \sim 7$ 这 8 个数码中的任何一个;8^i 是第 i 位的权。如果整数部分的位数是 n,小数部分的位数是 m,则 i 包含从 $n-1$ 到 0 的所有正整数和从 -1 到 $-m$ 的所有负整数。

八进制数的表示常用下标 8 或 O(octal)。例如,八进制数 132.41 可以表示为 $(132.41)_8$ 或 $(132.41)_O$。例如:

$$(15.4)_8 = 1 \times 8^1 + 5 \times 8^0 + 4 \times 8^{-1} = (13.5)_{10}$$

1.5.2　十六进制

在十六进制数中,每位规定使用 $0 \sim 9$、A、B、C、D、E、F 这 16 个数码,所以记数的基数是 16。对于超过 F(15) 的数必须用多位数表示,其中低位数和相邻高位数之间的关系是"逢十六进一",所以称为十六进制。

对任意一个十六进制数 H 可按权展开为

$$H = \sum k_i \times 16^i \tag{1-8}$$

式中,k_i 是第 i 位的系数,它可以是 $0 \sim 9$、A、B、C、D、E、F 这 16 个数码中的任何一个;16^i 是第 i 位的权。如果整数部分的位数是 n,小数部分的位数是 m,则 i 包含从 $n-1$ 到 0 的所有正整数和从 -1 到 $-m$ 的所有负整数。

十六进制数的表示常用下标 16 或 H(hexadecimal)。例如,十六进制数 2A.4F 可以表示为 $(2A.4F)_{16}$ 或 $(2A.4F)_H$。例如:

$$(B2.7F)_{16} = 11 \times 16^1 + 2 \times 16^0 + 7 \times 16^{-1} + 15 \times 16^{-2} = (178.496094)_{10}$$

1.5.3　八进制数、十六进制数与二进制数、十进制数之间的转换

1. 八进制数与二进制数的相互转换

由于 3 位二进制数恰好有 8 个状态,而且把 3 位二进制数作为一个整体时,又能满足"逢八进一"的进位规则,所以 3 位二进制数与八进制数可以一一对应直接转换。具体转换步骤如下。

(1) 以小数点为分界,整数部分从低位到高位(小数点向左)每 3 位数分为一组,最后不足 3 位数的在更高位(左侧)用 0 补齐;小数部分从高位到低位(小数点向右)每 3 位数分为一组,最后不足 3 位数的在更低位(右侧)用 0 补齐。

(2) 各组 3 位二进制数直接转换为对应 1 位的八进制数,转换完的八进制数各位相对位置保持不变。

【例 1.8】　将 $(10100111001.11010101)_2$ 转换为等值八进制数。

解:对二进制数 3 位一组进行分组:

$$(\underline{010} \quad \underline{100} \quad \underline{111} \quad \underline{001}.\underline{110} \quad \underline{101} \quad \underline{010})_2$$
　　　　　补零　　　　　　　　　　　　　　　补零

将 3 位二进制数转换为对应的八进制数:

二进制	010	100	111	001	110	101	010
八进制	2	4	7	1	6	5	2

转换结果为$(10100111001.11010101)_2 = (2471.652)_8$。

将八进制数转换为等值的二进制数,只需将每位八进制数替换为 3 位二进制数即可。

【例 1.9】 将$(43.74)_8$转换为等值二进制数。

解:将每位八进制数替换为 3 位二进制数:

$$(4 \quad 3 \quad . \quad 7 \quad 4)_8$$
$$\downarrow \quad \downarrow \quad \quad \downarrow \quad \downarrow$$
$$(100 \quad 011 \quad . \quad 111 \quad 100)_2$$

转换结果为$(43.74)_8 = (100011.111100)_2$。

2. 十六进制数与二进制数的相互转换

将二进制数转换为等值的十六进制数,与转换为等值八进制数相似,可以把 4 位二进制数作为一个整体与十六进制数一一对应直接转换。具体转换步骤如下。

(1) 以小数点为分界,整数部分从低位到高位(小数点向左)每 4 位数分为一组,最后不足 4 位数的在更高位(左侧)用 0 补齐;小数部分从高位到低位(小数点向右)每 4 位数分为一组,最后不足 4 位数的在更低位(右侧)用 0 补齐。

(2) 各组 4 位二进制数直接转换为对应 1 位的十六进制数,转换完的十六进制数各位相对位置保持不变。

【例 1.10】 将$(10100111001.11010101)_2$转换为等值十六进制数。

解:将二进制数每 4 位一组转换为对应的十六进制数:

$$(0101 \quad 0011 \quad 1001 \quad . \quad 1101 \quad 0101)_2$$
$$\downarrow \quad \downarrow \quad \downarrow \quad \quad \downarrow \quad \downarrow$$
$$(5 \quad 3 \quad 9 \quad . \quad D \quad 5)_{16}$$

转换结果为$(10100111001.11010101)_2 = (539.D5)_{16}$。

将十六进制数转换为等值的二进制数,也是只需将每位十六进制数替换为 4 位二进制数即可。

【例 1.11】 将$(3F.E4)_{16}$转换为等值二进制数。

解:将每位十六进制数转换为 4 位二进制数:

$$(3 \quad F \quad . \quad E \quad 4)_{16}$$
$$\downarrow \quad \downarrow \quad \quad \downarrow \quad \downarrow$$
$$(0011 \quad 1111 \quad . \quad 1110 \quad 0100)_2$$

转换结果为$(3F.E4)_{16} = (111111.111001)_2$。

3. 八进制数、十六进制数与十进制数的转换

将八进制数、十六进制数转换为等值的十进制数可以分别根据式(1-7)和式(1-8)将各位按权展开,然后按照十进制运算规则求和即可。将十进制数转换为等值八进制数、十六进制数,可以先将十进制数转换为等值二进制数,然后再将其转换为八进制数、十六进制数。

1.6　数字编码

在数字电路系统中,需要用一组二进制编码来表示 0～9 这 10 个数字,有时还需要表示 a～z 这 26 个字母。用作编码的二进制数码不再具有数量大小的意义,仅代表它所表示的事物。

1.6.1　二-十进制编码

二-十进制编码是用 4 位二进制代码来表示十进制 0～9 这 10 个数字,又称为 BCD (binary coded decimal)码。4 位二进制代码可以表示 16 种状态(0000～1111),而用来表示十进制数的 10 个数字只需其中的 10 种状态。因此,在编制代码时可以有多种方案。表 1-4 列出了 4 种常用的 BCD 编码,它们的编码规则各不相同。

表 1-4　常用的 BCD 编码

十 进 制 数	编 码 种 类			
	8421 码	2421 码	5211 码	余 3 码
0	0000	0000	0000	0011
1	0001	0001	0001	0100
2	0010	0010	0100	0101
3	0011	0011	0101	0110
4	0100	0100	0111	0111
5	0101	1011	1000	1000
6	0110	1100	1001	1001
7	0111	1101	1100	1010
8	1000	1110	1101	1011
9	1001	1111	1111	1100

8421 码是最常用的一种。在这种编码方式中,4 位编码的每位二值代码为 1 都代表一个固定数值,将每位的 1 代表的十进制数加起来得到的结果就是它所代表的十进制数。由于代码从左往右每位为 1 分别表示 8、4、2、1,所以就将这种代码称为 8421 码。每位的 1 代表的十进制数称为这一位的权。8421 码中每位的权是固定不变的,因此它属于恒权码。

类似的恒权码还有 2421 码和 5211 码。

余 3 码的编码规则与上述的恒权码不同。如果把每个余 3 码看作 4 位二进制数,则它的数值要比它所代表的十进制数多 3,故而称为余 3 码。

1.6.2　格雷码

格雷码(Gray code)又称为循环码。格雷码每位的状态变化都按照一定的顺序循环,如表 1-5 所示。如果代码从 0000 开始,最右边一位的状态按照 0110 的顺序循环变化,右边第二位的状态按照 00111100 的顺序循环变化,右边第三位的状态按照

0000111111110000 的顺序循环变化。可见,从右往左,每位状态变化循环中连续的 0 和 1 的数量增加一倍。对于 4 位格雷码,只有 16 个代码,因此最左边一位的状态变化只有半个循环,即 0000000011111111。按照格雷码这种构成的规则,可以很容易得到更多位数的格雷码。

表 1-5 格雷码与二进制码的比较

编码顺序	格 雷 码	二 进 制 码
0	0000	0000
1	0001	0001
2	0011	0010
3	0010	0011
4	0110	0100
5	0111	0101
6	0101	0110
7	0100	0111
8	1100	1000
9	1101	1001
10	1111	1010
11	1110	1011
12	1010	1100
13	1011	1101
14	1001	1110
15	1000	1111

与前面介绍的二进制代码相比,格雷码最大的优点在于当它按照表 1-5 的编码顺序依次变化时,相邻两个代码之间只有一位发生变化。这样,在代码转换的过程中就不会产生过渡噪声。而过渡噪声在有些情况下可能会危及电路的正常工作,在设计电路时要采取措施加以避免。

1.6.3 美国信息交换标准代码

美国信息交换标准代码(American Standard Code for Information Interchange,ASCII)是由美国国家标准化协会制定的一种信息代码,并已被国际标准化组织认定为国际通用的标准化代码,被广泛应用于计算机和通信领域。例如,人们同计算机进行交互时,键盘上的数字、字母、符号和控制码都是以一组二进制码进入计算机系统的,ASCII 码就是一种被最广泛使用的键盘按键编码。

ASCII 码由一组 7 位二进制代码($b_7b_6b_5b_4b_3b_2b_1$)构成,共有 128 个,包括表示 0～9 的 10 个代码,表示大、小写英文字母的 52 个代码,表示标点符号等各种符号的 32 个代码,以及 34 个控制码。表 1-6 给出了 ASCII 码的编码表。

表 1-6　美国信息交换标准代码（ASCII 码）表

$b_4b_3b_2b_1$	$b_7b_6b_5$							
	000	001	010	011	100	101	110	111
0000	NUL	DLE	SP	0	@	P	`	p
0001	SOH	DC1	!	1	A	Q	a	q
0010	STX	DC2	"	2	B	R	b	r
0011	ETX	DC3	♯	3	C	S	c	s
0100	EOT	DC4	$	4	D	T	d	t
0101	ENQ	NAK	％	5	E	U	e	u
0110	ACK	SYN	&	6	F	V	f	v
0111	BEL	ETB	'	7	G	W	g	w
1000	BS	CAN	(	8	H	X	h	x
1001	HT	EM	)	9	I	Y	i	y
1010	LF	SUB	*	:	J	Z	j	z
1011	VT	ESC	+	;	K	[	k	{
1100	FF	FS	,	<	L	\	l	|
1101	CR	GS	—	=	M	]	m	}
1110	SO	RS	.	>	N	^	n	~
1111	SI	US	/	?	O	_	o	DEL

1.7　误码检测

在数字编码中，还有一类特殊用途的编码，它们与代表事物信息的编码一起存储和传输，用于监测在存储和传输的过程中编码是否发生错误。仅监测是否发生错误的编码称为校验码；既能监测是否发生错误，又能在一定程度上纠正错误的编码称为纠错码。校验码和纠错码在数字电路系统中保证信息存储和传输的准确，非常重要。

奇偶校验码是一种可以检测出一位错误的代码，被广泛应用在各类信息系统中。奇偶校验码由信息位和校验位两部分组成。信息位可以是任何一种二进制代码。校验位仅有一位，可以放在信息位前面或者后面。

当信息位的代码中有奇数个 1 时校验位为 0，有偶数个 1 时校验位为 1，即每个编码中信息位和校验位的 1 的个数总共有奇数个，则称之为奇校验。当信息位的代码中有奇数个 1 时校验位为 1，有偶数个 1 时校验位为 0，即每个编码中信息位和校验位的 1 的个数总共有偶数个，则称之为偶校验。表 1-7 给出了 8421 码作为信息位时的奇偶校验码。

表 1-7　8421 码的奇偶校验码表

十 进 制 数	奇 校 验 码		偶 校 验 码	
	信息位	校验位	信息位	校验位
0	0000	1	0000	0
1	0001	0	0001	1
2	0010	0	0010	1

续表

十 进 制 数	奇 校 验 码		偶 校 验 码	
	信息位	校验位	信息位	校验位
3	0011	1	0011	0
4	0100	0	0100	1
5	0101	1	0101	0
6	0110	1	0110	0
7	0111	0	0111	1
8	1000	0	1000	1
9	1001	1	1001	0

奇偶校验码能够检测一位错码,但无法确定哪一位出错,也不能自行纠正错误,对于多位发生错误也无法检测。但奇偶校验容易实现,在很多情况下能够满足信息传输过程中错误检测的需求,因此应用广泛。实际上,具有更强检错、纠错能力的纠错码有很多,请读者参阅相关书籍,这里不再深入讨论。

习题

习题 1.1 将下列二进制数转换为等值的十进制数。

(1) $(011011)_2$　　　(2) $(101100)_2$　　　(3) $(0.10111)_2$　　　(4) $(0.00101)_2$

习题 1.2 将下列二进制数转换为等值的十进制数。

(1) $(1011.011)_2$　　　(2) $(110.0101)_2$　　　(3) $(1110.1111)_2$　　　(4) $(1101.1010)_2$

习题 1.3 将下列二进制数转换为等值的八进制数和十六进制数。

(1) $(1010.0111)_2$　　　　　　　　　　(2) $(11001.1101)_2$

(3) $(0110.101)_2$　　　　　　　　　　(4) $(101101.100011)_2$

习题 1.4 将下列十六进制数转换为等值的二进制数。

(1) $(6C)_{16}$　　　(2) $(2D.BC)_{16}$　　　(3) $(5F.F9)_{16}$　　　(4) $(10.01)_{16}$

习题 1.5 将下列十进制数转换为等值的二进制数和十六进制数。要求二进制数保留小数点以后 8 位有效数字。

(1) $(31)_{10}$　　　(2) $(129)_{10}$　　　(3) $(81.271)_{10}$　　　(4) $(255.5178)_{10}$

习题 1.6 写出下列二进制数的原码、反码和补码。

(1) $(+10101)_2$　　　(2) $(+01011)_2$　　　(3) $(-11101)_2$　　　(4) $(-01101)_2$

习题 1.7 用 8 位的二进制补码表示下列十进制数。

(1) $+30$　　　(2) $+17$　　　(3) -14　　　(4) -43

(5) -79　　　(6) -123

习题 1.8 用二进制补码运算计算下列各式。式中的 4 位二进制数是不带符号的绝对值。如果和为负数,请求出负数的绝对值。(提示:所用补码的有效位数应足够表示代数和的最大绝对值)

(1) $1010+0111$　　　　　　　　　　(2) $11011+10111$

(3) 01011－11010

(4) 11011－11101

(5) 110111＋010010

(6) 100111＋011010

(7) 1110011＋1101011

(8) 11111001＋10001000

习题 1.9   用二进制补码运算计算下列各式。(提示：所用补码的有效位数应足够表示代数和的最大值)

(1) 6＋15

(2) 8＋13

(3) 14－9

(4) 23－14

(5) 9－15

(6) 22－23

(7) －13－5

(8) －17－13

习题 1.10   写出下列十进制数的 8421BCD 码和格雷码。

(1) 15

(2) 9

(3) 127

(4) 255

第2章

逻辑代数基础

本章学习目标

- 掌握逻辑代数的基本公式和基本定理。
- 熟悉逻辑函数的各种表示方法及这些表示方法之间的相互转换。
- 熟悉逻辑函数的标准形式。
- 掌握逻辑函数的化简方法。

本章介绍分析和设计数字逻辑电路的数学工具——逻辑代数。首先介绍逻辑的概念，与、或、非3种基本逻辑运算以及几种常用复合逻辑运算；然后介绍逻辑代数的基本公式和基本定理；继而阐述逻辑函数的定义和各种表示方法，以及不同表示方法之间的相互转换，讲述逻辑函数的标准形式；最后介绍逻辑函数的代数化简法和卡诺图化简法，以及包含无关项的逻辑函数化简。

2.1　概述

逻辑描述的是事物间的因果关系。在数字电路中，一般用1位二进制数码0和1来表示事物对立的两种不同逻辑状态。例如，可以用1和0分别表示事情的对和错、真和伪、有和无，或者表示电路的通和断、灯的亮和灭、阀门的开和关，等等。

对于用二进制数码表示的不同的逻辑状态，可以按照指定的因果关系对其进行推理运算，将这种运算称为逻辑运算。而这种只有两种对立逻辑状态的逻辑关系，则称为二值逻辑。

1849年，英国的数学家乔治·布尔（George Boole）首先提出了进行逻辑运算的数学方法，即布尔代数。后来，由于布尔代数被广泛应用于解决开关电路和数字逻辑电路的分析和设计中。所以，布尔代数也被称为开关代数或逻辑代数。本章所要讲授的逻辑代数基础就是布尔代数在二值逻辑电路中的应用。

在逻辑代数中，用字母来表示变量，称为逻辑变量。逻辑运算表示的是逻辑变量以及逻辑常量之间逻辑状态的推理运算。虽然在二值逻辑中每个变量的取值只能是0和1两种可能，只能表示两种不同的逻辑状态。但是，可以用多个逻辑变量的不同状态组合来表示事物的多种逻辑状态，处理任何复杂的逻辑问题。

2.2　基本逻辑运算

2.2.1　3种基本逻辑运算

在逻辑代数中，最基本的逻辑运算有3种：与运算、或运算、非运算。由这3种基本的逻辑运算,可以组合出任意复杂的逻辑运算。下面以指示灯的控制电路为例描述这 3 种基本逻辑运算的含义。

1. 与运算

如图 2-1 所示为指示灯控制电路,开关 A 和开关 B 串联控制指示灯 Y。开关 A 和开关 B 的状态组合有 4 种,这 4 种不同的状态组合与电灯点亮与熄灭之间的关系如表 2-1 所示。从表 2-1 中可以看

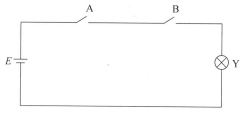

图 2-1　逻辑与示例电路

出,只有当开关 A 和开关 B 同时闭合时,电灯 Y 才会点亮;否则电灯将处于熄灭的状态。

表 2-1　"与"电路状态表

开关 A 的状态	开关 B 的状态	灯 Y 的状态
断开	断开	灭
断开	闭合	灭
闭合	断开	灭
闭合	闭合	亮

如果以 A、B 表示开关 A 和 B 的状态,以 Y 表示指示灯 Y 的状态,则可以用表 2-2 表示表 2-1 所列的 4 种电路状态。其中,用二进制数 1 表示开关闭合和灯亮;用二进制数 0 表示开关断开和灯灭。表 2-2 这种把输入逻辑变量的所有取值组合及其相对应的输出结果列成的表格称之为真值表。

表 2-2　"与"电路真值表

A	B	Y
0	0	0
0	1	0
1	0	0
1	1	1

从表 2-1 中可以得到如下的因果关系,只有当决定事物结果的全部条件(如开关闭合)同时具备时,结果(如灯亮)才会发生。这种因果关系称为逻辑与,或称为与运算。

在逻辑代数中,与运算可以写成如下的逻辑函数表达式

$$Y = A \cdot B \tag{2-1}$$

式中,A 和 B 为输入逻辑变量,即自变量;Y 为输出逻辑变量,即因变量。式中的与运算符号"·"在不至于混淆的情况下,一般可以省略。与运算的意义为:只有当 A 和 B 都为 1 时,函数值 Y 才为 1。读者很容易推广到 3 个(或 3 个以上)输入变量的情况。

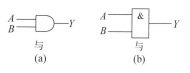

图 2-2　与运算的图形符号

在数字逻辑电路中,将实现与运算的单元电路称为与门。与运算还可以用图形符号表示,如图 2-2 所示。图 2-2 中给出了被 IEEE(电气与电子工程师协会)和 IEC(国际电工协会)认定的两套图形符号,

其中一套为特定外形符号,在国外教材和 EDA 软件中普遍使用,如图 2-2(a)所示;另一套为矩形轮廓的符号,是我国国家标准认定的符号,如图 2-2(b)所示。

通过与逻辑关系的真值表可知与逻辑运算的运算规律如下:

$$0 \cdot 0 = 0$$
$$0 \cdot 1 = 1 \cdot 0 = 0$$
$$1 \cdot 1 = 1$$

简单地记为:有 0 出 0,全 1 出 1。由此推出如下一般形式:

$$A \cdot 0 = 0 \tag{2-2}$$
$$A \cdot 1 = A \tag{2-3}$$
$$A \cdot A = A \tag{2-4}$$

2. 或运算

将图 2-1 所示电路稍做改变,把两个串联开关改为两个并联开关控制指示灯,得到如图 2-3 所示的电路图。

两个并联开关也有 4 种不同的状态组合,这些状态组合与灯亮、灯灭之间的关系如表 2-3 所示。同样地,用 1 表示开关闭合和灯亮,0 表示开关断开和灯灭,可以得到如表 2-4 所示的真值表。从其逻辑状态表中可

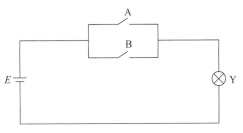

图 2-3 逻辑或示例电路

以得到这样的因果关系:在决定事物结果(如灯亮)的各种条件中,有一个或几个条件(如开关闭合)具备时,结果就会发生。这种因果关系称之为逻辑或,又称为或运算。

表 2-3 "或"电路状态表

开关 A 的状态	开关 B 的状态	灯 Y 的状态
断开	断开	灭
断开	闭合	亮
闭合	断开	亮
闭合	闭合	亮

表 2-4 "或"电路真值表

A	B	Y
0	0	0
0	1	1
1	0	1
1	1	1

上述这种或逻辑关系可以写成如下的逻辑函数表达式:

$$Y = A + B \tag{2-5}$$

式中,"＋"为或逻辑运算符号。或运算的意义为:A 或 B 只要有一个为 1,则函数值 Y 为 1。在数字逻辑电路中,将实现或运算的单元电路称为或门。或运算的图形符号表示如图 2-4 所示。

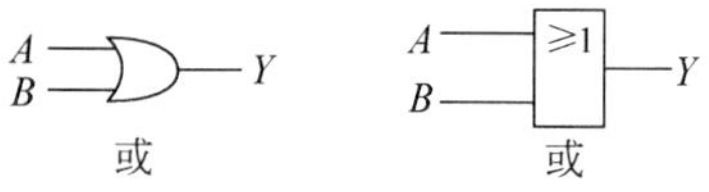

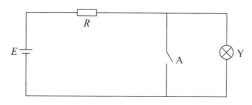

图 2-4　或运算的图形符号

由或逻辑关系的真值表可知或逻辑运算的运算规律如下:

$$0+0=0$$
$$0+1=1+0=1$$
$$1+1=1$$

简单地记为:有 1 出 1,全 0 出 0。由此推出如下一般形式:

$$A+0=A \tag{2-6}$$
$$A+1=1 \tag{2-7}$$
$$A+A=A \tag{2-8}$$

3. 非运算

在如图 2-5 所示的开关电路中,开关 A 闭合时,灯灭;开关 A 断开时,灯亮。

图 2-5　逻辑非示例电路

若用 1 表示开关闭合及灯亮,0 表示开关断开及灯灭,则可得逻辑非的真值表如表 2-5 所示。从其逻辑状态表中得到的因果关系如下:决定某一事件发生的条件(如开关闭合)具备时,事件(如灯亮)不发生;而当事件发生的条件不具备时,事件发生。这种因果关系称为非逻辑关系。

表 2-5　"非"电路真值表

A	Y
0	1
1	0

上述这种非逻辑关系可写成如下逻辑函数表达式:

$$Y=\overline{A} \quad 或 \quad Y=A' \tag{2-9}$$

式(2-9)右边读作"A 非"或"非 A"。其中,"‾"和"′"均为非逻辑的逻辑运算符号,本书后续章节以"′"符号为主。非运算的意义为:逻辑函数值为输入逻辑变量的反。

在数字逻辑电路中,将实现非运算的单元电路称为非门,也称为反相器。"非"运算的图形符号表示如图 2-6 所示。

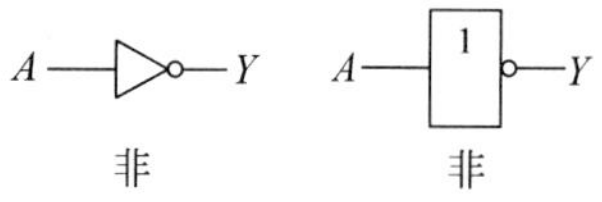

由非逻辑关系的真值表可知非逻辑的运算规律如下:

$$0'=1$$
$$1'=0$$

图 2-6　非运算的图形符号

简单地记为：有 0 出 1，有 1 出 0。由此推出如下一般形式：

$$(A')' = A \tag{2-10}$$

$$A + A' = 1 \tag{2-11}$$

$$AA' = 0 \tag{2-12}$$

2.2.2 常用复合逻辑运算

实际数字系统中遇到的逻辑关系问题往往要比简单的与、或、非逻辑关系复杂得多，但是它们可以通过与、或、非的不同组合实现，从而进行一些复合逻辑运算。常见的复合逻辑有与非逻辑、或非逻辑、与或非逻辑、同或逻辑、异或逻辑等。

1．与非逻辑

与非逻辑实际上是与逻辑和非逻辑的复合，它首先将输入变量进行与运算，然后再进行非运算。对于一个二输入逻辑变量的与非逻辑来说，其逻辑函数表达式为

$$Y = (A \cdot B)' \tag{2-13}$$

与非逻辑的真值表如表 2-6 所示。

表 2-6 与非逻辑的真值表

A	B	Y
0	0	1
0	1	1
1	0	1
1	1	0

与非运算的图形符号如图 2-7 所示。

2．或非逻辑

或非逻辑实际上是或逻辑和非逻辑的组合，它首先将输入变量进行或运算，然后再进行非运算。

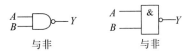

图 2-7 与非运算的图形符号

对于一个二输入逻辑变量的或非逻辑来说，其逻辑函数表达式为

$$Y = (A + B)' \tag{2-14}$$

或非逻辑的真值表如表 2-7 所示。

表 2-7 或非逻辑的真值表

A	B	Y
0	0	1
0	1	0
1	0	0
1	1	0

或非运算的图形符号如图 2-8 所示。

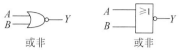

图 2-8　或非运算的图形符号

3. 与或非逻辑

与或非逻辑是由与逻辑、或逻辑、非逻辑组合而成的，它首先将输入逻辑变量进行与运算，然后再进行或运算，最后进行非运算。对于一个二-二输入逻辑变量的与或非逻辑来说，其逻辑函数表达式为

$$Y = (AB + CD)' \qquad (2\text{-}15)$$

与或非逻辑的真值表如表 2-8 所示。

表 2-8　与或非逻辑的真值表

A	B	C	D	Y
0	0	0	0	1
0	0	0	1	1
0	0	1	0	1
0	0	1	1	0
0	1	0	0	1
0	1	0	1	1
0	1	1	0	1
0	1	1	1	0
1	0	0	0	1
1	0	0	1	1
1	0	1	0	1
1	0	1	1	0
1	1	0	0	0
1	1	0	1	0
1	1	1	0	0
1	1	1	1	0

与或非运算的图形符号如图 2-9 所示。

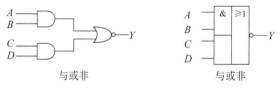

图 2-9　与或非运算的图形符号

4. 同或逻辑与异或逻辑

同或逻辑与异或逻辑都是只有两个输入逻辑变量的函数。

当两个输入逻辑变量取值相同时，输出逻辑函数值为 1；当两个输入逻辑变量取值不同

时,输出逻辑函数值为 0。这种逻辑关系称为同或逻辑。其逻辑函数表达式为

$$Y = A \odot B = AB + A'B' \tag{2-16}$$

式中,"$\odot$"为同或逻辑的运算符号。

同或逻辑的真值表如表 2-9 所示。

表 2-9 同或逻辑真值表

A	B	$Y = A \odot B$
0	0	1
0	1	0
1	0	0
1	1	1

同或运算的图形符号如图 2-10 所示。

由同或逻辑的真值表可知同或运算的规律如下:

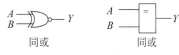

$$0 \odot 0 = 1$$
$$0 \odot 1 = 1 \odot 0 = 0$$
$$1 \odot 1 = 1$$

图 2-10 同或运算的图形符号

简单地记为:相同为 1,相异为 0。由此推出如下一般形式:

$$A \odot 0 = A' \tag{2-17}$$
$$A \odot 1 = A \tag{2-18}$$
$$A \odot A' = 0 \tag{2-19}$$
$$A \odot A = 1 \tag{2-20}$$

与同或逻辑相反,当两个输入逻辑变量的取值相异时,输出逻辑函数值为 1;两个输入逻辑变量取值相同时,输出逻辑函数值为 0。这种逻辑关系称为异或逻辑。其逻辑函数表达式为

$$Y = A \oplus B = AB' + A'B \tag{2-21}$$

式中,"$\oplus$"为异或逻辑的运算符号。

异或逻辑的真值表如表 2-10 所示。

表 2-10 异或逻辑真值表

A	B	$Y = A \oplus B$
0	0	0
0	1	1
1	0	1
1	1	0

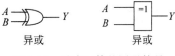

图 2-11 异或运算的图形符号

异或运算的图形符号如图 2-11 所示。

由异或逻辑的真值表可知异或运算的规律如下:

$$0 \oplus 0 = 0$$
$$0 \oplus 1 = 1 \oplus 0 = 1$$
$$1 \oplus 1 = 0$$

简单地记为：相同为 0，相异为 1。由此推出如下一般形式：

$$A \oplus 0 = A \tag{2-22}$$
$$A \oplus 1 = A' \tag{2-23}$$
$$A \oplus A' = 1 \tag{2-24}$$
$$A \oplus A = 0 \tag{2-25}$$

2.3   基本公式和常用公式

2.3.1   基本公式

表 2-11 列出了逻辑代数的基本公式，这些公式也称为布尔恒等式。等式中的字母（如 A、B、C）为逻辑变量，其值可以取 0 或 1，代表逻辑信号的两种可能状态之一。

表 2-11   逻辑代数的基本公式

基 本 定 律	与	或	非
	$0 \cdot A = 0$	$0 + A = A$	$0' = 1$
	$1 \cdot A = A$	$1 + A = 1$	$1' = 0$
重叠律	$A \cdot A = A$	$A + A = A$	
互补律	$A \cdot A' = 0$	$A + A' = 1$	
还原律			$(A')' = A$
交换律	$A \cdot B = B \cdot A$	$A + B = B + A$	
结合律	$A \cdot (B \cdot C) = (A \cdot B) \cdot C$	$A + (B + C) = (A + B) + C$	
分配律	$A \cdot (B + C) = A \cdot B + A \cdot C$	$A + B \cdot C = (A + B) \cdot (A + C)$	
反演律(德·摩根定理)	$(A \cdot B)' = A' + B'$	$(A + B)' = A' \cdot B'$	
吸收律	$A \cdot (A + B) = A$	$A + A \cdot B = A$	

表 2-11 中除了逻辑非运算外，其他基本定律或恒等式是成对出现的，具有对偶性。这些公式的正确性可以用列真值表的方法加以验证。具体方法是：列出等式左边表达式与右边表达式的真值表，如果等式两边的真值表相同，则证明等式成立。

【例 2.1】   用真值表证明等式 $A + B \cdot C = (A + B) \cdot (A + C)$ 成立。

解：按照变量 A、B、C 所有可能的取值情况，将取值组合逐一代入等式左边表达式和右边表达式，计算相应的结果，得到如表 2-12 所示的真值表。其中，第 3 列和第 6 列的结果相同，故等式成立。

表 2-12   例 2.1 真值表

ABC	$B \cdot C$	$A + B \cdot C$	$A + B$	$A + C$	$(A + B) \cdot (A + C)$
000	0	0	0	0	0
001	0	0	0	1	0
010	0	0	1	0	0

ABC	$B \cdot C$	$A+B \cdot C$	$A+B$	$A+C$	$(A+B) \cdot (A+C)$
011	1	1	1	1	1
100	0	1	1	1	1
101	0	1	1	1	1
110	0	1	1	1	1
111	1	1	1	1	1

2.3.2 若干常用公式

表 2-13 中列出了几个常用公式,这些公式是由基本公式导出的。直接运用这些导出公式可以给逻辑函数化简带来很大方便。为简化书写,在不会产生混淆的前提下,允许将 $A \cdot B$ 简写成 AB,省去与运算符"·"。

表 2-13 若干常用公式

序 号	公 式
1	$A+A' \cdot B=A+B$
2	$A \cdot B+A \cdot B'=A$
3	$A \cdot B+A' \cdot C+B \cdot C=A \cdot B+A' \cdot C$
4	$A \cdot (A \cdot B)'=A \cdot B'$
5	$A' \cdot (A \cdot B)'=A'$

现用基本公式推导的方法将表 2-13 中所列的常用公式作如下证明。

公式 1:$A+A' \cdot B=A+B$

证明:$A+A' \cdot B=(A+A') \cdot (A+B)=1 \cdot (A+B)=A+B$

这里运用了分配律 $A+B \cdot C=(A+B) \cdot (A+C)$。该式说明:两个乘积项相加时,如果一项取反后是另一项的因子,则此因子是多余的,可以消去。

公式 2:$A \cdot B+A \cdot B'=A$

证明:$A \cdot B+A \cdot B'=A \cdot (B+B')=A \cdot 1=A$

该式说明:两个乘积项相加时,若它们分别包含 B 和 B' 两个因子而其他因子相同,则两项必能合并,且将 B 和 B' 两个因子消去。

公式 3:$A \cdot B+A' \cdot C+B \cdot C=A \cdot B+A' \cdot C$

证明:$A \cdot B+A' \cdot C+B \cdot C=A \cdot B+A' \cdot C+B \cdot C \cdot (A+A')$

$\qquad\qquad\qquad\qquad\quad =A \cdot B+A' \cdot C+A \cdot B \cdot C+A' \cdot B \cdot C$

$\qquad\qquad\qquad\qquad\quad =A \cdot B \cdot (1+C)+A' \cdot C \cdot (1+B)$

$\qquad\qquad\qquad\qquad\quad =A \cdot B+A' \cdot C$

该式说明:若两个乘积项中分别包含 A 和 A' 两个因子,而这两个乘积项的其余因子组成第 3 个乘积项时,这第 3 个乘积项是多余的,可以消去。

公式 4:$A \cdot (A \cdot B)'=A \cdot B'$

证明:$A \cdot (A \cdot B)'=A \cdot (A'+B')=A \cdot A'+A \cdot B'=A \cdot B'$

该式说明:当 A 和一个乘积项的非逻辑相乘,且 A 为乘积项的因子时,则 A 这个因子可以消去。

公式 5：$A' \cdot (A \cdot B)' = A'$

证明：$A' \cdot (A \cdot B)' = A' \cdot (A' + B') = A' \cdot A' + A' \cdot B' = A' \cdot (1 + B') = A'$

该式说明：当 A' 和一个乘积项的非逻辑相乘，且 A 为乘积项的因子时，其结果就等于 A'。

从以上证明可以看出，常用公式都是由基本公式推导得出的结果。当然，还可以推导出更多的常用公式。

2.4 基本定理

2.4.1 代入定理

在任何一个逻辑等式中，如果以一个逻辑式代替等式两侧出现的某个变量 A，则等式仍然成立。这就是所谓的代入定理。

在逻辑等式中，变量 A 仅有 0 和 1 两种取值可能，所以无论将 $A = 0$ 还是 $A = 1$ 代入逻辑等式，等式都一定成立。而对于任何一个逻辑式，它的取值也只有 0 和 1 两种可能，当用它取代式中的 A 时，等式自然也成立。可以将代入定理作为无须证明的公理使用。

【例 2.2】 用代入定理证明德·摩根定理也适用于多变量的情况。

解：已知二变量的德·摩根定理为

$$(A \cdot B)' = A' + B' \quad \text{和} \quad (A + B)' = A' \cdot B'$$

将 $(C \cdot D)$ 代入左边等式两侧 B 的位置，令 $(C + D)$ 代入右边等式两侧 B 的位置，于是得

$$(A \cdot (C \cdot D))' = A' + (C \cdot D)' = A' + C' + D'$$
$$(A + (C + D))' = A' \cdot (C + D)' = A' \cdot C' \cdot D'$$

通过上述证明，可以将二变量德·摩根定理推广为三变量形式，乃至任意多个变量的形式。其实，对所有基本公式和常用公式都可以应用代入定理，将二变量公式推广为多变量的形式。

2.4.2 反演定理

对于任意一个逻辑式 Y，如果将式中所有的"$\cdot$"换成"$+$"，"$+$"换成"$\cdot$"，0 换成 1，1 换成 0，原变量换成反变量（如 A 换成 A'），反变量换成原变量，则得到的结果就是反逻辑式 Y'。这个规律称为反演定理。

利用反演定理，可以比较容易地求取已知逻辑式的反逻辑式。应用反演定理时需要注意遵守以下两个原则。

(1) 保持原来的运算优先次序，即先进行与运算，后进行或运算，并注意优先进行括号内的运算。

(2) 对于非单个变量上的反号应保留不变。

【例 2.3】 已知 $Y = A' \cdot B' + C \cdot D$，求 Y'。

解：根据反演定理可得
$$Y' = (A+B) \cdot (C'+D') = AC' + AD' + BC' + BD'$$

【例 2.4】 已知 $Y = ((A \cdot B' + C)' + D)' + A \cdot C$，求 Y'。

解：根据反演定理，保留非单个变量的反号不变，可得
$$Y' = (((A' + B) \cdot C')' \cdot D')' \cdot (A' + C')$$
$$= ((A' + B) \cdot C' + D) \cdot (A' + C')$$
$$= (A'C' + BC' + D) \cdot (A' + C')$$
$$= A'C' + A'BC' + A'D + BC' + C'D$$
$$= A'C' + A'D + BC' + C'D$$

回顾 2.3 节介绍的德·摩根定理便可发现，它只不过是反演定理的一个特例而已。正是由于这个原因，才将它称为反演律。

2.4.3　对偶定理

对于任意一个逻辑式 Y，如果将式中所有的"·"换成"＋"，"＋"换成"·"，0 换成 1，1 换成 0，则得到一个新的逻辑式 Y^D。逻辑式 Y^D 就称为逻辑式 Y 的对偶式，或者说逻辑式 Y^D 与逻辑式 Y 互为对偶式。

例如，如果 $Y = A(B+C)$，则 $Y^D = A + BC$；

如果 $Y = (A+B)'(C+D)$，则 $Y^D = (AB)' + CD$。

注意：在进行对偶式变换时，也要保持"先括号，然后与，最后或"的运算优先次序。

所谓的对偶定理是：如果两个逻辑式相等，则它们的对偶式也相等。

为了证明两个逻辑式相等，也可以通过证明它们的对偶式相等来完成。有些情况下证明它们的对偶式相等要容易一些。

【例 2.5】 证明等式 $A + BC = (A+B)(A+C)$ 成立。

解：首先写出等式两边逻辑式的对偶式，得
$$A(B+C) \quad 和 \quad AB + AC$$

应用与运算分配律，$A(B+C) = AB + AC$，也就是这两个对偶式是相等的。根据对偶定理即可确定原来的两个逻辑式也一定相等，则等式得到证明。

2.5　逻辑函数及其表示方法

2.5.1　逻辑函数的定义

如果以逻辑变量作为输入，以逻辑运算结果作为输出，则当输入变量的取值确定之后，输出的取值也随之确定。那么，输出与输入之间便形成一种函数关系。这种函数关系称为逻辑函数（logic function），即 $Y = F(A, B, C, \cdots)$。由于输入（变量）和输出（函数）都只有 0 和 1 两种取值，因此这里所讨论的都是二值逻辑函数。

对于一个具体的逻辑问题，条件与结果之间存在的因果关系，可以用逻辑函数来描述。例如，在举重比赛中，运动员试举是否成功是由一名主裁判和两名副裁判共同来判定的。根

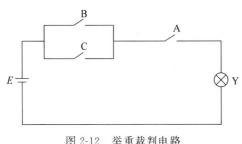

图 2-12　举重裁判电路

据比赛规则,只有当主裁判和至少一名副裁判共同判定运动员动作合格,试举才算成功。

图 2-12 所示是一个举重裁判电路,比赛时主裁判掌握着开关 A,两名副裁判分别掌握着开关 B 和开关 C。当运动员举起杠铃时,裁判认为动作合格就合上开关;否则不合。显然,指示灯 Y 的状态(亮与灭)是开关 A、开关 B、开关 C 状态(合上与断开)的函数。

若以 1 表示开关闭合和灯亮,0 表示开关断开和灯灭,则指示灯 Y 是开关 A、开关 B、开关 C 的二值逻辑函数,即

$$Y = F(A,B,C)$$

其中,Y 为指示灯 Y 的状态;A、B、C 为开关 A、开关 B、开关 C 的状态。

2.5.2　逻辑函数的表示方法

常用的逻辑函数表示方法有逻辑真值表、逻辑函数式(简称逻辑式或函数式)、逻辑图、波形图、卡诺图和硬件描述语言等。本节只介绍前面 4 种方法,用卡诺图和硬件描述语言表示逻辑函数的方法将在本书后续章节介绍。

1. 逻辑真值表

将输入变量所有可能的取值及其对应的函数值列成表格,即可得到真值表。

如图 2-12 所示电路的逻辑函数关系可以用真值表表示,其真值表如表 2-14 所示。

表 2-14　图 2-12 所示电路的逻辑真值表

A	B	C	Y
0	0	0	0
0	0	1	0
0	1	0	0
0	1	1	0
1	0	0	0
1	0	1	1
1	1	0	1
1	1	1	1

观察该电路的真值表得出,只有 $A=1$,同时 B、C 至少有一个为 1 时,Y 才等于 1。即只有主裁判(A)闭合开关,同时副裁判(B、C)至少有一个闭合开关,指示灯才亮。真值表很好地描述了该电路的逻辑功能。

2. 逻辑函数式

将输出与输入之间的逻辑关系写成由与、或、非等逻辑运算组合而成的逻辑代数式,就

得到了该逻辑函数对应的逻辑函数式。

在图 2-12 所示的举重裁判电路中，"副裁判(B、C)至少有一个闭合开关"，根据与、或逻辑的定义，可以表示为$(B+C)$；"同时主裁判(A)闭合开关"则可以表示为 $A \cdot (B+C)$。因此，可以得到该逻辑函数对应的逻辑函数式为

$$Y = A \cdot (B+C) \tag{2-26}$$

3. 逻辑图

将逻辑函数式中各变量之间的与、或、非等逻辑关系用图形符号表示出来，就得到了表示该逻辑函数的逻辑图(logic diagram)。

用逻辑运算的图形符号代替逻辑函数式(2-26)中的代数运算符号就能得到对应的逻辑图，如图 2-13 所示。

4. 波形图

如果将逻辑函数输入变量的每种可能取值与对应的输出函数值按时间顺序依次排列起来，就得到了表示该逻辑函数的波形图(waveform)。

如果用波形图来描述图 2-12 所示的举重裁判电路，只需将其真值表(见表 2-14)中给出的输入变量与对应的输出变量取值按时间顺序排列起来，就可以得到如图 2-14 所示的波形图。

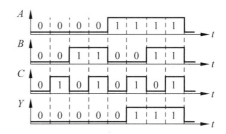

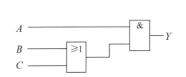

图 2-13　图 2-12 所示举重裁判电路的逻辑图　　图 2-14　图 2-12 所示举重裁判电路的波形图

在实际工作中，逻辑分析仪和一些计算机仿真工具就是以波形图作为结果输出形式的，这种波形图也称为时序图(sequence diagram)。通过观察分析波形图，可以检验实际逻辑电路的功能是否正确。

5. 各种表示方法间的相互转换

既然同一个逻辑函数可以用多种不同的方法进行表示，那么这些表示方法之间必能相互转换。在实际应用中，需要根据情况选择一种最合适的表示方法来描述逻辑函数。如果该逻辑函数不是以人们所希望的表示方法给出，则需要对其表示方法进行转换。

1) 逻辑真值表与逻辑函数式的相互转换

首先讨论由逻辑真值表得到逻辑函数式的方法。

【例 2.6】 已知某逻辑函数的真值表如表 2-15 所示，试写出其逻辑函数式。

表 2-15　例 2.6 的逻辑真值表

A	B	C	Y
0	0	0	$1\cdots\rightarrow A'B'C'=1$
0	0	1	0
0	1	0	0
0	1	1	$1\cdots\rightarrow A'BC=1$
1	0	0	0
1	0	1	$1\cdots\rightarrow AB'C=1$
1	1	0	$1\cdots\rightarrow ABC'=1$
1	1	1	0

解：由真值表(2-15)可见，只有当 A、B、C 这 3 个输入变量中有两个同时为 1 或是 3 个同时为 0 时，Y 才为 1。即在输入变量取值为以下 4 种情况时，Y 将为 1。

$$A=0、\quad B=0、\quad C=0$$
$$A=0、\quad B=1、\quad C=1$$
$$A=1、\quad B=0、\quad C=1$$
$$A=1、\quad B=1、\quad C=0$$

而当 $A=0$、$B=0$、$C=0$ 时，一定有乘积项 $A'B'C'=1$；当 $A=0$、$B=1$、$C=1$ 时，有乘积项 $A'BC=1$；当 $A=1$、$B=0$、$C=1$ 时，有乘积项 $AB'C=1$；当 $A=1$、$B=1$、$C=0$ 时，有乘积项 $ABC'=1$。这 4 种情况中的任一情况满足，输出 Y 就为 1，即 Y 是这 4 种情况的或运算。所以，Y 的逻辑函数应当是这 4 个乘积项的逻辑和，即

$$Y=A'B'C'+A'BC+AB'C+ABC'$$

通过例 2.6 总结出由真值表写出逻辑函数式的一般方法如下。

(1) 找出真值表中使逻辑函数 Y 为 1 的那些输入变量取值的组合。

(2) 每组输入变量取值组合对应一个乘积项，组合中 1 用相应的原变量替换，0 用相应的反变量替换。

(3) 将得到的乘积项逻辑相加，即得到 Y 的逻辑函数式。

由逻辑函数式列出真值表只需将输入变量取值的所有组合状态逐一代入逻辑式求出函数值，列成表，即可得到真值表。需要注意的是，列出输入变量取值的所有组合时，应按照二进制数值递增的顺序罗列，可有效避免漏列。

【例 2.7】 已知逻辑函数 $Y=A+A'B+B'C$，列出其对应的真值表。

解：将 A、B、C 的各种取值组合按照二进制数值递增的顺序填入表格，将每行取值逐一代入逻辑式中进行计算，将计算结果填入相应的位置，即可得到表 2-16 所示的真值表。初学时可先将 $A'B$、$B'C$ 两项算出，然后再将 A、$A'B$ 和 $B'C$ 逻辑相加求出 Y 的值。

表 2-16　例 2.7 的真值表

A	B	C	A'B	B'C	Y
0	0	0	0	0	0
0	0	1	0	1	1
0	1	0	1	0	1
0	1	1	1	0	1
1	0	0	0	0	1

续表

A	B	C	$A'B$	$B'C$	Y
1	0	1	0	1	1
1	1	0	0	0	1
1	1	1	0	0	1

2）逻辑函数式与逻辑图的相互转换

将逻辑函数式转换为相应的逻辑图时,用逻辑图形符号代替逻辑函数式中的逻辑运算符号,并按运算优先顺序将它们连接起来,就得到相应的逻辑图。

【**例2.8**】 已知逻辑函数为 $Y=(A+B'C)'+A'BC'+C$,画出其对应的逻辑图。

解:将 Y 中所有的与、或、非运算符号用图形符号代替,并依据运算优先顺序将这些图形符号连接起来就得到了图 2-15 所示的逻辑图。

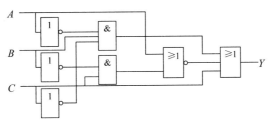

图 2-15 例 2.8 的逻辑图

将逻辑图转换为对应的逻辑函数式时,从逻辑图的输入端到输出端逐级写出每个图形符号的输出逻辑式,即在输出端得到相应的逻辑函数式。

【**例2.9**】 已知逻辑函数的逻辑图如图 2-16 所示,写出它的逻辑函数式。

解:从输入端 A、B 开始逐个写出每个图形符号输出端的逻辑式,得到 $Y=((A+B)'+(A'+B')')'$。对该式进行变换后可得

$$Y=((A+B)'+(A'+B')')'$$
$$=(A+B)(A'+B')$$
$$=AB'+A'B=A\oplus B$$

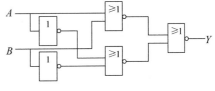

图 2-16 例 2.9 的逻辑图

可见,输出 Y 与输入 A、B 间是异或逻辑关系。

3）波形图与真值表的相互转换

将波形图转换为真值表时,需要从波形图上找出每个时间段里输入变量与对应的函数取值,然后将这些输入、输出取值对应列表,就得到相应的真值表。

【**例2.10**】 已知逻辑函数 Y 的波形图如图 2-17 所示,列出该逻辑函数的真值表。

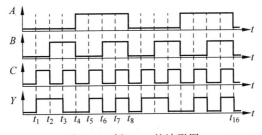

图 2-17 例 2.10 的波形图

解：从 Y 的波形图上可以看出，在 $0\sim t_8$ 时间区间里输入变量 A、B、C 所有可能的取值组合均已出现，而且 $t_8\sim t_{16}$ 区间的波形是 $0\sim t_8$ 区间波形的重复。因此，只要将 $0\sim t_8$ 区间每个时间段里 A、B、C 与 Y 的取值对应列表，即可得表 2-17 所示的真值表。

表 2-17 例 2.10 的真值表

A	B	C	Y
0	0	0	0
0	0	1	1
0	1	0	1
0	1	1	0
1	0	0	0
1	0	1	1
1	1	0	0
1	1	1	1

将真值表转换为波形图时，只需将真值表中所有的输入变量与对应的输出变量取值依次排列画成以时间为横轴的波形即可。

2.6 逻辑函数的标准形式

任何一个逻辑函数，其逻辑式的形式都不是唯一的。本节首先介绍逻辑函数式的基本形式，接着介绍最小项的概念和"最小项之和"标准形式，然后介绍最大项的概念和"最大项之积"标准形式，最后介绍逻辑函数形式的变换。

2.6.1 逻辑函数式的基本形式

1．与或表达式

与或表达式是指由若干与项进行或运算构成的函数式。例如，有一个逻辑函数式为 $Y=A\cdot B+A'\cdot C$，式中 $A\cdot B$ 和 $A'\cdot C$ 两项都是由与运算（逻辑乘）把变量结合起来的，称为与项（或乘积项），然后将这两个与项用或运算结合起来，这种类型的函数式称为"与或式"，也称作"积之和"。

2．或与表达式

或与表达式是指由若干或项进行与运算构成的函数式。例如，有一个逻辑函数式为 $Y=(A+B)\cdot(A+C')$，式中 $(A+B)$ 和 $(A+C')$ 两项都是由或运算（逻辑加）把变量结合起来的，称为或项，然后将这两个或项用与运算结合起来，这种类型的函数式称为"或与式"，也称作"和之积"。

3．与非-与非表达式

与非-与非表达式是指逻辑变量间都是通过与非运算构成的函数式。例如，有一个逻辑

函数式为 $Y=((AB)'\cdot(AC')')'$，式中 $(AB)'$ 和 $(AC')'$ 两项都是与非运算，然后这两项之间也是与非运算，这种类型的函数式称为"与非-与非式"。

4. 或非-或非表达式

或非-或非表达式是指逻辑变量间都是通过或非运算构成的函数式。例如，有一个逻辑函数式为 $Y=((A+B)'+(A+C')')'$，式中 $(A+B)'$ 和 $(A+C')'$ 两项都是或非运算，然后这两项之间也是或非运算，这种类型的函数式称为"或非-或非式"。

通常，逻辑函数式可以表示成混合形式。例如，函数式 $Y=(AB'+BC)\cdot(A+C')'+(AC)'$，不是上述的基本形式，但经过变换可以转化为上述的基本形式。

2.6.2 逻辑函数的最小项之和形式

1. 最小项的定义和性质

在有 n 个变量的逻辑函数中，若有一个乘积项 m 包含全部的 n 个变量，每个变量都以它的原变量或反变量的形式在乘积项中出现且仅出现一次，则称该乘积项 m 为该组变量的最小项。例如，3 个变量 A、B、C 的最小项有 $A'B'C'$、$A'B'C$、$A'BC'$、$A'BC$、$AB'C'$、$AB'C$、ABC'、ABC 共 8 个（即 2^3 个）。n 个变量的最小项应有 2^n 个。

最小项通常用 m_i 表示，下标 i 是最小项的编号，用十进制数表示。输入变量的每组取值都将使一个对应的最小项的值等于 1。例如，在 3 个变量 A、B、C 的最小项中，当 $A=0$、$B=1$、$C=1$ 时，$A'BC=1$。把 $A'BC$ 的取值 011 看作一个二进制数，那么它所对应的十进制数 3 就是最小项 $A'BC$ 的编号。因此，通常将最小项 $A'BC$ 记作 m_3。

3 个变量 A、B、C 的全部 8 个最小项及其最小项的编号如表 2-18 所示。

表 2-18 三变量最小项编号表

最小项	使最小项为 1 的变量取值			对应的十进制数	编号
	A	B	C		
$A'B'C'$	0	0	0	0	m_0
$A'B'C$	0	0	1	1	m_1
$A'BC'$	0	1	0	2	m_2
$A'BC$	0	1	1	3	m_3
$AB'C'$	1	0	0	4	m_4
$AB'C$	1	0	1	5	m_5
ABC'	1	1	0	6	m_6
ABC	1	1	1	7	m_7

按照同样的道理，可以将 A、B 这两个变量的 4 个最小项记作 $m_0\sim m_3$，可以将 A、B、C、D 这 4 个变量的 16 个最小项记作 $m_0\sim m_{15}$。

从最小项的定义出发可以证明它具有以下重要性质。

(1) 在输入变量的任何取值情况下，必有一个最小项的值为 1，而且仅有这一个最小项的值为 1，其余最小项的值均为 0。

(2) 任意两个不同的最小项之积为 0。

（3）全体最小项之和为 1。

（4）具有相邻性的两个最小项之和可以合并成一项，并消去一对互反的变量。

两个最小项如果只有一个变量不同，则称这两个最小项具有相邻性。例如，$A'BC'$ 和 $A'BC$ 两个最小项只有最后一个变量不同，它们具有相邻性。这两个最小项的和可以合并成一项并消去一对互反的变量。

$$A'BC' + A'BC = A'B(C' + C) = A'B$$

2. 最小项之和形式

任何一个逻辑函数都能够用唯一的最小项之和形式的逻辑式表示。因此，最小项之和形式是逻辑函数式的标准形式。这种标准形式在逻辑函数化简以及计算机辅助分析和设计中得到了广泛应用。

将逻辑函数式变换为最小项之和标准形式，首先要将给定的逻辑函数式化为积之和形式，然后利用基本公式 $A + A' = 1$ 将每个乘积项中缺少的变量补全，这样就可以得到该逻辑函数的最小项之和标准形式。

【例 2.11】 将逻辑函数 $Y = A'BC'D + A'BC + AD$ 变换为最小项之和标准形式。

解：$Y = A'BC'D + A'BC + AD$

$$= A'BC'D + A'BC(D + D') + A(B + B')D$$

$$= A'BC'D + A'BCD + A'BCD' + AB(C + C')D + AB'(C + C')D$$

$$= A'BC'D + A'BCD + A'BCD' + ABCD + ABC'D + AB'CD + AB'C'D$$

或记作

$$Y(A, B, C, D) = m_3 + m_6 + m_7 + m_9 + m_{11} + m_{13} + m_{15}$$

$$= \sum m(3, 6, 7, 9, 11, 13, 15)$$

2.6.3　逻辑函数的最大项之积形式

1. 最大项的定义和性质

在有 n 个变量的逻辑函数中，若有一个或项 M 包含了全部的 n 个变量，每个变量都以它的原变量或反变量的形式在或项中出现且仅出现一次，则称该或项 M 为该组变量的最大项。例如，3 个变量 A、B、C 的最大项有 $(A' + B' + C')$、$(A' + B' + C)$、$(A' + B + C')$、$(A' + B + C)$、$(A + B' + C')$、$(A + B' + C)$、$(A + B + C')$、$(A + B + C)$ 共 8 个（即 2^3 个）。对 n 个变量有 2^n 个最大项。可见，n 变量的最大项数目和最小项数目是相等的。

最大项通常用 M_i 表示，下标 i 是最大项的编号，用十进制数表示。输入变量的每组取值都将使一个对应的最大项的值等于 0。例如，在 3 个变量 A、B、C 的最大项中，当 $A = 0$、$B = 1$、$C = 1$ 时，$(A + B' + C') = 0$。把 $(A + B' + C')$ 的取值 011 看作一个二进制数，那么它所对应的十进制数 3 就是最大项 $(A + B' + C')$ 的编号。因此，通常将最大项 $(A + B' + C')$ 记作 M_3。

3 个变量 A、B、C 的全部 8 个最大项及其最大项的编号如表 2-19 所示。

表 2-19 三变量最大项编号表

最大项	使最大项为 0 的变量取值			对应的十进制数	编 号
	A	B	C		
$A+B+C$	0	0	0	0	M_0
$A+B+C'$	0	0	1	1	M_1
$A+B'+C$	0	1	0	2	M_2
$A+B'+C'$	0	1	1	3	M_3
$A'+B+C$	1	0	0	4	M_4
$A'+B+C'$	1	0	1	5	M_5
$A'+B'+C$	1	1	0	6	M_6
$A'+B'+C'$	1	1	1	7	M_7

按照同样的道理,可以将 A、B 这两个变量的 4 个最大项记作 $M_0 \sim M_3$,可以将 A、B、C、D 这 4 个变量的 16 个最大项记作 $M_0 \sim M_{15}$。

根据最大项的定义,得到最大项具有以下重要性质。

(1) 在输入变量的任何取值情况下,必有一个最大项的值为 0,而且仅有这一个最大项的值为 0,其余最大项的值均为 1。

(2) 任意两个不同的最大项之和为 1。

(3) 全体最大项之积为 0。

(4) 只有一个变量不同的两个最大项之积等于各相同变量之和。

2. 最小项和最大项的关系

根据最小项和最大项的性质可知,相同变量构成的最小项与最大项之间存在如下关系:
$$M_i = m_i' \quad 或者 \quad m_i = M_i'$$
例如,$m_2 = A'BC'$,则 $m_2' = (A'BC')' = A + B' + C = M_2$;$M_5 = A' + B + C'$,则 $M_5' = (A' + B + C')' = AB'C = m_5$。

3. 最大项之积形式

最大项之积形式是逻辑函数式的另一个标准形式。将逻辑函数式变换为最大项之积标准形式,首先要将给定的逻辑函数式化为和之积形式,然后利用基本公式 $AA' = 0$ 将每个或项中缺少的变量补全,这样就可以得到该逻辑函数的最大项之积标准形式。

【例 2.12】 将逻辑函数 $Y = A'B + AC$ 变换为最大项之积标准形式。

解:首先可以利用德·摩根定律,将函数式变换为或-与式,即
$$\begin{aligned} Y &= A'B + AC = ((A'B + AC)')' \\ &= ((A + B') \cdot (A' + C'))' \\ &= (AA' + AC' + A'B' + B'C')' \\ &= (A' + C) \cdot (A + B) \cdot (B + C) \end{aligned}$$

然后利用公式 $AA' = 0$,在第 1 个括号内加入 BB',在第 2 个括号内加入 CC',在第 3 个括号内加入 AA',即
$$Y = (A' + C + BB') \cdot (A + B + CC') \cdot (B + C + AA')$$

再利用公式 $A+BC=(A+B) \cdot (A+C)$，可得

$$Y = (A' + C + BB') \cdot (A + B + CC') \cdot (B + C + AA')$$
$$= (A' + C + B) \cdot (A' + C + B') \cdot (A + B + C) \cdot$$
$$(A + B + C') \cdot (B + C + A) \cdot (B + C + A')$$
$$= (A' + B + C) \cdot (A' + B' + C) \cdot (A + B + C) \cdot (A + B + C')$$

或记作

$$Y(A,B,C) = M_0 \cdot M_1 \cdot M_4 \cdot M_6 = \prod M(0,1,4,6)$$

2.6.4 逻辑函数形式的变换

2.6.3 节中介绍了将给定的逻辑函数式变换为最小项之和的形式或最大项之积的形式。而在用电子元器件组成实际的逻辑电路时，由于选用不同逻辑功能类型的元器件，还必须将逻辑函数式变换为相应的形式。

例如，用门电路实现如下逻辑函数：

$$Y = AC + BC' \tag{2-27}$$

按照式(2-27)的形式，需要用两个具有与运算功能的与门电路和一个具有或运算功能的或门电路，才能搭建电路产生函数 Y。

如果受到元器件供货的限制，只能全部用与非门实现这个电路，这时就需要将式(2-27)的与或形式变换成全部由与非运算组成的与非-与非形式。为此，可用德·摩根定理对式(2-27)进行变换。

$$Y = ((AC + BC')')' = ((AC)' \cdot (BC')')' \tag{2-28}$$

如果要求用具有与或非功能的门电路实现式(2-27)的逻辑函数，则需要将式(2-27)化为与或非形式的运算式。根据逻辑代数的基本公式 $A + A' = 1$ 和代入定理可知，任何一个逻辑函数 Y 都遵守公式 $Y + Y' = 1$。又因为全部最小项之和恒等于 1，所以不包含在 Y 中的那些最小项之和就是 Y'。将这些最小项之和再求反，也可以得到 Y，而且是与或非形式的逻辑函数式。

如果要求全部用或非门电路实现逻辑函数，则应将逻辑函数式转换成全部由或非运算组成的形式，即或非-或非形式。这时可以先将逻辑函数式化为与或非的形式，然后再利用反演定理将其中的每个乘积项化为或非形式，这样就得到了或非-或非式。

【例 2.13】 将逻辑函数 $Y = AC + BC'$ 化为与或非形式和或非-或非形式。

解：首先将 Y 展开为最小项之和的形式，即

$$Y = AC(B + B') + BC'(A + A')$$
$$= ABC + AB'C + ABC' + A'BC'$$

或记作

$$Y(A,B,C) = \sum (2,5,6,7)$$

将 Y 式中不包含的最小项相加，即

$$Y'(A,B,C) = \sum (0,1,3,4) \tag{2-29}$$

将式(2-29)求反，就得到了 Y 的与或非式，即

$$Y = (Y')' = (m_0 + m_1 + m_3 + m_4)' = (A'B'C' + A'B'C + A'BC + AB'C')'$$

$$= (B'C' + A'C)' \qquad (2\text{-}30)$$

利用反演定理 $A'B' = (A + B)'$，对式(2-30)进行变换即可得到或非-或非式：

$$Y = (B'C' + A'C)' = ((B + C)' + (A + C')')'$$

2.7 逻辑函数的化简方法

2.6 节介绍了逻辑函数的两种标准形式以及逻辑函数形式的变换，发现同一个逻辑函数可以写成不同的逻辑式，而这些逻辑式的繁简程度差别很大。

例如，有如下两个逻辑函数：

$$Y = AB + A'B + A'B' \qquad (2\text{-}31)$$
$$Y = A' + B \qquad (2\text{-}32)$$

将它们的真值表列出后即可发现，它们是同一个逻辑函数。显然，式(2-32)比式(2-31)简单得多。用电路来实现时，式(2-31)的电路如图 2-18(a)所示，用到了 2 个非门、3 个与门和 1 个三输入或门；式(2-32)的电路如图 2-18(b)所示，只需 1 个非门和 1 个二输入或门。可见，实现相同的逻辑功能，简单的电路使用较少的门，电路的体积更小且成本更低。另外，简单电路的连线较少，减少了电路可能潜在的故障，可靠性更高。

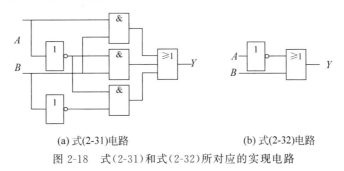

(a) 式(2-31)电路   (b) 式(2-32)电路

图 2-18 式(2-31)和式(2-32)所对应的实现电路

在设计逻辑电路时，往往需要通过一定的方法对根据实际要求直接归纳出来的逻辑函数式进行化简，得到它的最简形式。

对于与-或逻辑式，如果式中包含的乘积项个数已经最少，而且每个乘积项里的变量个数也不能再减少时，则称此逻辑函数式为最简形式。逻辑函数化简的目的是消去多余的乘积项和每个乘积项中多余的变量，以得到逻辑函数式的最简形式。

前面章节介绍过，一个逻辑函数可以有多种不同的表达形式，如与或表达式、与非-与非表达式、或与表达式、或非-或非表达式以及与或非表达式等。在进行逻辑化简时，一般先得到最简与或表达式，然后通过形式变换得到其他形式的逻辑函数式。

例如，某逻辑函数的 5 种不同形式的最简表达式如下：

$$
\begin{aligned}
Y &= AC + BC' &&\text{与或表达式}\\
&= ((AC)' \cdot (BC')')' &&\text{与非 - 与非表达式}\\
&= (A + C') \cdot (B + C) &&\text{或与表达式}\\
&= ((A + C')' + (B + C)')' &&\text{或非 - 或非表达式}\\
&= (A'C + B'C')' &&\text{与或非表达式}
\end{aligned}
$$

化简逻辑函数的方法有很多，常用的有公式化简法和卡诺图化简法。

2.7.1　公式化简法

公式化简法是运用逻辑代数中的基本公式、常用公式和基本定理消去函数式中多余的乘积项和乘积项中多余的变量,这种方法没有固定的步骤,需要一些经验和技巧。现将经常使用的方法归纳如下。

1. 并项法

利用公式 $A+A'=1$,可得 $AB+AB'=A$,将两项合并成一项,并消去 B 这个变量;再应用代入定理,A 和 B 均可扩展为任何复杂的逻辑式。

【例 2.14】 试用并项法化简下列逻辑函数。

$$Y_1 = ABC + AB'C' + ABC' + AB'C$$
$$Y_2 = AB' + ACD + AB + A'CD$$
$$Y_3 = A'BC' + AC' + B'C'$$
$$Y_4 = AB + AC' + AD' + AB'CD$$

解：

$$Y_1 = A(BC + B'C') + A(BC' + B'C)$$
$$= A(B \oplus C)' + A(B \oplus C) = A$$
$$Y_2 = A(B' + B) + (A + A')CD = A + CD$$
$$Y_3 = A'BC' + (A + B')C'$$
$$= (A'B)C' + (A'B)'C' = C'$$
$$Y_4 = A(B + C' + D') + AB'CD$$
$$= A(B'CD)' + A(B'CD) = A$$

2. 吸收法

利用公式 $A+AB=A$,消去多余的项 AB;再根据代入定理,A、B 也可以是任何一个复杂的逻辑式。

【例 2.15】 试用吸收法化简下列逻辑函数。

$$Y_1 = ((A'B + C)' + AB'D)ACD + AC$$
$$Y_2 = AB + ABC'D + AB(CD + A'CD)$$

解：

$$Y_1 = ((A'B + C)' + AB'D)D \cdot AC + AC = AC$$
$$Y_2 = AB + AB \cdot (C'D + (CD + A'CD)) = AB$$

3. 消项法

利用公式 $AB+A'C+BC=AB+A'C$ 及 $AB+A'C+BCD=AB+A'C$,消去 BC 或 BCD 项。其中,A、B、C、D 均可以是任何复杂的逻辑式。

【例 2.16】 试用消项法化简下列逻辑函数。

$$Y_1 = AC + AB' + (B + C)'$$

$$Y_2 = A'B'C + ABC + A'BD' + AB'D' + A'BCD' + BCD'E'$$

解：

$$Y_1 = AC + B'C' + AB' = AC + B'C'$$

$$Y_2 = (A'B' + AB)C + (A'B + AB')D' + CD'(A'B + BE')$$

$$= (A \oplus B)'C + (A \oplus B)D' + CD'(A'B + BE')$$

$$= (A \oplus B)'C + (A \oplus B)D'$$

4. 消去法

利用公式 $A + A'B = A + B$，将乘积项 $A'B$ 中的 A' 消去。其中，A、B 可以是任何复杂的逻辑式。

【例 2.17】 试用消去法化简下列逻辑函数。

$$Y_1 = C' + ABC$$

$$Y_2 = AB' + B + A'B$$

$$Y_3 = AB + A'C + B'C$$

解：

$$Y_1 = C' + AB$$

$$Y_2 = A + B + A'B = A + B$$

$$Y_3 = AB + (A' + B')C = AB + (AB)'C = AB + C$$

5. 配项法

(1) 利用公式 $A + A = A$，可以在逻辑式中重复写入某个乘积项，有时可以获得更加简单的化简结果。

【例 2.18】 试化简逻辑函数 $Y = A'BC' + A'BC + ABC$。

解：

$$Y = (A'BC' + A'BC) + (A'BC + ABC)$$

$$= A'B(C' + C) + BC(A' + A)$$

$$= A'B + BC$$

(2) 利用公式 $A + A' = 1$，可以在逻辑式中某个乘积项上乘以 $(A + A')$，然后拆成两项再与其他项合并，有时可以获得更加简单的化简结果。

【例 2.19】 试化简逻辑函数 $Y = A'B + AB' + BC' + B'C$。

解：

$$Y = A'B(C + C') + AB' + BC' + B'C(A + A')$$

$$= A'BC + A'BC' + AB' + BC' + AB'C + A'B'C$$

$$= (A'BC + A'B'C) + (A'BC' + BC') + (AB' + AB'C)$$

$$= A'C + BC' + AB'$$

在化简复杂的逻辑函数时，需要灵活、交替运用上述的各种方法，结合一定的经验和技巧才能得到最后的化简结果。

【例 2.20】 试化简逻辑函数 $Y = AB + B'C + BD' + CD' + A(B + C') + A'BCD' + AC'D$。

解：

$$
\begin{aligned}
Y &= AB + B'C + BD' + CD' + A(B'C)' + AC'D \\
&= AB + B'C + BD' + CD' + A + AC'D \\
&= A + B'C + BD' + CD' \\
&= A + B'C + BD'
\end{aligned}
$$

2.7.2 卡诺图化简法

公式化简法没有固定的方法和步骤，在化简不同的逻辑函数时，存在很大的灵活性，需要熟练掌握逻辑代数的基本公式和基本定理，还要有一定的经验和技巧，才能得到满意的化简结果。而且，利用公式化简法化简得到的结果，有时不太容易判断是不是最简结果，对初学者而言尤其困难。人们希望可以有一种对任何逻辑函数都适用的，具有固定的操作步骤和方法，化简结果一定是最简结果的化简方法。卡诺图化简法就是这样一种方法，它是基于合并最小项的化简方法，有固定的方法和操作步骤，便于掌握和使用。

1. 逻辑函数的卡诺图表示法

将 n 变量的所有最小项各用一个小方格表示，并使逻辑上具有相邻性的最小项在几何位置上也相邻，这样将所有最小项对应的小方格排列起来形成的图形称为 n 变量最小项的卡诺图。由于这种表示方法是由美国工程师卡诺(M. Karnaugh)首先提出的，因此将这种图形称为卡诺图(Karnaugh map)。

n 变量最小项的卡诺图的格式是固定的，图 2-19 中画出了 2～5 变量最小项的卡诺图。图形两侧标注的 0 和 1 表示使对应小方格内的最小项为 1 的变量取值。同时，这些 0 和 1 组成的二进制数所对应的十进制数大小也就是对应的最小项的编号。

A \ B	0	1
0	m_0	m_1
1	m_2	m_3

(a) 2变量(*A*、*B*)最小项的卡诺图

A \ BC	00	01	11	10
0	m_0	m_1	m_3	m_2
1	m_4	m_5	m_7	m_6

(b) 3变量(*A*、*B*、*C*)最小项的卡诺图

AB \ CD	00	01	11	10
00	m_0	m_1	m_3	m_2
01	m_4	m_5	m_7	m_6
11	m_{12}	m_{13}	m_{15}	m_{14}
10	m_8	m_9	m_{11}	m_{10}

(c) 4变量(*A*、*B*、*C*、*D*)最小项的卡诺图

AB \ CDE	000	001	011	010	110	111	101	100
00	m_0	m_1	m_3	m_2	m_6	m_7	m_5	m_4
01	m_8	m_9	m_{11}	m_{10}	m_{14}	m_{15}	m_{13}	m_{12}
11	m_{24}	m_{25}	m_{27}	m_{26}	m_{30}	m_{31}	m_{29}	m_{28}
10	m_{16}	m_{17}	m_{19}	m_{18}	m_{22}	m_{23}	m_{21}	m_{20}

(d) 5变量(*A*、*B*、*C*、*D*、*E*)最小项的卡诺图

图 2-19　2～5 变量最小项的卡诺图

为了保证卡诺图中几何位置相邻的最小项在逻辑上也具有相邻性，卡诺图两侧的这些数码不能按自然二进制数递增的顺序排列，而必须按图 2-19 所示的方式排列，以确保几何位置相邻的两个最小项仅有一个变量是不同的。另外，处在任何一行或一列两端的最小项也仅有一个变量不同，所以它们也具有逻辑相邻性。因此，从几何位置上应当将卡诺图看成是上下、左右闭合的图形。

在变量个数大于或等于 5 以后,仅用几何图形在两维空间的相邻性表示逻辑相邻性已经不能满足了。图 2-19(d)所示的 5 变量最小项的卡诺图中,除了几何位置相邻的最小项具有逻辑相邻性以外,以其中双竖线为轴左右对称位置上的两个最小项也具有逻辑相邻性。

由于任何一个逻辑函数都能表示为最小项之和的标准形式,那么 n 变量最小项的卡诺图自然也可以表示任意一个 n 变量的逻辑函数。用卡诺图表示逻辑函数的具体的方法如下。

(1) 将逻辑函数化为最小项之和的形式。

(2) 绘制 n 变量最小项的卡诺图。

(3) 在卡诺图上将这些最小项对应的位置填上 1,其余位置填上 0,即可得到表示该逻辑函数的卡诺图。

【例 2.21】 用卡诺图表示逻辑函数 $Y = ABCD + A'B'C + ABD' + A'C'$。

解:首先将逻辑函数化为最小项之和的形式:

$$Y = ABCD + A'B'CD' + A'B'CD + ABC'D' + ABCD' +$$
$$A'B'C'D' + A'B'C'D + A'BC'D' + A'BC'D$$
$$= m_0 + m_1 + m_2 + m_3 + m_4 + m_5 + m_{12} + m_{14} + m_{15}$$

画出 4 变量最小项的卡诺图,在对应的最小项的位置填 1,其余位置填 0,得到表示该逻辑函数 Y 的卡诺图如图 2-20 所示。

【例 2.22】 已知逻辑函数 Y 的卡诺图如图 2-21 所示,试写出该函数的逻辑式。

AB＼CD	00	01	11	10
00	1	1	1	1
01	1	1	0	0
11	1	0	1	1
10	0	0	0	0

A＼BC	00	01	11	10
0	1	0	1	0
1	0	1	0	1

图 2-20 例 2.21 的卡诺图　　图 2-21 例 2.22 的卡诺图

解:逻辑函数 Y 等于卡诺图中为 1 的那些小方格对应的最小项之和,可得

$$Y = m_0 + m_3 + m_5 + m_6$$
$$= A'B'C' + A'BC + AB'C + ABC'$$

2. 用卡诺图化简逻辑函数

利用卡诺图化简逻辑函数的方法称为卡诺图化简法。卡诺图具有相邻性,即两个相邻的方格所代表的最小项具有逻辑相邻性,而具有逻辑相邻性的最小项可以合并,并消去互反的变量,这就是卡诺图化简的依据。因此,可以从卡诺图上直观地找出具有相邻性的最小项并将其合并化简。

若有两个相邻的方格为 1,则这两个最小项可以合并为一项并消去一个变量。图 2-22(a)和图 2-22(b)中画出了两个最小项相邻的几种可能情况。例如,图 2-22(a)中 $A'BC(m_3)$ 和 $ABC(m_7)$ 相邻,两项可合并为 $A'BC + ABC = BC$,合并后消掉了变量 A,只剩下公共变量 B 和 C。

若有 4 个相邻的方格为 1,则这 4 个最小项可以合并为一项并消去两个变量。例如,在

图 2-22(d)中，$A'BC'D(m_5)$、$A'BCD(m_7)$、$ABC'D(m_{13})$、$ABCD(m_{15})$ 相邻，可合并为

$$A'BC'D + A'BCD + ABC'D + ABCD = A'BD(C' + C) + ABD(C' + C)$$
$$= BD(A' + A) = BD$$

合并后消去了 A 和 C 两个变量，只剩下 4 个最小项的公共变量 B 和 D。

若有 8 个相邻的方格为 1，则这 8 个最小项可以合并为一项并消去 3 个变量。例如，在图 2-22(e)中，上边两行的 8 个最小项是相邻的，可将它们合并为一项 A'；其他的变量都被消去了。

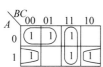
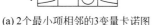

(a) 2个最小项相邻的3变量卡诺图

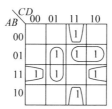

(b) 2个最小项相邻的4变量卡诺图

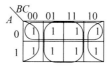

(c) 4个最小项相邻的3变量卡诺图

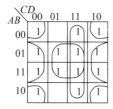

(d) 4个最小项相邻的4变量卡诺图

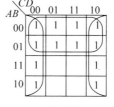

(e) 8个最小项相邻的4变量卡诺图

图 2-22　最小项相邻的几种情况

通过上面的介绍，可以归纳得出合并最小项的一般规则：如果有 2^n 个最小项相邻（$n=1,2,\cdots$）并排列成一个矩形组，则它们可以合并为一项，并消去 n 个变量。合并后的结果中仅包含这些最小项的公共变量。

下面介绍用卡诺图化简逻辑函数的步骤。

（1）将逻辑函数化为最小项之和的形式。

（2）对照最小项之和表达式填卡诺图，得到表示该逻辑函数的卡诺图。

（3）找出为 1 的相邻方格，在图上画包围圈，每个包围圈含 2^n 个方格，写出每个包围圈对应的乘积项。

（4）将所有包围圈对应的乘积项相加。

以上步骤(1)和步骤(2)是为了得到表示该逻辑函数的卡诺图，如果由真值表直接填卡诺图，则可以忽略步骤(1)。

画包围圈的原则如下。

（1）包围圈内为 1 的方格数必定是 2^n 个，其中 $n=0,1,2,3,\cdots$。

（2）相邻方格包括上下两边相邻、左右两边相邻和 4 个角两两相邻。

（3）同一个为 1 的方格可以被不同的包围圈重复包围，但每个新增的包围圈中一定要有新的 1，否则该包围圈为多余。

（4）包围圈要尽可能大，包围圈的数目要尽可能少。

（5）先圈小再圈大，每个为 1 的方格都要圈到，孤立项也不能漏掉。

化简逻辑函数后,每个包围圈对应一个乘积项,包围圈越大,所得乘积项中的变量越少;包围圈的个数越少,乘积项的个数就越少,得到的与或式就是最简形式。

【例 2.23】 用卡诺图化简法将函数式 $Y = AC' + A'C + B'C + BC'$ 化简为最简与-或式。

解:将函数式化为最小项之和的形式:

$$Y = ABC' + AB'C + A'BC + A'B'C + AB'C' + A'BC'$$
$$= \sum m(1,2,3,4,5,6)$$

画出表示逻辑函数 Y 的卡诺图,如图 2-23 所示。

找出为 1 的相邻方格,画包围圈。由图 2-23 所示,有(a)和(b)两种方案。如果按图 2-23(a)的方案画包围圈,则得到化简结果为

$$Y = A'C + BC' + AB'$$

而按图 2-23(b)的方案画包围圈,得到的化简结果为

$$Y = AC' + B'C + A'B$$

两个化简结果都符合最简与-或式的标准形式,都是正确结果。此例说明,逻辑函数的化简结果有时不是唯一的。

【例 2.24】 用卡诺图化简法将函数式 $Y(A,B,C,D) = \sum m(0,2,4,6,8,9,10,11,$ $12,13,14,15)$ 化为最简与或逻辑式。

解:题目给出的就是最小项之和的形式,可以直接画出 Y 的卡诺图,如图 2-24 所示。然后画包围圈,两个包含 8 个为 1 方格的包围圈。得到化简结果为

$$Y = A + D'$$

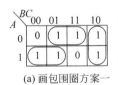
(a) 画包围圈方案一

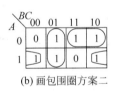
(b) 画包围圈方案二

图 2-23 例 2.23 的卡诺图

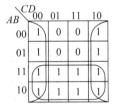

图 2-24 例 2.24 的卡诺图

在例 2.24 中,卡诺图大多数方格为 1,用包围 1 的方法需要画两个很大的包围圈。有时,当卡诺图中大多数方格为 1 时,也可以用包围 0 的方法先求 Y',然后再对 Y' 取反得到 Y 的化简结果。

这种方法所依据的原理已在本书 2.6 节中说明。因为全部最小项之和为 1,所以若将全部最小项之和分成两部分,一部分(卡诺图中填入 1 的那些最小项)之和记作 Y,则根据 $Y + Y' = 1$ 可知,其余部分(卡诺图中填入 0 的那些最小项)之和必为 Y'。

在图 2-24 中,将 4 个相邻的为 0 方格包围起来,可以立即写出 $Y' = A'D$,即

$$Y = (Y')' = (A'D)' = A + D'$$

结果与包围 1 的方法得到的化简结果一致。

此外,在需要将函数化为最简的与或非式时,采用包围 0 的方法最为适宜,因为得到的结果正是与或非形式。

2.8　具有无关项的逻辑函数及其化简

2.8.1　无关项的定义

在处理具体的逻辑问题时,有时会遇到两种特殊情况。其中一种情况是输入变量的取值不是任意的,它受到某种限制,这种对输入变量取值的限制称为约束。被限制的变量取值对应的最小项称为约束项。例如,在工业控制领域,为保障电气安全,常用到互锁开关实现电气互锁控制。以 A、B 两路互锁为例,当 A 为 1 时,B 一定为 0;当 B 为 1 时,A 一定为 0。也就是说,如果以互锁开关作为某逻辑电路的输入,则逻辑输入变量 A、B 的取值只能是 01 或 10,不允许出现输入变量取值为 00 或 11 的情况。此时,最小项 $A'B'$ 和 AB 必须恒等于 0,它们就称为逻辑函数 Y 的约束项。

还有一种情况,当输入变量取某些值时,函数值是 1 是 0 皆可,不影响电路的功能。输入变量这些取值对应的最小项称为任意项。例如,在电机控制中,用 3 个逻辑变量 A、B、C 分别表示一台电机的正转、反转和停止的命令。当 $A=1$ 时,表示电机正转;当 $B=1$ 时,表示电机反转;当 $C=1$ 时,表示电机停止。控制电路表示正转、反转和停止工作状态的逻辑函数为

$$Y_1 = AB'C'\text{(正转)}$$
$$Y_2 = A'BC'\text{(反转)}$$
$$Y_3 = A'B'C\text{(停止)}$$

在任何时候,A、B、C 都应该有且只有一个为 1,否则表示电机控制逻辑故障,应切断电源。在实际设计控制电路时,只要 A、B、C 这 3 个输入变量出现两个及以上为 1 或全部为 0,立刻切断电源。那么这时 Y_1、Y_2、Y_3 是 0 还是 1 都对电路不产生影响。ABC、$AB'C$、$A'BC$、ABC'、$A'B'C'$ 称为逻辑函数 Y_1、Y_2、Y_3 的任意项。

将约束项和任意项统称为逻辑函数式中的无关项。这里所说的"无关"是指是否把这些最小项写入逻辑函数式无关紧要,可以写入,也可以删除。2.7 节在用卡诺图表示逻辑函数时,首先将逻辑函数化为最小项之和的形式,然后在卡诺图中最小项对应的位置填 1,其他位置填 0。既然可以认为无关项包含函数式中,也可以认为不包含在函数式中,那么在卡诺图中对应的位置上就可以填 1,也可以填 0。为此,在卡诺图中用 X(或 ϕ)表示无关项。在化简逻辑函数时既可以认为它是 1,也可以认为它是 0。

2.8.2　具有无关项逻辑函数的化简

化简具有无关项的逻辑函数时,合理利用这些无关项,一般都可得到更加简单的化简结果。画包围圈时,究竟把卡诺图中的 X 作为 1 还是作为 0 对待,应以得到的包围圈最大且包围圈数目最少为原则。

【例 2.25】　化简具有约束的逻辑函数 $Y = A'B'C'D + A'BCD + AB'C'D'$。
给定约束条件为
$$A'B'CD + A'BC'D + ABC'D' + AB'C'D + ABCD + ABCD' + AB'CD' = 0$$

在用最小项之和形式表示上述具有约束的逻辑函数时,也可写为

$$Y(A,B,C,D)=\sum m(1,7,8)+d(3,5,9,10,12,14,15)$$

式中,以 d 表示无关项, d 后面括号内的数字是无关项的最小项编号。

解:画出逻辑函数 Y 的卡诺图,如图 2-25 所示。

如图 2-25 所示画包围圈,得到化简结果为

$$Y=A'D+AD'$$

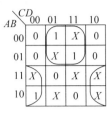

图 2-25 例 2.25 的卡诺图

习题

习题 2.1 证明下列恒等式。

(1) $A \oplus 0 = A$

(2) $A \oplus 1 = A'$

(3) $A(B \oplus C) = AB \oplus AC$

(4) $AB' + B + A'B = A + B$

(5) $AB' + AC + BC = AB' + BC$

(6) $A'BC + (A+B')C + C' = 1$

习题 2.2 已知逻辑函数的真值表如表 2-20 所示,试写出对应的逻辑函数式。

表 2-20 习题 2.2 真值表

A	B	C	Y
0	0	0	1
0	0	1	0
0	1	0	1
0	1	1	0
1	0	0	0
1	0	1	1
1	1	0	1
1	1	1	0

习题 2.3 已知逻辑函数的真值表如表 2-21 所示,试写出对应的逻辑函数式。

表 2-21 习题 2.3 真值表

A	B	C	D	Y
0	0	0	0	1
0	0	0	1	0
0	0	1	0	1
0	0	1	1	0
0	1	0	0	0
0	1	0	1	1
0	1	1	0	1
0	1	1	1	0

续表

A	B	C	D	Y
1	0	0	0	1
1	0	0	1	0
1	0	1	0	0
1	0	1	1	1
1	1	0	0	0
1	1	0	1	1
1	1	1	0	0
1	1	1	1	1

习题 2.4　列出下列逻辑函数的真值表。

（1）$Y = AB' + BC + ABC'$

（2）$Y = B'CD + (A \oplus C)'D + AD$

习题 2.5　已知逻辑函数的逻辑图如图 2-26 所示，试写出逻辑函数式，列出真值表，绘制波形图。

习题 2.6　已知逻辑函数的波形图如图 2-27 所示，试列出真值表，写出逻辑函数式，绘制逻辑图。

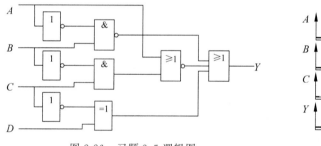

图 2-26　习题 2.5 逻辑图

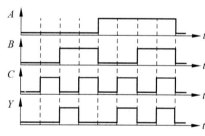

图 2-27　习题 2.6 波形图

习题 2.7　将下列逻辑函数式化为最小项之和的形式。

（1）$Y = A + C + B'D$

（2）$Y = (A + BC)'D + AC'D$

（3）$Y = A(B \oplus C)$

（4）$Y = A + ((BC)' + (C + D)')'$

习题 2.8　将下列逻辑函数式化为最大项之积的形式。

（1）$Y = B + A'D + AC$

（2）$Y = (AC' + BC)' + AC'D$

（3）$Y = A + (B \oplus C)'$

（4）$Y(A, B, C, D) = \sum m(1, 2, 5, 8, 10)$

习题 2.9　用逻辑代数的基本公式和基本定理将下列逻辑函数式转换化为最简与或式。

（1）$Y = (A + C)(A + B'D)$

(2) $Y=(B\oplus C)'+AC'D$

(3) $Y=AD+(AC'+BC)'$

(4) $Y(A,B,C,D)=\sum m(1,3,8,10)$

习题 2.10 试画出下列逻辑函数式对应的卡诺图。

(1) $Y=(A\oplus C)(A+B'D)$

(2) $Y=A'C+BC+AC'D$

习题 2.11 写出图 2-28 所示卡诺图所表示的逻辑函数式。

习题 2.12 写出图 2-29 所示卡诺图所表示的逻辑函数式。

A＼BC	00	01	11	10
0	0	1	1	0
1	0	1	0	1

图 2-28 习题 2.11 的卡诺图

AB＼CD	00	01	11	10
00	0	1	1	0
01	1	1	0	0
11	1	0	0	1
10	0	0	0	0

图 2-29 习题 2.12 的卡诺图

习题 2.13 用卡诺图化简法将下列逻辑函数式化为最简与或式。

(1) $Y=A'BC+AD'+C'D$

(2) $Y=(AC'+BC)'+AD$

(3) $Y=AB'C'+A'D+BD$

(4) $Y(A,B,C,D)=\sum m(0,1,2,5,8,9,10)$

(5) $Y(A,B,C)=\sum m(0,1,4,7)$

(6) $Y(A,B,C,D)=\sum m(0,1,2,9,10,12,14)$

习题 2.14 将下列含有无关项的逻辑函数化为最简与或式。

(1) $Y=(A\oplus C)(A+B'D)+AB'C'$（约束条件为 $A'B+CD'=0$）

(2) $Y=A'B+AC+B'D$（约束条件为 $AB'CD+A'B'CD'+A'B'C'D'=0$）

(3) $Y(A,B,C,D)=\Sigma m(1,2,4,7)+d(3,6,9,12,14)$

(4) $Y(A,B,C,D)=\Sigma m(1,3,5,8,10)+d(0,2,7,9)$

习题 2.15 将下列逻辑函数式化为与非-与非形式,并画出全部由与非门组成的逻辑图。

(1) $Y=AB+BC+AC$

(2) $Y=ABC'+AC'D+(A+B')CD'$

习题 2.16 将下列逻辑函数式化为或非-或非形式,并画出全部由或非门组成的逻辑图。

(1) $Y=(AB+C')(A+B'D)$

(2) $Y=(A+BC)'(BC'+A'CD)+AC'D$

第 3 章

逻辑门电路

本章学习目标

- 掌握逻辑门电路的基本概念。
- 理解分立元件门电路的工作原理。
- 理解和掌握 TTL 反相器的电压传输特性、输入输出特性和动态特性。
- 理解和掌握 CMOS 反相器的电压传输特性、输入输出特性和动态特性。
- 理解和掌握 OC(OD)门、三态门、CMOS 传输门的特点及应用。
- 了解常用集成门电路产品系列,以及 CMOS 门与 TTL 门的接口电路。

本章首先介绍逻辑门电路的基本概念和发展历程,然后介绍二极管与门、二极管或门、三极管非门等分立元件门电路;接下来分别具体介绍 TTL 反相器和 CMOS 反相器的结构、工作原理、电压传输特性、输入噪声容限、输入特性、输出特性和动态特性;之后介绍了 TTL 集电极开路门(OC 门)、CMOS 漏极开路门(OD 门)、三态门、CMOS 传输门等几种特殊的门电路;还介绍了 TTL 集成门电路、CMOS 集成门电路及其他集成门电路的产品系列,并阐述了这些门电路正确使用的注意事项及不同类型门电路之间的接口方式。

3.1 概述

用以实现基本逻辑运算和复合逻辑运算的单元电路称为门电路。与第 2 章讲的基本逻辑运算和复合逻辑运算相对应,常用的门电路在逻辑功能上有与门、或门、非门、与非门、或非门、与或非门、异或门等。

在电子电路中,用高、低电平分别表示二值逻辑的 1 和 0 两种逻辑状态。获得高、低输出电平的基本原理可以用图 3-1 所示的两个电路说明。在图 3-1(a)所示的单开关电路中,当开关 S 断开时,输出电压 v_o 为高电平(V_{CC});而当开关 S 接通以后,输出变为低电平(等于 0)。开关 S 是用半导体三极管组成的。只要能通过输入信号,控制三极管工作在截止和导通两个状态,它们就可以起到图 3-1 中开关 S 的作用。

单开关电路的主要缺点是功耗比较大。当 S 导通使 v_o 为低电平时,电源电压全部加在电阻 R 上,消耗在 R 上的功率为 V_{CC}^2/R。为了克服这个缺点,将单开关电路中的电阻用另外一个开关代替,就形成了图 3-1(b)所示的互补开关电路。在互补开关电路中,S_1 和 S_2 两个开关虽然受同一个输入信号 v_i 控制,但它们的开关状态是相反的。当使 S_2 接通的同时,使 S_1 断开,则 v_o 为低电平;当 v_i 使 S_1 接通的同时,使 S_2 断开,则 v_o 为高电平。因为无论 v_o 是高电平还是低电平,S_1 和 S_2 总有一个是断开的,所以流过 S_1 和 S_2 的电流始终为零,电路的功耗极小。因此,这种互补式的开关电路在数字集成电路中得到了广泛应用。

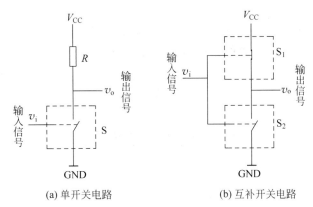

(a) 单开关电路   (b) 互补开关电路

图 3-1 用来获得高、低电平的基本开关电路

以高、低电平表示两种不同逻辑状态时,有两种定义方法。如果以高电平表示逻辑 1,以低电平表示逻辑 0,则称这种表示方法为正逻辑。反之,若以高电平表示逻辑 0,而以低电平表示逻辑 1,则称这种表示方法为负逻辑,如图 3-2 所示。今后除非特殊说明,本书一律采用正逻辑。

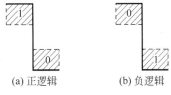

(a) 正逻辑   (b) 负逻辑

图 3-2 正逻辑与负逻辑表示法

因为在实际工作时只要能区分出来高、低电平就可以知道它所表示的逻辑状态,所以高、低电平都有一个允许的范围,如图 3-2 所示。正因为如此,在数字电路中无论是对元器件参数精度的要求还是对供电电源稳定度的要求,都比模拟电路要低一些。而提高数字电路的运算精度可以通过增加数字信号的位数达到。

在最初的数字逻辑电路中,每个门电路都是用若干分立的半导体器件和电阻、电容连接而成的。不难想象,用这种单元电路组成大规模的数字电路是非常困难的,这就严重制约了数字电路的普遍应用。随着数字集成电路的问世和大规模集成电路工艺水平的不断提高,今天已经能把大量的门电路集成在一块很小的半导体芯片上,构成功能复杂的"片上系统"。这就为数字电路的应用开拓了无限广阔的天地。

从制造工艺上可以将目前使用的数字集成电路分为双极型、单极型和混合型 3 种。在数字集成电路发展的历史过程中,首先得到推广应用的是双极型的 TTL 电路。

1961 年,美国得克萨斯仪器(Texas Instruments,TI)公司率先将数字电路的元器件制作在同一块硅片上,制成了数字集成电路(integrated circuit,IC)。由于集成电路体积小、质量轻、可靠性好,因此在大多数领域里迅速取代了分立元件组成的数字电路。直到 20 世纪 80 年代初,这种采用双极型三极管组成的 TTL 型集成电路一直是数字集成电路的主流产品。

然而,TTL 电路也存在一个严重的缺点,这就是它的功耗比较大。由于这个原因,用 TTL 电路只能制作成小规模集成电路(small scale integration,SSI,其中仅包含 10 个以内的门电路)和中规模集成电路(medium scale integration,MSI,其中包含 10～100 个门电路),而无法制作成大规模集成电路(large scale integration,LSI,其中包含 1000～10 000 个门电路)和超大规模集成电路(very large scale integration,VLSI,其中包含 10 000 个以上的门电路)。CMOS 集成电路出现于 20 世纪 60 年代后期,它最突出的优点在于功耗极低,所以非常适合制作大规模集成电路。随着 CMOS 制作工艺的不断进步,无论在工作速度还是在驱动能力上,CMOS 电路都已经不比 TTL 电路逊色。因此,CMOS 电路便逐渐取代 TTL 电路而成为当前数字集成电路的主流产品。不过在现有的一些设备中仍旧在使用 TTL 电路,所以掌握 TTL 电路的基本工作原理和使用知识仍然是必要的。本章将重点介绍 TTL 和 CMOS 这两种使用最多的数字集成门电路。

3.2 逻辑门电路的基本结构和工作原理

3.2.1 分立元件门电路

1. 二极管与门

实现与运算的电路叫作与门。与门的电路及其逻辑图形符号如图 3-3 如示,A、B 是输入逻辑变量,Y 是输出逻辑函数。由图 3-3(a)电路可知,只要输入逻辑变量 A、B 中有一个为低电平时,其支路中二极管导通,使输出端 Y 为低电平。只有 A、B 全为高电平时,输出端 Y 才为高电平。

当 A、B、Y 为高电平时用逻辑 1 表示,为低电平时用逻辑 0 表示。二极管与门电路输出函数 Y 与输入变量 A、B 之间逻辑关系的真值表如表 3-1 所示,其逻辑表达式为 $Y = A \cdot B$。

表 3-1　二极管与门真值表

A	B	Y
0	0	0
0	1	0
1	0	0
1	1	1

2. 二极管或门

实现或运算的电路叫作或门。或门的电路及其逻辑图形符号如图 3-4 所示。由图 3-4 可知,输入逻辑变量 A、B 中只要有一个为高电平时其支路中二极管导通,使输出端 Y 为高电平;只有逻辑变量 A、B 全为低电平时,输出端 Y 才为低电平。其真值表如表 3-2 所示,逻辑表达式为 $Y = A + B$。

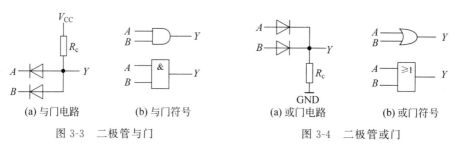

<table>
<tr><td align="center">(a) 与门电路</td><td align="center">(b) 与门符号</td><td align="center">(a) 或门电路</td><td align="center">(b) 或门符号</td></tr>
<tr><td colspan="2" align="center">图 3-3　二极管与门</td><td colspan="2" align="center">图 3-4　二极管或门</td></tr>
</table>

表 3-2 二极管或门真值表

A	B	Y
0	0	0
0	1	1
1	0	1
1	1	1

3. 三极管非门电路

实现非运算的电路叫作非门。非门的电路及其逻辑图形符号如图 3-5 所示。当输入逻辑变量 A 为低电平 V_{IL} 时,三极管截止,输出 Y 为高电平;当输入逻辑变量 A 为高电平 V_{IH} 时,三极管饱和导通,输出 Y 为低电平。其逻辑表达式为 $Y=A'$。

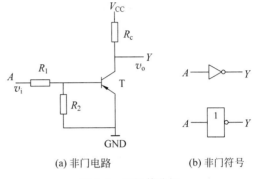

(a) 非门电路　　　(b) 非门符号

图 3-5 三极管非门

4. 与非门电路

将二极管与门和三极管非门连接构成与非门电路,如图 3-6 所示。与非门电路输出函数 Y 与输入逻辑变量 A、B 之间逻辑关系的真值表如表 3-3 所示。只要逻辑变量 A、B 中有一个为低电平,输出函数 Y 就为高电平;只有逻辑变量 A、B 全为高电平时,Y 才为低电平。其逻辑表达式为 $Y=(AB)'$。

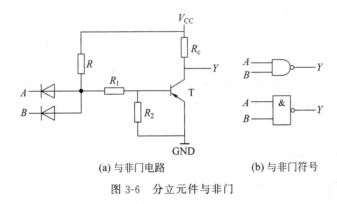

(a) 与非门电路　　　(b) 与非门符号

图 3-6 分立元件与非门

表 3-3 与非门真值表

A	B	Y
0	0	1
0	1	1
1	0	1
1	1	0

5. 或非门电路

将二极管或门和三极管非门连接构成或非门电路,如图 3-7 所示。或非门电路输出函

数 Y 与输入逻辑变量 A、B 之间逻辑关系的真值表如表 3-4 所示。只要 A、B 中有一个为高电平,输出函数 Y 就为低电平;只有逻辑变量 A、B 全为低电平时,输出 Y 才为高电平。其逻辑表达式为 $Y=(A+B)'$。

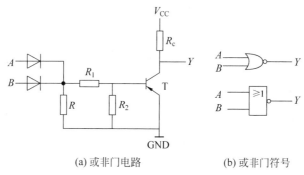

(a) 或非门电路　　　　　　　(b) 或非门符号

图 3-7　分立元件或非门

表 3-4　或非门真值表

A	B	Y
0	0	1
0	1	0
1	0	0
1	1	0

3.2.2　TTL 门电路

TTL 门电路包括反相器(非门)、与门、或门、与非门、或非门、与或非门和异或门等常见类型。尽管它们的逻辑功能各异,但输入端、输出端的电路结构形式与反相器基本相同,其工作原理、电气特性也与反相器相仿。因此,本节重点介绍 TTL 反相器。

在 TTL 门电路的定型产品中,还包括集电极开路门和二态输出门这两个特殊的门电路。这些内容将在 3.3 节介绍。

1. TTL 反相器的工作原理

反相器是 TTL 集成门电路中电路结构最简单的一种。图 3-8 给出了 74 系列 TTL 反相器的典型电路。因为这种类型电路的输入端和输出端均为三极管结构,所以称为三极管-三极管逻辑(transistor-transistor logic,TTL)电路。

图 3-8 所示的电路由三部分组成:T_1、R_1 和 D_1 组成的输入级,T_2、R_2 和 R_3 组成的倒相级,T_4、T_5、D_2 和 R_4 组成的输出级。

设电源电压为 5V,输入信号的高、低电平分别为 $V_{IH}=3.4V$,$V_{IL}=0.2V$。当输入低电平 $v_i=V_{IL}$ 时,T_1 饱和导通,v_{b2} 近似等于 v_i,为低电平,T_2 截止,v_{b4} 为高电平,v_{b5} 为低电平,T_4 导通,T_5 截止,输出为高电平 $v_o=V_{OH}$。

当输入高电平 $v_i=V_{IH}$ 时,如果不考虑 T_2 的存在,T_1 导通,v_{b2} 近似等于 v_i,为高电平。显然,在存在 T_2 和 T_5 的情况下,T_2 和 T_5 同时导通,v_{b4} 近似等于 v_{b5},约为 PN 结开启电压

$V_{ON}=0.7V$，T_4 截止，输出为低电平 $v_o=V_{OL}$。

可见，当输入为低电平时，输出为高电平；当输入为高电平时，输出为低电平，输出与输入之间是反相关系，即 $Y=A'$。

如果把图 3-8 所示的反向器电路输出电压随输入电压的变化用曲线描绘出来，就得到了如图 3-9 所示的 TTL 反相器的电压传输特性曲线。

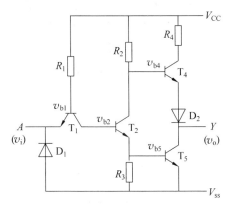

图 3-8　TTL 反相器的典型电路

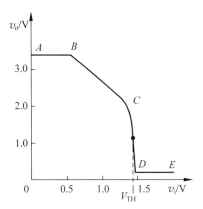

图 3-9　TTL 反相器的电压传输特性

在传输特性曲线的 AB 段，输入电压 $v_i<0.6V$，v_{b2} 近似等于 v_i，T_2 和 T_5 截止，T_4 导通，输出为高电平 $v_o=V_{OH}\approx3.6V$。将这一段称为特性曲线的截止区。

在传输特性曲线的 BC 段，输入电压 $v_i>0.7V$ 但低于 1.3V，v_{b2} 近似等于 v_i，T_2 导通但 T_5 仍然截止。此时，T_2 工作在线性放大区，随着 v_i 电压的升高，v_o 电压线性下降。这一段称为特性曲线的线性区。

在传输特性曲线的 CD 段，当输入电压 v_i 上升到 1.4V 左右时，T_2 和 T_5 同时导通，T_4 截止，输出电压急剧下降为低电平，这一段称为特性曲线的转折区。转折区的中点对应的输入电压称为阈值电压或门槛电压，用 V_{TH} 表示，$V_{TH}\approx1.4V$。

在传输特性曲线的 DE 段，T_2 和 T_5 进入饱和导通状态，T_4 截止，输出低电平，这一段称为特性曲线的饱和区。进入饱和区以后，输入电压 v_i 继续升高时，$v_o=V_{OL}$ 不再变化。

从电压传输特性上可以看到，当输入电压偏离正常的低电平（$v_i>0.2V$）时，输出的高电平并不会立刻改变。同样地，当输入电压偏离正常的高电平（$v_i<3.6V$）时，输出的低电平也不会立刻改变。因此，在保证输出高、低电平基本不变（变化的大小不超过规定的允许范围）的条件下，允许输入电压的高、低电平有一个波动范围，这个范围称为输入端的噪声容限。

在将许多门电路互相连接组成系统时，前一级门电路的输出就是后一级门电路的输入。据此，图 3-10 给出了计算噪声容限的方法。

输出高电平的最小值 $V_{OH(min)}$ 和输入高电平的最小值 $V_{IH(min)}$ 之差就是输入为高电平时的噪声容限：

$$V_{NH}=V_{OH(min)}-V_{IH(min)} \tag{3-1}$$

输入低电平的最大值 $V_{IH(max)}$ 和输出低电平的最大值 $V_{OL(max)}$ 之差就是输入为低电平时的噪声容限：

$$V_{\mathrm{NL}} = V_{\mathrm{IL(max)}} - V_{\mathrm{OL(max)}} \tag{3-2}$$

74 系列 TTL 门电路的典型参数为 $V_{\mathrm{OH(min)}} = 2.4\mathrm{V}$，$V_{\mathrm{OL(max)}} = 0.4\mathrm{V}$，$V_{\mathrm{IH(min)}} = 2.0\mathrm{V}$，$V_{\mathrm{IH(max)}} = 0.8\mathrm{V}$，可以得到 $V_{\mathrm{NH}} = 0.4\mathrm{V}$，$V_{\mathrm{NL}} = 0.4\mathrm{V}$。

2. TTL 反相器的静态输入特性和输出特性

了解门电路的电气性能是正确使用门电路的重要前提。从静态和动态两种角度来了解 TTL 反相器的电气性能，其他 TTL 门电路的电气性能与 TTL 反相器基本相同。对于 TTL 反相器的静态特性，主要介绍反相器的输入特性、输入负载特性和输出特性。

输入特性描述的是输入电流与输入电压之间的关系。TTL 反相器的输入特性曲线如图 3-11 所示。输入电流的参考方向是由输入端指向门电路内部。

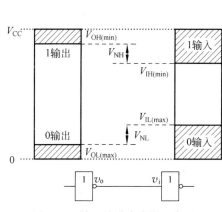

图 3-10　输入端噪声容限示意图

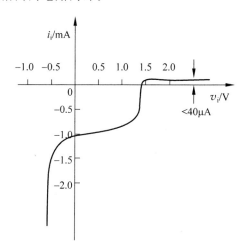

图 3-11　TTL 反相器的输入特性曲线

根据图 3-11 所示的输入特性曲线，当输入电压为低电平时，即 $v_{\mathrm{i}} = V_{\mathrm{IL}} = 0.2\mathrm{V}$ 时，输入低电平电流 $I_{\mathrm{IL}} \approx -1\mathrm{mA}$。当 $v_{\mathrm{i}} = 0$ 时，输入电流称为输入短路电流 I_{IS}。显然，I_{IS} 的数值比 I_{IL} 的数值要略大一点。在做近似分析计算时，经常用元器件手册上给出的 I_{IS} 近似代替 I_{IL} 使用。

当输入电压为高电平时，即 $v_{\mathrm{i}} = V_{\mathrm{IH}} = 3.6\mathrm{V}$ 时，输入高电平电流 $I_{\mathrm{IH}} < 40\mu\mathrm{A}$。

当输入电压介于高低电平之间时，输入电流的情况要复杂一些。但这种情况通常只发生在输入信号电平转换的短暂过程中，这里不再进行详细分析。

输入负载特性描述的是逻辑门的某个输入端经过一个负载电阻接地时，随着该负载电阻的变化引起输入电压变化的特性。TTL 反相器的输入负载特性曲线如图 3-12 所示。

由输入负载特性曲线可知，随着输入负载的增加，该输入端的输入电压也随之增加。当输入负载 $R_{\mathrm{i}} > R_{\mathrm{ON}}$ 时，该输入端相当于输入高电平，R_{ON} 称为开门电阻。当输入负载 $R_{\mathrm{i}} < R_{\mathrm{OFF}}$ 时，该输入端相当于输入低电平，R_{OFF} 称为关门电阻。

输出特性描述的是输出电压与负载电流之间的关系。TTL 反相器的输出特性曲线如图 3-13 所示。负载电流的参考方向是由输出端指向门电路内部。

输出为高电平时，输出特性曲线如图 3-13(a)所示。可见，输出为高电平时，负载电流 i_{L} 为负值，即负载电流由门电路向外流向负载，称为拉电流。拉电流在较小范围内变化时，

对输出高电平 V_{OH} 的影响很小；但当 $|i_L| > 5\text{mA}$ 时，随着 i_L 绝对值的增加 V_{OH} 下降较快。由于受到功耗的限制，74 系列门电路手册上给出的输出高电平负载电流的最大值要比 5mA 小得多。手册还规定，输出为高电平时，最大负载电流不能超过 0.4mA。

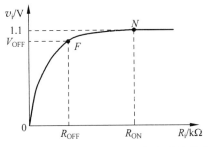

图 3-12　TTL 反相器的输入负载特性曲线

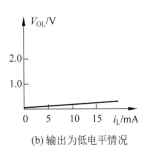

图 3-13　TTL 反相器的输出特性曲线

(a) 输出为高电平情况　　(b) 输出为低电平情况

输出为低电平时，输出特性曲线如图 3-13(b) 所示。可见，输出为低电平时，负载电流 i_L 为正值，即负载电流经负载流向门电路，称为灌电流。灌电流在增加时，输出的低电平仅稍有升高，在较大的范围里，输出低电平 V_{OL} 与负载电流 i_L 基本呈线性关系。

门电路的负载一般也是门电路。一个门最多可以驱动同样的门电路负载的个数，称为扇出系数。扇出系数表征了门电路的负载能力。

【例 3.1】　在图 3-14 所示的电路中，计算 74 系列 TTL 非门 G_1 最多可以驱动多少个同样的门电路负载。要求 G_1 输出的高、低电平满足 $V_{OH} \geqslant 3.2\text{V}, V_{OL} \leqslant 0.2\text{V}$。

解： 查器件手册。

根据输出特性曲线，当输出电压 $V_{OL} = 0.2\text{V}$ 时，负载电流 $i_L = 16\text{mA}$；当输出电压 $V_{OH} = 3.2\text{V}$ 时，负载电流 $i_L = -7.5\text{mA}$，但受功耗限制，74 系列 TTL 门输出高电平时负载电流不能超过 0.4mA，所以这里取 $i_L = -0.4\text{mA}$。

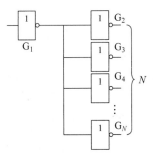

图 3-14　例 3.1 的电路

根据输入特性曲线，当输入电压 $V_{IL} = 0.2\text{V}$ 时，输入电流 $i_i = -1\text{mA}$；当输入电压 $V_{IH} = 3.2\text{V}$ 时，输入电流 $i_i = 40\mu\text{A}$。

首先计算保证 $V_{OL} \leqslant 0.2\text{V}$ 时可以驱动的门电路的数目 N_1。G_1 输出为低电平，负载电流为灌电流，流入 G_1。G_2 等被驱动的负载门输入低电平，输入电流为负，流出门电路。G_1 的灌电流应大于等于负载门总输入电流，即

$$i_L \geqslant N_1 \times |i_i|$$

可得

$$N_1 \leqslant i_L / |i_i| = \frac{16\text{mA}}{1\text{mA}} = 16$$

然后计算保证 $V_{OH} \geqslant 3.2\text{V}$ 时可以驱动的门电路的数目 N_2。G_1 输出为高电平，负载电流为拉电流，流出 G_1。G_2 等被驱动的负载门输入高电平，输入电流流入门电路。G_1 的拉电流应大于等于或负载门总输入电流，即

$$|i_L| \geqslant N_2 \times I_{IH}$$

可得

$$N_2 \leqslant |i_L| / I_{1H} = \frac{0.4\,\text{mA}}{40\,\mu\text{A}} = 10$$

综合以上两种情况,在题目给定的条件下,74系列TTL非门可以驱动的同样非门的最大数目是10,即扇出系数$N=10$。

从例3.1中还能看到,门电路输出的高、低电平都要随负载电流的改变而发生变化。这种变化越小,说明门电路带负载的能力越强。有时也用输出电平的变化不超过某一规定值时允许最大负载电流来定量表示门电路带负载能力的大小。

3. TTL反相器的动态特性

对于TTL反相器的动态特性,主要关注传输延迟时间和动态尖峰电流。

在TTL电路中,由于二极管和三极管从导通变为截止或从截止变为导通都需要一定的时间,而且还有二极管、三极管以及电阻和连线等器件的寄生电容的存在,使得输入的数字波形通过门电路到达输出端时,不仅输出波形要滞后于输入波形,而且输出波形的上升沿和下降沿也将变化,如图3-15所示。输出电压v_o由高电平变为低电平时的传输延迟时间称为导通传输延迟时间t_{PHL};输出电压v_o由低电平变为高电平时的传输延迟时间称为截止传输延迟时间t_{PLH}。通常把二者的平均值称作平均传输延迟时间,以t_{pd}表示。

$$t_{pd} = \frac{t_{PHL} + t_{PLH}}{2} \tag{3-3}$$

传输延迟时间和电路的许多分布参数有关,不易准确计算,所以t_{PHL}和t_{PLH}的数值最后都是通过实验方法测定的。这些参数可以在器件手册上查到。例如,TI公司生产的六反相器SN7404的典型参数为$t_{PHL} = 8\text{ns}$,而$t_{PLH} = 12\text{ns}$。

在动态情况下,特别是TTL反相器的输出电压由低电平突然转变为高电平的过渡过程中,会出现T_4和T_5同时导通的状态,这个状态很短,但会有很大的瞬时电流流经T_4和T_5,使电源电流出现尖峰脉冲,称为尖峰电流或浪涌电流,如图3-16所示。

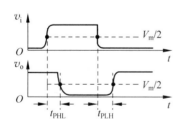

图3-15　TTL反相器的动态传输波形

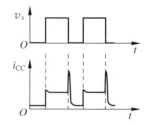

图3-16　TTL反相器的电源动态尖峰电流波形

尖峰电流带来的影响主要表现在两个方面:一方面,电源的尖峰电流使电源的平均电流增大,这就要求加大电源的容量;另一方面,电源的尖峰电流在电路内部形成一个干扰源,引起系统不稳定,为此要采取合理的接地和加去耦电容等措施将这个噪声抑制在允许的限度以内。

3.2.3　CMOS门电路

与TTL门电路类似,CMOS门电路也包括反相器、与门、或门、与非门、或非门、与或非门和异或门等常见类型。CMOS 反相器的电路结构是 CMOS 电路的基本结构形式,其工作原理、电气特性也代表了其他典型 CMOS 门电路。因此,本节重点介绍 CMOS 反相器的工作原理和电气性能。

在 CMOS 门电路的定型产品中,还包括漏极开路门和三态输出门,这两个特殊的门电路将在本书 3.3 节介绍。除此之外,还有一个 CMOS 传输门,它和 CMOS 反相器是构成复杂 CMOS 逻辑电路的两种基本模块。CMOS 传输门也将在 3.3 节介绍。

1. CMOS 反相器的工作原理

CMOS 反相器的基本电路结构形式如图 3-17 所示,其中 T_1 是 P 沟道增强型 MOS 管,T_2 是 N 沟道增强型 MOS 管。设 T_1 和 T_2 的开启电压分别为 $V_{GS(th)P}$ 和 $V_{GS(th)N}$,电源电压 $V_{CC} > V_{GS(th)N} + |V_{GS(th)P}|$。当加在 T_1 源极和栅极的电压 $|v_{GS1}| > |V_{GS(th)P}|$,且 v_{GS1} 为负时,T_1 导通;当加在 T_2 源极和栅极的电压 $v_{GS2} > V_{GS(th)N}$ 时,T_2 导通。

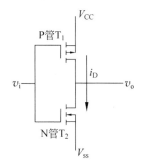

图 3-17 CMOS 反相器电路

当输入低电平 $v_i = V_{IL} = 0$ 时,T_1 导通而且导通内阻很低,通常为几百欧,T_2 截止,等效电阻很高,可达兆欧级以上,输出为高电平 $v_o = V_{OH} \approx V_{CC}$。

当输入高电平 $v_i = V_{IH} = V_{CC}$ 时,T_2 导通,T_1 截止,输出为低电平 $v_o = V_{OL} \approx 0$。

可见,当输入为低电平时,输出为高电平;当输入为高电平时,输出为低电平,输出与输入之间为逻辑非的关系,即 $Y = A'$。CMOS 反相器近似于一个理想的逻辑单元,其输出电压接近于 0 或 V_{CC}。

无论输入电压 v_i 是高电平还是低电平,T_1 和 T_2 总是工作在一个导通而另一个截止的状态,即所谓的互补状态。这种由 N 沟道和 P 沟道增强型 MOS 管组成的电路结构形式称为互补金属氧化物半导体器件(complementary metal oxide semiconductor,CMOS)。

静态下,无论输入 v_i 是高电平还是低电平,T_1 和 T_2 总有一个处于截止的状态。截止管的等效电阻很大,流过 T_1 和 T_2 的静态电流非常小。因此,CMOS 反相器的静态功耗非常低,几乎为零。这是 CMOS 电路最显著的优点。

在图 3-17 所示的反向器电路中,设 T_1 和 T_2 具有相同的开启电压,即 $V_{GS(th)N} = V_{GS(th)P}$,而且两个晶体管具有同样的导通内阻 R_{ON} 和截止内阻 R_{OFF},则其输出电压随输入电压的变化的曲线,亦即电压传输特性曲线如图 3-18 所示。

在电压传输特性曲线的 AB 段,输入电压 $v_i < V_{GS(th)N}$,$v_{GS2} = v_i < V_{GS(th)N}$,$T_2$ 截止;而 $v_{GS1} = v_i - V_{CC}$,且 $|v_{GS1}| > |V_{GS(th)P}|$,$T_1$ 导通并工作在低内阻的电阻区,分压的结果使 $v_o = V_{OH} \approx V_{CC}$。

在电压传输特性曲线的 CD 段,输入电压 $v_i > V_{CC} - |V_{GS(th)P}|$,$|v_{GS1}| = |v_i - V_{CC}| < |V_{GS(th)P}|$,$T_1$ 截止;$v_{GS2} = v_i > V_{GS(th)N}$,$T_2$ 导通,使得 $v_o = V_{OL} \approx 0$。

在电压传输特性曲线的 BC 段,即 $V_{GS(th)N} < v_i < V_{CC} - |V_{GS(th)P}|$ 的区间里,$|v_{GS1}| > |V_{GS(th)P}|$,$v_{GS2} > V_{GS(th)N}$,$T_1$ 和 T_2 同时导通。如果 T_1 和 T_2 的参数完全对称,则 $v_i = V_{CC}/2$ 时两个管子的导通内阻相等,$v_o = V_{CC}/2$,即工作在电压传输特性曲线转折区的中点。将电

压传输特性曲线转折区中点对应的输入电压称为反相器的阈值电压,用 V_{TH} 表示。因此,CMOS 反相器的阈值电压为 $V_{TH} \approx V_{CC}/2$。

CMOS 反相器的电流传输特性是指漏极电流 i_D 随输入电压 v_i 变化的情况,图 3-19 给出了电流传输特性曲线。这个特性也可以分成 3 个工作区。

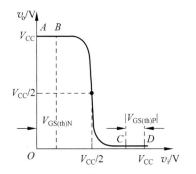

图 3-18　CMOS 反相器的电压传输特性曲线

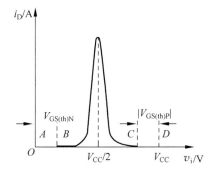

图 3-19　CMOS 反相器的电流传输特性曲线

在电流传输特性曲线的 AB 段,因为 T_2 工作在截止状态,等效内阻非常高,所以流过 T_1 和 T_2 的漏极电流几乎为零。

在电流传输特性曲线的 CD 段,因为 T_1 工作在截止状态,等效内阻非常高,所以流过 T_1 和 T_2 的漏极电流也几乎为零。

在电流传输特性曲线的 BC 段,T_1 和 T_2 同时导通,有漏极电流 i_D 流过 T_1 和 T_2,并且在 $v_i = V_{CC}/2$ 附近 i_D 最大。因此,在输入电压发生突变的过渡时段,传输特性变化急剧,产生一个较大的电流尖峰,导致有较大的功耗。在使用 CMOS 电路时,应避免使两管长时间工作在此区域,以防止器件因功耗过大而损坏。

从电压传输特性曲线上可以看到,当输入电压偏离正常的低电平($V_{IL} \approx 0$)而升高时,输出的高电平并不会立刻改变。同样地,当输入电压偏离正常的高电平($V_{IH} \approx V_{CC}$)时,输出的低电平也不会立刻改变。与 TTL 反相器相似,CMOS 反相器同样也存在一个允许的输入端噪声容限,在保证输出高、低电平基本不变(变化的大小不超过规定的允许范围)的条件下,允许输入电压的高、低电平有一个波动范围。

图 3-20 给出了计算输入端噪声容限的方法。

$$V_{NH} = V_{OH(min)} - V_{IH(min)} \tag{3-4}$$

$$V_{NL} = V_{IL(max)} - V_{OL(max)} \tag{3-5}$$

需要指出的是,CMOS 电路的噪声容限大小还与供电电源 V_{CC} 的取值有关。V_{CC} 越高,噪声容限越大。

2. CMOS 反相器的静态输入特性和输出特性

为了正确处理门电路与门电路、门电路与其他电路之间的连接问题,必须了解门电路输入端和输出端的伏安特性,也就是输入特性和输出特性。

由于 MOS 管的工艺特性,在栅极和衬底之间存在着以 SiO_2 为介质的输入电容,而绝缘介质层又非常薄,极易被击穿,因此 CMOS 电路中必须采用输入保护电路。而 CMOS 门所展现出来的输入特性由保护电路的电路结构决定。保护电路不同,输入特性也会不同。图 3-21 所示为 74HC 系列 CMOS 门电路的输入特性曲线。

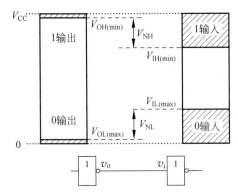

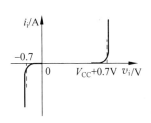

图 3-20　输入端噪声容限示意图　　　图 3-21　CMOS 反相器(74HC 系列)的输入特性曲线

当 $-0.7\text{V}<v_i<V_{CC}+0.7\text{V}$ 时,输入电流非常小,近似为 0。而当 $v_i<-0.7\text{V}$ 或 $v_i>V_{CC}+0.7\text{V}$ 时,电流急剧增加,在这期间 MOS 管可能会被击穿。也就是说,在使用 CMOS 门电路时,一定要注意输入电压不要超过供电电压,不要接负电压。

输出特性是从反相器输出端看进去的输出电压与输出电流的关系。CMOS 反相器的输出特性曲线如图 3-22 所示。负载电流的参考方向是由输出端指向门电路内部。

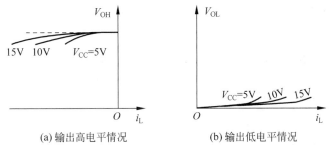

(a) 输出高电平情况　　　　　(b) 输出低电平情况

图 3-22　CMOS 反相器的输出特性曲线

输出为高电平时,输出特性曲线如图 3-22(a)所示。可见,输出为高电平时,负载电流 i_L 由 T_1 向外流向负载。输出电压 V_{OH} 等于 V_{CC} 减去 T_1 的导通压降。随着负载电流的加大,T_1 上的导通压降也增大,输出电压 V_{OH} 下降。由于电源电压 V_{CC} 的取值影响 T_1 管的导通内阻,V_{CC} 越大,导通内阻越小,V_{OH} 也就下降得越少。

输出为低电平时,输出特性曲线如图 3-22(b)所示。可见,输出为低电平时,负载电流 i_L 由负载向内流向 T_2。输出电压 V_{OL} 等于 T_2 的导通压降。随着负载电流的加大,T_2 上的导通压降也增大,输出电压 V_{OL} 上升。由于电源电压 V_{CC} 的取值同样影响 T_2 管的导通内阻,V_{CC} 越大,导通内阻越小,V_{OL} 也就上升得越少。

以上分析说明,CMOS 反相器的输出电压与负载电流的大小是有关的。在查阅器件手册给出的这些高、低电平数据时,一定要注意是在什么负载电流情况下得出的。

另外,前面介绍 TTL 反相器时,有一个扇出系数的概念,表征 TTL 反相器的带负载能力。CMOS 反相器与它不同。CMOS 电路的输入电流非常小,而输出电流通常在 1mA 以上,其驱动相同类型 CMOS 门的能力非常高。但这并不是说,CMOS 门电路的带负载能力比 TTL 门电路的带负载能力高。CMOS 门和 TTL 门之间的相互驱动问题将在本书 3.5 节讨论。

3. CMOS 反相器的动态特性

对于 CMOS 反相器的动态特性,主要关注传输延迟时间。

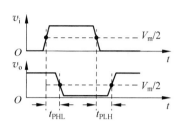

图 3-23   TTL 反相器的动态传输波形

由 MOS 管的工艺特性决定了 MOS 管的电极之间、电极与衬底之间都存在寄生电容。尤其是在反相器的输出端,其负载为另一个 CMOS 门,也就是一个由输入电容和接线电容共同构成的负载电容。当输入信号发生跳变时,输出电压的变化必然滞后于输入电压的变化,如图 3-23 所示。

输出电压 V_O 由高电平变为低电平时的传输延迟时间称为导通传输延迟时间 t_{PHL};输出电压 V_O 由低电平变为高电平时的传输延迟时间称为截止传输延迟时间 t_{PLH}。CMOS 电路的 t_{PHL} 和 t_{PLH} 通常是相等的,所以经常以平均传输延迟时间 t_{pd} 表示 t_{PHL} 和 t_{PLH}。

一般情况下,t_{PHL} 和 t_{PLH} 主要是由于负载电容的充放电产生的。可以尽可能提高电源电压和输入信号的高电平,以减小 MOS 管的导通电阻,进而减小传输延迟时间。

传输延迟时间等参数可以在器件手册上查到。例如,TI 公司生产的 74HC04 在 $V_{CC} = 5V$、负载电容 $C_L = 50pF$ 的条件下,t_{pd} 仅为 9ns,而改进系列的 74AHC04,t_{pd} 仅为 5ns。

3.3   特别功能门电路

本节介绍 4 种特别功能门电路,它们是三态输出门、TTL 集电极开路门、CMOS 漏极开路门和 CMOS 传输门。

3.3.1   三态输出门

三态输出门电路的输出除了有高、低电平这两种逻辑状态以外,还有第 3 种逻辑状态,即高阻态,通常用 Z 表示。在第 3 种状态下,三态门的输出端相当于悬空,就像是没有接入电路的导线,其电压值可浮动在高、低电平之间的任意数值上。三态输出门主要用于对信号传输的控制。

三态输出门是在普通逻辑门电路的基础上增加一些专门的控制电路,这种控制电路结构一般接在集成电路的输出端,使得电路可以输出 3 种状态。在 CMOS 门电路和 TTL 门电路中都可以加入这种控制电路实现三态输出。

三态输出的非门的逻辑图形符号如图 3-24 所示。非门符号内的三角形记号表示三态输出结构,EN 和 EN' 是三态输出门的使能控制端。

图 3-24(a)为控制端(EN)高电平有效的三态输出非门,它的逻辑功能可表述为:当

$EN=1$ 时（EN 输入为高电平时），$Y=A'$，即 Y 输出非运算的结果；而当 $EN=0$ 时，Y 呈高阻态，即等同于断开状态，可表述为 $Y=Z$。

图 3-24(b)所示为控制端（EN'）低电平有效的三态输出非门，控制端的小圆圈表示取反，即低电平有效。它的逻辑功能可表述为：当 $EN'=0$ 时（EN' 输入为低电平时），非门正常工作，即 $Y=A'$，而当 $EN'=1$ 时，$Y=Z$。

三态输出的与非门的逻辑图形符号如图 3-25 所示。图 3-25(a)为控制端（EN）高电平有效的三态输出与非门，当 $EN=1$ 时，与非门正常工作，即输出 $Y=(AB)'$；当 $EN=0$ 时，输出 $Y=Z$，即输出端 Y 呈现高阻态。

(a) 使能端高电平有效　(b) 使能端低电平有效　　(a) 使能端高电平有效　(b) 使能端低电平有效

图 3-24　三态输出的非门　　　　　　　图 3-25　三态输出的与非门

同样地，图 3-25(b)在 EN' 控制端上加了一个小圆圈，表示低电平有效。

表 3-5 是图 3-25(a)所示高电平使能的三态输出与非门的真值表，表中的"×"表示任意电平，既可为 1，也可为 0。

表 3-5　高电平有效的三态输出与非门的真值表

EN	A	B	Y
0	×	×	Z
1	0	0	1
	0	1	1
	1	0	1
	1	1	0

当三态输出门输出端为高阻态时，该门电路表面上（物理结构上）仍与整个电路系统相连接，但实际上对整个系统的逻辑功能和电气特性均不发生任何影响，如同没把它接入系统一样。三态输出门在总线接口电路中得到了广泛的应用。

总线可以分时传输若干不同来源的信号，多应用于较复杂的数字系统，最典型的是计算机系统，以有效减少系统各个单元之间的连线数目。

图 3-26 所示的电路是用三态输出的反相器接成的总线结构。图 3-26 中的 G_1，G_2，…，G_n 均为三态输出反相器，控制端 EN 高电平有效。在工作中只要适当控制各个门的 EN 端，使其定时轮流等于 1，并且在任何时刻只有一个 EN 端为 1，这样就可以把各个门的输出信号轮流传送到公共的传输线上，即总线，而且各个信号互不干扰。

在总线结构中，显然必须保证在任何时刻只有一个三态输出门被选通，即只有一个门向总线传送数据，这是至关重要的；否则，就会造成总线上的数据混乱，并且损坏处于导通状态的半导体输出器件。

传送到总线上的数据可以同时被多个负载门接收，也可以在控制信号作用下，让指定的负载门接收。

利用三态输出门还可以实现数据的双向传输。很多实际应用中要用到数据的双向传输,例如存储器中数据的写入和读出。图 3-27 所示的电路结构即可实现数据的双向传输。图 3-27 中的 G_1 和 G_2 为三态输出反相器,G_1 控制端高电平有效,G_2 控制端低电平有效。当三态使能控制端 $EN=1$ 时,反相器 G_1 选通,反相器 G_2 工作在高阻态,数据由 D_o 经反相器 G_1 传输到总线上;当三态使能控制端 $EN=0$ 时,反相器 G_2 选通,反相器 G_1 工作在高阻态,来自总线的数据经反相器 G_2 传输到 D_i',从而送入内部电路。

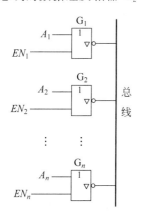

图 3-26　用三态输出反相器接成总线结构

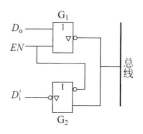

图 3-27　用三态输出反相器实现数据双向传输

3.3.2　集电极开路门和漏极开路门

在门电路实际应用过程中,有时需要连接不同电平标准的电路。例如,用 5V 供电的电路驱动选用 9V 供电的电路,这就要求电路具有输出电平变换的能力;而在另一些情况下,需要门电路能够提供大负载电流,如驱动发光二极管;还有时,需要多个门电路的输出接到一起,实现“线与”连接。上述这些需求,在本书 3.2 节介绍的普通门电路无法满足,三态输出门也无法满足。本节介绍的集电极开路门和漏极开路门就是为满足上述需求而设计的具有特殊输出结构的门电路。

集电极开路门是 TTL 电路中将输出级改为集电极开路(open collector,OC)结构的门电路,称为 OC 门。集电极开路输出的电路结构如图 3-28(a)所示。相较于 3-28(b)所示的普通 TTL 门电路的推拉式输出结构,集电极开路输出结构中去掉了 T_4 和 D_2 构成的连接到 V_{CC} 的支路,只保留了经 T_5 到地的支路。当输出为低电平时,负载电流由负载流向 T_5 并最终到地;当输出为高电平时,需要在门电路外部接上拉电路,否则没有输出回路,不能向外提供高电平。这是 OC 门重要的结构特性。

漏极开路门是 CMOS 电路中将输出级改为漏极开路(open drain,OD)结构的门电路,简称 OD 门。与 OC 门类似,漏极开路输出结构中去掉了 T_P 连接到 V_{CC} 的支路,只保留了经 T_N 到地的支路。当输出为高电平时,也需要在门电路外部接上拉电路。漏极开路输出的与非门如图 3-29 所示。图 3-29 中的 R_P 为外接的上拉电阻,输出 v_o 通过 R_P 上拉到 V_{DD}。注意:V_{DD} 与门电路的供电电源 V_{CC} 可以相同,也可以不同。

OC 电路和 OD 电路具有类似的电气特性,它们都是特殊的输出结构,可以结合各种普通逻辑门电路,构成具有 OC(或 OD)输出结构的逻辑门电路。OC 门和 OD 门具有相同的逻辑图形符号,如图 3-30 所示是 OC(或 OD)输出的与非门的逻辑图形符号。在普通门的逻辑图形符号中增加了菱形记号表示 OC(或 OD)输出结构,菱形下方的横线表示输出低电平时为低输出电阻。

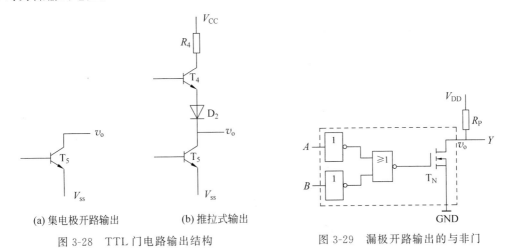

图 3-28 TTL 门电路输出结构

图 3-29 漏极开路输出的与非门

图 3-30 OC(或 OD)输出的与非门的逻辑图形符号

OC 门和 OD 门在使用时必须将输出端经上拉电阻 R_P 接到电源上。

下面简要介绍 OC 门和 OD 门的典型应用。

1. 实现电平转换

有时候,数字系统在其接口部分需要转换输出电平,以便和其他数字系统或设备连接。在这样的应用场合,常使用 OC 门(或 OD 门)来完成输出电平的转换。

前面分析了 OC 门和 OD 门的结构特性,当输出为高电平时,需要在输出端经上拉电阻 R_P 接到电源 V_{DD} 上,此时输出的高电平的值取决于 V_{DD}。如果改变 V_{DD} 的取值,则可以改变输出高电平的值,从而实现输出电平的转换。

如图 3-31 所示的电路,左侧数字系统由 V_{CC} 供电,右侧数字系统由 V_{DD} 供电。假设 $V_{CC}=$ 5V,那么左侧系统的高电平一般应高于 2.4V;假设 $V_{DD}=15$V,那么右侧系统的高电平需要达到 11V 以上。左侧系统与右侧系统连接时,通过 OC 门(或 OD 门)进行输出电平转换,左侧系统的输出端通过上拉电阻 R_P 接到 $V_{DD}=15$V 的电源上,就可以实现左侧系统的 2.4V 电平在输出端提供不低于 11V 的高电平。

2. 提供大负载电流驱动

OC 门和 OD 门可以用来直接驱动发光二极管、指示灯、继电器或脉冲变压器等需要大电流的器件。图 3-32 是用 OC 门(OD 门)来驱动发光二极管的电路。

当 OC 门(或 OD 门)输出低电平时,电流通过上拉电阻 R_P,经过发光二极管流入 OC 门(或 OD 门)的地,发光二极管导通发光;当 OC 门(或 OD 门)输出高电平时,电流通路被断开,发光二极管不发光。考虑到驱动的需要,此电路中的上拉电阻 R_P 的取值要根据发光二极管的特性选取,通常小于 $1\mathrm{k}\Omega$。

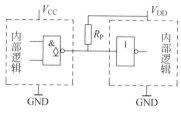
图 3-31   电平转换电路示例

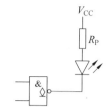
图 3-32   OC 门(OD 门)驱动发光二极管

3. 实现线与逻辑

将若干 OC 门(或 OD 门)的输出端直接相连,可以实现线与逻辑。图 3-33 是用两个 OC(或 OD)输出与非门接成线与逻辑的例子。

如图 3-33 所示,当 Y_1 和 Y_2 有任何一个为低电平时,Y 都为低电平;只有 Y_1 和 Y_2 同时为高电平时,Y 才为高电平。所以 Y_1、Y_2 与 Y 之间是与逻辑关系,即

$$Y = Y_1 \cdot Y_2 = (AB)'(CD)' = (AB + CD)'$$

这样就将两个 OC 门(或 OD)输出的与非门接成了一个与或非电路。

下面讨论在线与输出端接有其他门电路作为负载的情况下,如图 3-34 所示的情况,外接上拉电阻阻值的计算方法。

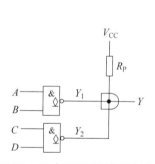
图 3-33   OC 门(OD 门)的线与接法

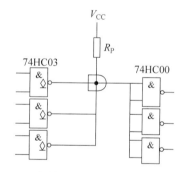
图 3-34   OD 门线与输出端接 CMOS 门电路负载

需要分两种情况来讨论,即 OD 门输出高电平时和 OD 门输出低电平时两种情况。

当所有的 OD 门输出均为高电平时,线与的结果为高电平,对后级门电路来说输入才是高电平。OD 门输出高电平时,输出端 MOS 管截止,此时流经 OD 门的电流是 MOS 管的漏电流。这种情况如图 3-35(a)所示,所有 OD 门的漏电流和所有负载门的高电平输入电流同时流过上拉电阻 R_P,并在 R_P 上产生压降。所以,为保证输出高电平不低于规定的数值,负载电阻不能取得过大。由此可以计算出负载电阻的最大允许值 $R_{P(\max)}$。由于每个 OD 门输出高电平时 MOS 管的漏电流为 I_{OH},负载门每个输入端的高电平输入电流为 I_{IH},要求输出高电平不能低于 V_{OH},可得

$$\begin{cases} V_{CC} - (nI_{OH} + mI_{IH})R_P \geqslant V_{OH} \\ R_P \leqslant (V_{CC} - V_{OH})/(nI_{OH} + mI_{IH}) = R_{P(\max)} \end{cases} \tag{3-6}$$

式中,n 是并联的 OD 门的数目;m 是负载门电路高电平输入电流的数目。

当有 OD 门输出为低电平时,线与的结果为低电平,对后级门电路来说输入就是低电

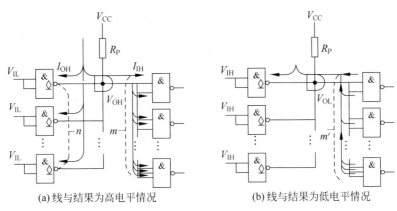

(a) 线与结果为高电平情况　　　　　　(b) 线与结果为低电平情况

图 3-35　OD 门上拉电阻的计算

平。考虑最坏的情况,即并联的 OD 门当中只有一个门的输出 MOS 管导通,负载电流将全部流入这个导通管,这种情况如图 3-35(b) 所示。为了保证负载电流不超过输出 MOS 管允许的最大电流,上拉电阻 R_P 的阻值不能太小。据此,又可以计算出上拉电阻的最小允许值 $R_{P(min)}$。由于 OD 门输出低电平时允许的最大负载电流为 $I_{OL(max)}$,输出低电平为 V_{OL},负载门每个输入端的低电平输入电流为 I_{IL},可得

$$\begin{cases}(V_{CC}-V_{OL})/R_P+m' \mid I_{IL} \mid \leqslant I_{OL(max)} \\ R_P \geqslant (V_{CC}-V_{OL})/(I_{OL(max)}-m' \mid I_{IL} \mid)=R_{P(min)}\end{cases} \quad (3-7)$$

式中,m' 是负载门电路低电平输入电流的数目。在负载为 CMOS 门电路的情况下,m 和 m' 相等。

为了保证线与连接后电路能够正常工作,上拉电阻的取值应满足如下条件:

$$R_{P(max)} \geqslant R_P \geqslant R_{P(min)}$$

【例 3.2】　在图 3-34 所示电路中,74HC03 为 OD 输出的与非门,其 $I_{OH(max)}=5\mu A$,当 $V_{OL(max)}=0.33V$ 时,$I_{OL(max)}=5.2mA$。74HC00 为 CMOS 四 2 输入与非门,其 $I_{IH(max)}=1\mu A$,$I_{IL(max)}=1\mu A$。若供电电源 $V_{CC}=5V$,要求 $V_{OH} \geqslant 4.4V$,$V_{OL} \leqslant 0.33V$,求上拉电阻 R_P 取值的允许范围。

解:由式(3-6)可得

$$\begin{aligned}R_{P(max)} &= (V_{CC}-V_{OH})/(nI_{OH}+mI_{IH}) \\ &= \frac{5-4.4}{3 \times 5 \times 10^{-6}+6 \times 1 \times 10^{-6}}\Omega \\ &= 28.6k\Omega\end{aligned}$$

由式(3-7)可得

$$\begin{aligned}R_{P(min)} &= (V_{CC}-V_{OL})/(I_{OL(max)}-m' \mid I_{IL} \mid) \\ &= \frac{5-0.33}{5.2 \times 10^{-3}-6 \times 1 \times 10^{-6}}\Omega \\ &= 0.90k\Omega\end{aligned}$$

故上拉电阻 R_P 允许的取值范围为

$$0.90k\Omega \leqslant R_P \leqslant 28.6k\Omega$$

如果将图 3-34 所示电路中的 74HC03 换为 74LS03,即换为 OC 输出的与非门;将

74HC00 换为 74LS00，即换为 TTL 四 2 输入与非门，得到如图 3-36 所示电路，则情况变换为 OC 门外接上拉电阻允许取值范围的计算。OC 门外接上拉电阻的计算方法和 OD 门外接上拉电阻的计算方法基本相同。唯一不同的一点是在多个负载门输入端并联的情况下，低电平输入电流的数目不一定与输入端的数目相等。

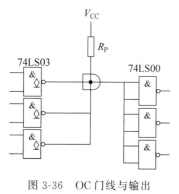

图 3-36　OC 门线与输出端接 TTL 门电路负载

当负载门为 TTL 与非门时，与非门只有一个输入端接低电平与所有输入端均接低电平，其输入电流是一样的。因而在用式(3-7)计算 $R_{P(min)}$ 时，式中 m' 等于负载门的个数，而不是输入端的个数。

当负载门为 TTL 或非门时，则不存在这样的问题，用式(3-7)计算 $R_{P(min)}$，式中 m' 等于输入端的个数。

【例 3.3】　在图 3-36 所示电路中，74LS03 为 OC 输出的与非门，其 $I_{OH(max)}=200\mu A$，当 $V_{OL(max)}=0.4V$ 时，$I_{OL(max)}=16mA$。74LS00 为 TTL 四 2 输入与非门，其 $I_{IH(max)}=40\mu A$，$I_{IL(max)}=-1mA$。供电电源 $V_{CC}=5V$，要求 $V_{OH}\geqslant 3.0V$，$V_{OL}\leqslant 0.4V$，求上拉电阻 R_P 取值的允许范围。

解：由式(3-6)可得

$$R_{P(max)}=(V_{CC}-V_{OH})/(nI_{OH}+mI_{IH})$$
$$=\frac{5-3}{3\times 200\times 10^{-6}+6\times 40\times 10^{-6}}\Omega$$
$$=2.38k\Omega$$

由式(3-7)可得：

$$R_{P(min)}=(V_{CC}-V_{OL})/(I_{OL(max)}-m'\mid I_{IL}\mid)$$
$$=\frac{5-0.4}{16\times 10^{-3}-3\times 1\times 10^{-3}}\Omega$$
$$=0.35k\Omega$$

故上拉电阻 R_P 允许的取值范围为

$$0.35k\Omega\leqslant R_P\leqslant 2.38k\Omega$$

3.3.3　CMOS 传输门

传输门(transmission gate，TG)的应用比较广泛，不仅可以作为基本单元电路构成各种逻辑电路，用于数字信号的传输，而且可以在取样-保持电路、斩波电路、模数转换和数模转换等电路中传输模拟信号，因而又称为模拟开关。

1. CMOS 传输门的结构及工作原理

CMOS 传输门由一个 P 沟道和一个 N 沟道增强型 MOS 管并联而成，如图 3-37(a)所示。图 3-37(b)是它的逻辑图形符号。T_N 和 T_P 是结构完全对称的，衬底的引线与普通 MOS 管不同。所以，栅极的引出端画在符号横线的中间。它们的漏极和源极可以互换，因而传输门的输入端和输出端可以互换使用，即为双向器件。设它们的开启电压 $V_{TN}=\mid V_{TP}\mid=V_T$，C 和

C' 是一对互补的控制信号。

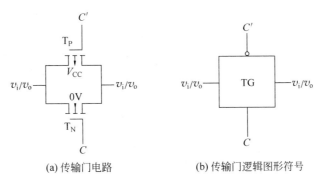

(a) 传输门电路   (b) 传输门逻辑图形符号

图 3-37 CMOS 传输门

传输门的工作情况如下：当 C 端接 0，C' 端接 V_{CC} 时，输入信号 v_i 的取值在 $0 \sim V_{CC}$ 范围内，T_N 和 T_P 同时截止，输入和输出之间呈高阻态，传输门是断开的。

当 C 端接 V_{CC}，C' 端接 0 时，输入信号 v_i 的取值在 $0 \sim (V_{CC} - V_T)$ 的范围内，T_N 导通；v_i 的取值在 $V_T \sim V_{CC}$ 的范围内，T_P 导通。由此可知，当 v_i 在 $0 \sim V_{CC}$ 变化时，T_N 和 T_P 至少有一个导通，使 v_i 与 v_o 之间的导通电阻很小，传输门导通。

2. CMOS 传输门用作模拟开关

当 CMOS 传输门用作模拟开关时，若输入信号的变化范围为 $-V_{SS} \sim +V_{CC}$，则 T_N 和 T_P 的衬底分别接 $-V_{SS}$ 和 $+V_{CC}$。互补控制端 C 和 C' 的控制电压分别为 $-V_{SS}$ 和 $+V_{CC}$，传输门截止。C 和 C' 的控制电压分别为 $+V_{CC}$ 和 $-V_{SS}$，传输门导通。

模拟开关的导通电阻与输出端的负载构成分压电路，输出电压是两者对输入电压分压产生的。因此导通电阻的稳定可以使输出电压随输入电压的变化呈线性关系。但模拟开关的导通电阻不是恒定的，因此推出了多种改进的电路，其目的是使导通电阻尽可能小，并且在输入信号的变化范围内使导通电阻尽可能保持不变。有些精密 CMOS 模拟开关的导通电阻已达到几欧。一般的模拟开关导通电阻阻值在数百欧以下，当它与输入阻抗为兆欧级的运算放大器或输入电阻达 $10^{10}\,\Omega$ 以上的 MOS 电路串接时，可以忽略不计。

3. CMOS 传输门的逻辑应用

CMOS 传输门除了作为传输模拟信号的开关外，由于它的传输延迟时间短、结构简单，也可作为基本单元电路，用于构成各种逻辑电路，如数据选择器、数据分配器、触发器等。

由 CMOS 传输门构成的异或门电路如图 3-38 所示，输入信号 B 作为传输门的控制信号，当 $B=0$ 时，TG_1 截止，TG_2 导通，$Y=A$；当 $B=1$ 时，TG_1 导通，TG_2 截止，$Y=A'$。Y 与 A、B 是异或逻辑关系，即 $Y=AB'+A'B=A \oplus B$。

由 CMOS 传输门构成的 2 选 1 数据选择器如图 3-39 所示。当选择控制端 $C=0$ 时，A 端输入的信号被传到输出端，$Y=A$。而当 $C=1$ 时，$Y=B$。

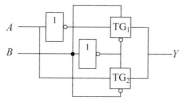

图 3-38 传输门构成的异或门

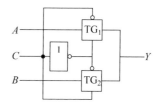

图 3-39 传输门构成的数据选择器

3.4 集成门电路产品及性能参数

3.4.1 TTL 数字集成电路的产品系列

TI 公司最初生产的 TTL 电路取名为 SN54/74 系列,称为 TTL 基本系列。54 系列与 74 系列的区别主要在于工作环境温度范围和电源允许的变化范围不同,54 系列允许的环境工作温度范围是 $-55\sim+125^{\circ}\text{C}$,而 74 系列允许的环境工作温度范围是 $-40\sim+85^{\circ}\text{C}$。后来,在高速 CMOS 集成电路中沿用了这种命名方法。为了满足提高工作速度和降低功耗的需要,在 54/74 系列之后又相继生产了 74H、74L、74S、74LS、74AS、74ALS、74F 等改进系列。例如 74HC00,中间字母表示不同系列,此为 HC 系列;最后的数字表示不同逻辑功能芯片的编号,此处 00 表示四 2 输入与非门,即一个芯片中封装了 4 个与非门。

继 TI 公司之后,许多半导体公司相继推出了自己的 TTL 集成电路产品,并且采用了 SN54/74 系列的技术标准。只要器件名称中的数字代码相同,则不同公司生产的产品在逻辑功能、外形尺寸和引脚排列上都相同,只是在个别电气性能的指标上会有些小的差异。

74 系列 TTL 集成反相器电路的电路结构、工作原理和电气特性在前面章节已做过介绍。74 系列集成电路中,每级门电路的传输延迟时间约为 9ns,功率消耗在 10mW 左右,所以无论在工作速度上还是功耗上,都不能令用户满意。因此,虽然至今仍然有 74 系列的产品提供,但一般只用于某些旧设备中原有器件的替换。在设计新的数字系统时,都会选择改进系列的器件。

74S 系列又称为肖特基系列(Schottky TTL),主要针对 74 系列的传输延迟时间进行了改进。74S 系列的门电路中采用了抗饱和三极管,也就是肖特基钳位三极管,使得它的每级门电路的平均传输延迟时间缩短到了 3ns。此外,74S 系列门电路的阈值电压比 74 系列要低一些,而功率消耗则比 74 系列要大,平均功耗达到了 20mW,是 74 系列的两倍。

74LS 系列又称为低功耗肖特基系列(low-power Schottky TTL),它在 74S 系列的基础上针对功耗问题进行了改进。74LS 系列追求更小的延迟-功耗积,即不仅要求传输延迟时间短,而且要求功率消耗低。为了达成降低延迟-功耗积的目标,74LS 系列的门电路中大幅度提高了各个电阻的阻值,并采用抗饱和三极管和有源泄放电路。74LS 系列的延迟-功耗积仅为 74 系列的 1/5,是 74S 系列的 1/3。

74AS 系列(advanced Schottky TTL)是为了进一步缩短传时延迟时间而设计的改进系列。它的电路结构与 74LS 系列相似,但是电路中采用了很低的电阻阻值,从而提高了工作速度。74AS 系列集成电路中,每级门电路的平均传输延迟时间缩短到了 1.7ns。它的缺点是功耗较大,但是比 74S 系列的功耗要低得多,约为 8mW。

74ALS 系列(advanced low-power Schottky TTL)是为了获得更小的延迟-功耗积而设计的改进系列,它的延迟-功耗积在所有 TTL 电路系列中是最小的。为了降低功耗,电路中采用了较高的电阻阻值,同时通过改进生产工艺,缩小了内部各个器件的尺寸,获得了减小功耗、缩短延迟时间的双重效果。74ALS 系列集成电路中,门电路的功耗低至 1.2mW,而传输延迟时间也只有 4ns。

74F 系列(fast TTL)采用新的生产工艺,减少了器件内部的各种寄生电容,从而有效地提高了开关工作速度,使门电路的平均传输延迟时间缩短至 3ns,而功耗仍然维持在较低水平。74F 系列在速度和功耗两方面都介于 74AS 和 74ALS 之间,为设计人员提供了一种在速度与功耗之间折中的选择。

在过去很长的一段时间里,74LS 系列曾经是 TTL 集成电路的主流系列。而在接下来相当长的时期,74ALS 系列将逐渐取代 74LS 系列成为 TTL 集成电路的主流产品。表 3-6 列出了 TTL 集成电路不同系列的四 2 输入与非门(74XX00)的主要性能参数。不同系列的 TTL 电路和高速 CMOS 电路产品,只要型号最后的数字相同,它们的逻辑功能就是一样的,但是电气性能参数可能就大不相同了。因此,不同系列集成电路产品之间不是任何情况下都可以互相替换的。

表 3-6　TTL 集成电路不同系列产品(74XX00)主要性能参数的比较

参数名称与符号	系　　列					
	74	74S	74LS	74AS	74ALS	74F
输入低电平最大值 $V_{IL(max)}/V$	0.8	0.8	0.8	0.8	0.8	0.8
输出低电平最大值 $V_{OL(max)}/V$	0.4	0.5	0.5	0.5	0.5	0.5
输入高电平最小值 $V_{IH(min)}/V$	2.0	2.0	2.0	2.0	2.0	2.0
输出高电平最小值 $V_{OH(min)}/V$	2.4	2.7	2.7	2.7	2.7	2.7
低电平输入电流最大值 $I_{IL(max)}/mA$	−1.0	−2.0	−0.4	−0.5	−0.2	−0.6
低电平输出电流最大值 $I_{OL(max)}/mA$	16	20	8	20	8	20
高电平输入电流最大值 $I_{IH(max)}/\mu A$	40	50	20	20	20	20
高电平输出电流最大值 $I_{OH(max)}/\mu A$	−0.4	−1.0	−0.4	−2.0	−0.4	−1.0
平均传输延迟时间 t_{pd}/ns	9	3	9.5	1.7	4	3
每个门的功耗/mW	10	19	2	8	1.2	4
功耗延迟积/pJ	90	57	19	13.6	4.8	12

3.4.2　CMOS 数字集成电路的产品系列

自 20 世纪 60 年代初 CMOS 电路研制成功以后,为了推广应用并降低成本,半导体器件制造公司陆续将数字系统中经常用到的一些电路模块,制成标准化的集成电路产品,并批量生产投放市场。在这些模块当中,有各种逻辑功能的门电路,以及后续章节将会讲到的触发器、编码器、译码器、数据选择器、寄存器、计数器等。虽然这些集成电路器件的逻辑功能是固定的,但通常都具有较强的通用性。设计人员可以直接选择需要的器件组成所设计的数字系统。

随着 CMOS 电路制造工艺的不断改进,CMOS 集成电路的性能也得到了迅速提高。迄今为止,各国的半导体器件制造商已经先后推出了多种系列的标准化数字集成电路产品。下面主要以 TI 公司生产的各种 CMOS 数字集成电路为主,简单介绍不同系列产品的特点。其他公司也有类似的产品,但在具体的性能和参数上可能会有些差异。

最早投放市场的 CMOS 数字集成电路是由 RCA 公司生产的 4000 系列和摩托罗拉公司生产的 14000 系列。由于受到当时制造工艺水平的限制,虽然它们有较宽的工作电压范围,但传输延迟时间很长,可达 100ns 左右。而且带负载能力也较弱,例如工作在 5V 的电源电压时,输出为高电平时输出的最大负载电流和输出为低电平时吸收的最大负载电流都只有 0.5mA 左右。因此,目前它已基本上被后来出现的 HC/HCT 系列产品所取代。

74HC(high-speed CMOS)/HCT(high-speed CMOS TTL compatible)系列是 TI 公司生产的高速 CMOS 逻辑系列的简称。在数字集成电路的发展历程中,首先得到推广应用的不是 CMOS 集成电路,而是 TTL 集成电路。鉴于 CMOS 电路在降低功耗上远胜于 TTL 电路,所以在 CMOS 集成电路推广应用的初期,便以取代 TTL 电路作为一个重要目标。由于在制造工艺上采用了一系列改进措施,74HC/HCT 系列产品的传输延迟时间缩短到了 10ns 的水平,仅为 4000 系列的十分之一。同时,它的带负载能力也提高到了 4mA 左右。在这两个重要指标上完全可以与 TTL 电路匹敌,而在功耗上依然保持着绝对的优势。

为了能在同一个系统中与 TTL 电路兼容,74HC/HCT 系列采用了与 TTL 电路相同的电源电压等级,即($5^{+0.5}_{-0.5}$)V。而且,只要 CMOS 器件与 TTL 器件的型号中尾部的数字代码相同,那么两者在逻辑功能、器件外形尺寸以及引脚排列上都是兼容的。例如,CMOS 器件 74HC04 和 TTL 器件 74ALS04 都是六反相器,不仅输入、输出信号电平可以兼容,甚至每个反相器输入端和输出端引脚的排列顺序也完全相同。

74HC 系列和 74HCT 系列在传输延迟时间和带负载能力上基本相同,只是在工作电压范围和对输入信号电平的要求有所不同。74HC 系列可以在 2~6V 的任何电源电压下工作。在提高工作速度作为主要要求的情况下,可以选择较高的电源电压;而在降低功耗为主要要求的情况下,可以选用较低的电源电压。由于 74HC 系列门电路要求的输入电平与 TTL 电路输出电平不相匹配,因此 74HC 系列电路不能与 TTL 电路混合使用,只适用全部由 74HC 系列电路组成的系统。74HCT 系列工作在单一的 5V 电源电压下,它的输入、输出电平与 TTL 电路的输入、输出电平完全兼容。因此,可以用于 74HCT 与 TTL 混合的系统。

74AHC(advanced high-speed CMOS)/AHCT(advanced high-speed CMOS TTL compatible)系列是改进的高速 CMOS 逻辑系列的简称。改进后的这两种系列与 74HC 系列和 74HCT 系列相比,不仅工作速度提高了一倍,而且带负载能力也提高了近一倍。同时,74AHC/AHCT 系列产品与 74HC/HCT 系列产品兼容。这就为系统的器件更新带来了很大方便。因此,74AHC/AHCT 系列是目前比较受欢迎的、应用最广的 CMOS 器件。就像 74HC 系列和 74HCT 系列的区别一样,74AHC 系列和 74AHCT 系列的区别也主要表现在工作电压范围和对输入电平的要求不同上。

74LVC(low-voltage CMOS)系列是 TI 公司在 20 世纪 90 年代推出的低压 CMOS 逻辑系列的简称。74LVC 系列不仅能工作在 1.65~3.3V 的低电压下,而且传输延迟时间也缩短至 3.8ns。同时,它又能提供更大的负载电流,在电源电压为 3V 时,最大负载电流可达 24mA。此外,74LVC 的输入可以接受高达 5V 的高电平电信号,能很容易地将 5V 电平的信号转换为 3.3V 以下的电平信号,而 74LVC 系列提供的总线驱动电路,又能将 3.3V 以下的电平信号转化为 5V 的输出信号。这就为 3.3V 系统与 5V 系统之间的连接提供了便捷的解决方案。

低压 CMOS 技术不仅可以用于制作各种中、小规模的数字集成电路,更适用于制作大规模集成电路。在制作大规模集成电路时,为了在有限的芯片面积上制作更多的单元电路,每个单元电路和单元电路之间隔离区的尺寸都非常小,耐压非常低,所以必须在低压下才能可靠工作。另外,由于每个单元电路的功耗和电源电压的平方成正比,为了保证整个芯片的功耗不超过允许的限度,也必须降低电源电压。所以,低压 CMOS 技术在大规模集成电路的生产中得到了日益广泛的应用。

74ALVC(advanced low-voltage CMOS) 系列是 TI 公司于 1994 年推出的改进低压 CMOS 逻辑系列。74ALVC 系列在 74LVC 系列基础上进一步提高了工作速度,并提供了性能更加优越的总线驱动器件。74LVC 系列和 74ALVC 系列是目前 CMOS 电路中性能最好的两个系列,可以满足高性能数字系统设计的需要。尤其是在移动式的便携电子设备,如笔记本电脑、手机、数码相机等,LVC 和 ALVC 系列的优势更加明显。

74AVC(advanced very-low-voltage CMOS) 系列是超低压 CMOS 电路的简称。它不仅提供了更宽的工作电压范围,可以在 1.2～3.6V 的电源电压下工作,而且也将传输延迟时间缩短到了 2ns。为未来制作性能更加优越的低压电子设备展示了广阔的前景。

此外,为了满足在野外长时间用电池工作的电子设备的特殊需求,还有一些微电压、微功耗的数字集成电路产品,不再逐一列举。

表 3-7 以 TI 公司生产的几种不同系列反相器为例,列出了 CMOS 集成电路不同系列的六反相器(74XX04)的主要性能参数。器件名称 54/74HC04 中,"54/74"是 TI 公司产品的标志,"HC"是不同系列的名称,后面的数码"04"表示器件具体的逻辑功能。不同系列的高速 CMOS 电路和 TTL 电路产品,只要器件名称最后的数字相同,它们的逻辑功能就是一样的,但是电气性能参数可能就大不一样了。

表 3-7　CMOS 不同系列产品(74XX04)主要性能参数比较

参数名称与符号	系　列						
	74HC	74HCT	74AHC	74AHCT	74LVC	74ALVC	74AVC
电源电压范围 V_{CC}/V	2～6	4.5～5.5	2～5.5	4.5～5.5	1.65～3.6	1.65～3.6	1.2～3.6
输入低电平最大值 $V_{IL(max)}/V$	1.35	0.8	1.35	0.8	0.8	0.8	0.8
输出低电平最大值 $V_{OL(max)}/V$	0.33	0.33	0.44	0.44	0.55	0.55	0.55
输入高电平最小值 $V_{IH(min)}/V$	3.15	2.0	3.15	2.0	2.0	2.0	2.0
输出高电平最小值 $V_{OH(min)}/V$	4.4	4.4	4.4	4.4	2.2	2.0	2.0
低电平输入电流最大值 $I_{IL(max)}/\mu A$	−1	−1	−1	−1	−5	−5	−2.5
低电平输出电流最大值 $I_{OL(max)}/mA$	4	4	8	8	24	24	12
高电平输入电流最大值 $I_{IH(max)}/\mu A$	1	1	1	1	5	5	2.5
高电平输出电流最大值 $I_{OH(max)}/mA$	−4	−4	−8	−8	−24	−24	−12
平均传输延迟时间 t_{pd}/ns	9	14	5.3	5.5	3.8	2	2
输入电容最大值 C_I/pF	10	10	10	10	5	3.5	2.5
功耗电容 C_{pd}/pF	20	20	12	14	8	23	6

注:表中参数除电源电压范围一项,74HC/HCT 和 74AHC/AHCT 是在 $V_{CC}=4.5V$ 下的参数,74LVC 和 74ALVC 是在 $V_{CC}=3V$ 下的参数,$V_{OH(min)}$ 和 $V_{OL(max)}$ 是在表中给出的最大负载电流下的输出电压。

3.4.3　其他种类数字集成电路的产品系列

数字集成电路按照工艺类型区分为双极型、MOS 型和混合型三大类。

双极型集成电路包括 TTL 电路和 ECL 电路。其中,TTL 电路曾经是数字集成电路的主流,目前依然有大量应用。TTL 集成逻辑门电路的电路结构、工作原理和电气性能,以及 TTL 集成电路的产品系列在前面章节已做过介绍。

ECL(emitter coupled logic,发射极耦合逻辑)电路是目前各种类型数字集成电路中速度最快的,也是唯一能将传输延迟时间缩短至 1ns 以内的一种。目前,ECL 电路主要用于高速和超高速的数字系统中。ECL 电路的缺点是功耗太大,限制了电路集成度的提高。标准化的 ECL 系列产品主要是一些中、小规模的集成电路。在制作双极型的高速、超高速大规模集成电路中通常都采用 ECL 电路基础上改进的各种电路结构。

ECL 电路是专门针对超高速数字系统的应用而设计的,因而它的应用范围及普及程度远不如 TTL 电路。标准化系列产品的种类也不像 TTL 电路那样丰富。下面简单介绍摩托罗拉公司生产的 4 种 ECL 电路系列产品。

MECL Ⅲ 系列是在最初的 ECL 电路结构基础上,经过两次改进而形成的。这个系列产品的特点是速度比较高,传输延迟时间仅为 1ns,而功耗比较高,可达到 60mW。因此,它的延迟-功耗积比较大,综合性能有待进一步提高。

MECL 10K 系列采用了与 MECL Ⅲ 相同的电路结构。为了降低功耗,以得到较小的延迟-功耗积,加大了电路内部电阻的阻值。虽然在速度上有所损失,但 MECL 10K 系列集成电路中门电路的功耗下降到了 25mW 以下。

MECL 10KH 系列是在 MECL 10K 系列基础上的改进,在不增加功耗的情况下,将传输延迟时间缩短到了 1ns。

MECL 100K 系列对 MECL 10KH 系列的电路参数和制作工艺又做了改进,获得了小于 1ns 的传输延迟时间,使电路的开关速度达到了 GHz 的水平。最好的情况下,ECL 电路的传输延迟时间可以缩短到 0.3ns。

表 3-8 列出了上述 4 种 ECL 系列集成电路主要性能参数的比较。

表 3-8　4 种 ECL 系列集成电路主要性能参数的比较

参数名称与符号	系　　　列			
	MECL Ⅲ	MECL 10K	MECL 10KH	MECL 100K
逻辑摆幅/V	0.8	0.8	0.8	0.8
传输延迟时间/ns	1	2	1	0.75
门电路平均功耗/mW	60	25	25	40
功耗延迟积/pJ	60	50	25	30

MOS 型集成电路包括 CMOS 电路、PMOS 电路和 NMOS 电路。其中,CMOS 数字集成电路是目前使用最广泛、占主导地位的集成电路。CMOS 集成逻辑门电路的电路结构、工作原理和电气性能,以及高速 CMOS 集成电路的产品系列在前面章节已经做过介绍。

PMOS 电路是指全部使用 P 沟道 MOS 管组成的电路。由于它的制造工艺比较简单,因此在早期的 MOS 集成电路中曾被广泛采用。但是它有两个严重的缺点:一个是它的开关工作速度比较低；另一个是它使用的是负电源，输出信号也是负电平，不便于和 TTL 电路连接。因此，随着 NMOS 工艺的成熟，PMOS 电路便很少被采用了。

NMOS 电路则是全部使用 N 沟道 MOS 管组成的集成电路。NMOS 管不仅开关工作速度快，而且在工作的稳定性等方面均优于 PMOS 管。然而，它的功耗远大于 CMOS 电路，所以在常用的标准化系列产品中，NMOS 电路产品也很少见。

混合型集成电路主要是指 Bi-CMOS 电路。

CMOS 集成电路具有功耗极低，集成度高的优点。所以，在许多应用领域里正在逐渐取代 TTL 等功耗较大的数字集成电路。然而，MOS 管的导通电阻比较大，输出高电平将随着负载电流的增大而大幅度下降；输出低电平也随着负载电流的增大而大幅度升高。因此，CMOS 电路难以满足输出大驱动电流的需要。而双极型三极管却具有 MOS 管不具备的低导通内阻和快速的优点。为了使电路同时吸收双极型电路与 CMOS 电路的优点，设计人员便将两种生产工艺相结合，制造出了 Bi-CMOS 电路。

这种电路结构的特点是逻辑部分采用 CMOS 结构，输出级则采用双极型三极管。因此，它兼有 CMOS 电路的低功耗、高集成度和双极型电路高驱动能力的优点。Bi-CMOS 电路主要用在需要输出大驱动电流的场合。例如，计算机的总线接口，数字系统输出端的缓冲器、驱动器和锁存器，以及无线通信设备的终端，等等。

Bi-CMOS 电路标准化系列产品主要是逻辑功能比较简单的中、小规模集成电路。此外，Bi-CMOS 电路还经常用在大规模集成电路的输出端，以提高器件的驱动能力。下面简单介绍 TI 公司生产的 3 种 74 系列 Bi-CMOS 集成电路产品。

74ABT 系列是 5V 逻辑的 Bi-CMOS 集成电路产品，它的电源电压取值为 5V，在 $(5^{+0.5}_{-0.5})$V 范围内可以正常工作。逻辑电平与 74 系列 TTL 电路以及 74HCT、74AHCT 系列 CMOS 电路兼容。这个系列产品的品种不多，主要是输出缓冲/驱动器，作为总线接口电路使用。例如，74ABT240A 是具有三态输出的 8 线缓冲/驱动器，高电平驱动电流最大值为 32mA，低电平驱动电流最大值达 64mA。它的传输延迟时间为 3ns，最小值可达 1ns。

74ALB 系列是一种低压系列，它的电源电压额定值选在 3.3V，在 $(3.3^{+0.33}_{-0.33})$V 范围内可以正常工作。由于它输入、输出的逻辑电平与工作在 5V 电源下的 TTL 和 HCT、AHCT 系列的逻辑电平兼容，因此它能够很方便地实现 5V 逻辑电平系统和 3.3V 逻辑电平系统之间的转换。例如，74ALB16244 是 16 位三态输出缓冲/驱动器，工作在 3.3V 电压下能提供 25mA 的驱动电流，平均传输延迟时间仅为 1.3ns，最小值可达 0.6ns，是这些系列产品中速度最快的一种。

74ALVT 系列也是一种低压 Bi-CMOS 系列，主要用于接口电路。它既可以在 3.3V 电源电压下工作，也可以在 2.5V 电源电压下工作。

当它工作在 3.3V 电源电压时，能够提供比 74ALB 系列更大的驱动电流。高电平输出电流的最大值为 32mA，低电平输出电流的最大值可达 64mA。但是，它的传输延迟时间比较大，约为 3.2ns。此外，它的逻辑电平同样与 5V 电源系列器件的逻辑电平兼容，也可以用于 5V 逻辑电平和 3.3V 逻辑电平之间的转换。

当它工作在 2.5V 电源电压时，仍然可以提供 32mA 的高电平输出电流和 64mA 的低电平输出电流，但是传输延迟时间比起工作在 3.3V 时略有增加。由于输出高电平的最小值低于 5V 系列输入高电平的最小值，所以它不能用于 2.5V 逻辑电平到 5V 逻辑电平的转换。不过由于它的输入端可以接受 5V 逻辑电平的高、低电平信号,因而仍然可以用于从 5V 逻辑电平到 2.5V 逻辑电平的转换。

表 3-9 列出了 3 种 Bi-CMOS 系列集成电路主要性能参数的比较。

表 3-9　3 种 Bi-CMOS 系列集成电路主要性能参数的比较

参数名称与符号	系　列			
	74ABT	74ALB	74ALVT	
电源电压 V_{CC}/V	5	3.3	3.3	2.5
输入低电平最大值 $V_{IL(max)}/V$	0.8	0.6	0.8	0.8
输出低电平最大值 $V_{OL(max)}/V$	0.55	0.2	0.55	0.4
输入高电平最小值 $V_{IH(min)}/V$	2	2	2	2
输出高电平最小值 $V_{OH(min)}/V$	2	2	2	1.7
低电平输出电流最大值 $I_{OL(max)}/mA$	64	25	64	64
高电平输出电流最大值 $I_{OH(max)}/mA$	32	25	32	32
传输延迟时间 t_{pd}/ns	3	1.3	3.2	3.6

3.4.4　逻辑器件的封装

将构成数字逻辑电路的半导体晶体管、电阻、电容、连接线等元器件制作在一块硅片上,还要对该硅片进行封装才能得到可以实际应用的集成电路逻辑器件。例如,前面介绍过的逻辑器件 74HC00 就是将 4 个相同的 2 输入与非门电路制作在同一块硅片上,并封装成有 14 个引脚的集成电路芯片。图 3-40(a)所示是 74HC00 的引脚图,图 3-40(b)所示是 74HC00 芯片的外形图,称为封装图。

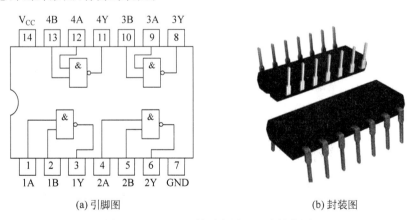

(a) 引脚图　　　　　　　　　　(b) 封装图

图 3-40　74HC00 的引脚图和芯片封装图

由图 3-40(a)可以看出,此器件内部含有 4 个与非门,第 14 引脚是电源输入端,接 5V 电源电压;第 7 引脚是接地输入端,接电源地。图 3-40(b)所示的封装为双列直插封装(dual in-line package,DIP),因为有 14 个引脚,所以称为 DIP-14。

DIP 封装采用塑料或陶瓷封装技术,封装外壳是绝缘密封的,其强度和耐高温性能都比较好。DIP 封装曾经是最常用的封装形式,其引脚可以插入印制电路板的通孔中,在电路板的另一侧导体上焊接,安装强度很高。DIP 封装存在体积大,可向外引的引脚数太少等缺点,在现代数字系统设计中已很少被采用。不过,由于 DIP 封装易于插入面包板中,因此它在实验室中还在被广泛使用。

另一种常见的集成电路封装形式是表面安装技术(surface-mount technology,SMT)。SMT 封装的芯片可以直接焊接在电路板的表面,而无须在印制电路上穿孔,所以其集成度高、面积小、引脚密度高,在给定区域内可以放置更多的集成电路芯片。典型的 SMT 封装形式有收缩型小外形装(SSOP)、塑料有引线芯片载体封装(PLCC)、陶瓷无引线芯片载体封装(LCC)、薄型四面扁平封装(LQFP)、细间距球栅阵列(FBGA)等。

集成电路封装的引脚编号都是遵循一定的标准的。对于 DIP 封装,可以从封装顶部看,封装上会有一个标识符,这个标识符可以是一个小点、一个凹口或斜切的边缘,将标识符一侧向左,则封装左下角的引脚为 1 脚,下面一排引脚向右引脚编号依次增加,右下角引脚的下一个引脚在右上角,然后上面一排引脚向左引脚编号依次增加,左上角引脚的编号为最后一个编号。

使用集成门电路芯片时,要特别注意其引脚配置及排列情况,分清电源端、接地端和每个门的输入端、输出端所对应的引脚,这些信息及芯片中门电路的性能参数,都收录在有关产品的数据手册中,因此使用时要养成查数据手册的习惯。

3.5 集成门电路应用

3.5.1 集成门电路的正确使用

1. 正确使用 TTL 门电路

TTL 各系列电路均采用 5V 电源电压。在为 TTL 电路供电时,要求电源电压范围满足 $(5^{+0.25}_{-0.25})$ V。为减小来自电源的噪声干扰,供电引脚应接滤波电容。

TTL 电路允许输入引脚悬空,输入端悬空时相当于输入高电平。在做实验时可以将空余的输入端悬空,但产品中空余的输入端一般应避免悬空,以防噪声干扰。对于与门和与非门,空余的输入端接高电平或与使用的输入端并接;对于或门和或非门,空余的输入端接低电平或与使用的输入端并接。

TTL 门电路输出端的连接要遵循以下注意事项。

(1) 普通 TTL 门电路输出端不允许直接并联使用。

(2) 三态输出门电路的输出端可并联使用,但同一时刻只能有一个门工作,其他门的输出处于高阻状态。

(3) 集电极开路门电路的输出端要通过上拉电阻 R_P 接到电源 V_{CC},输出端可以并联使用,实现线与。

(4) 输出端不允许直接接电源 V_{CC} 或直接接地。

(5) 输出电流应小于器件手册上规定的最大值。

在电路装配时,应注意连线要尽量短,焊接要可靠,接地要有效。在电路调试时,应注意输出不要短路,即输出高电平时,输出端避免触碰地;输出低电平时,输出端避免触碰电源。

2. 正确使用 CMOS 门电路

CMOS 各系列电路采用不同的电源电压,需注意按照具体型号器件手册规定的电源电压范围选择供电电压。在允许的电源电压范围内,电源电压越高,电路的抗干扰能力越强。为减少来自电源的噪声干扰,供电引脚应接滤波电容。

CMOS 电路不允许输入引脚悬空。对于与门和与非门,空余的输入端接高电平或与使用的输入端并接;对于或门和或非门,空余的输入端接低电平或与使用的输入端并接。注意:空余的输入端与使用的输入端并接,会增大输入电容,使电路工作速度下降。

此外,由于 CMOS 电路的输入保护电路钳位二极管电流容量有限,对可能出现较大输入电流的场合,应采取保护措施。当输入端接低内阻信号源时,或输入端接有大电容时,应在输入端与信号源之间、在输入端与电容之间串接保护电阻;当输入端接长线时,也应在门电路的输入端串接保护电阻。

CMOS 门电路的输出端不允许直接连接电源 V_{CC} 或地。三态输出门的输出端可并联使用,但同一时刻只能有一个门工作,其他门输出处于高阻状态。漏极开路门的输出端要通过上拉电阻 R_P 接到电源 V_{CC},输出端可以并联使用,实现线与。输出电流应小于器件手册上规定的最大值。

在存储、运输、装配、调试 CMOS 集成电路时,要重视静电防护,应注意以下 3 点。

(1) 在存储和运输 CMOS 器件时,不要使用易产生静电高压的化工材料和化纤织物包装。通常都将器件插在导电泡沫塑料上,并采用金属屏蔽层做包装材料。在从包装中取下时,应避免用手触摸器件的引脚,并将器件放置在接地的导电平面上。

(2) 在将 CMOS 器件插入电路板或从电路板中拔出时,应关掉电源。

(3) 在装配、调试时,应使电烙铁和其他工具、仪表、工作台台面等良好接地。操作人员的服装和手套应选用无静电的原料制作。

3.5.2　不同类型集成门电路间的接口

目前,在 CMOS、TTL、ECL、Bi-CMOS 等多种类型集成电路并存的情况下,经常会遇到不同类型器件相互连接的问题。此外,由于低压系列集成电路的出现,除了原有的 5V 系列逻辑电平以外,3.3V 和 2.5V 系列的逻辑电平也已经成为通用的标准。因此,当不同逻辑电平的器件在同一个系统中同时使用时,还需要解决不同逻辑电平之间的转换问题。

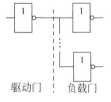

鉴于 CMOS 电路和 TTL 电路是目前应用最广的两种电路,所以下面通过如何实现这两种电路的对接,说明处理不同类型电路之间接口的原则和方法。如图 3-41 所示电路,无论是 TTL 电路驱动 CMOS 电路还是 CMOS 电路驱动 TTL 电路,驱动门必须为负载门提供合乎标准的高、低电平和足够的驱动电流,才能驱动负载门正常工作。

图 3-41　驱动门驱动负载门电路

即驱动门和负载门之间要满足式(3-8)～式(3-11)表示的约束关系。

$$V_{OH(min)} \geqslant V_{IH(min)} \tag{3-8}$$

$$V_{OL(max)} \leqslant V_{IL(max)} \tag{3-9}$$

$$|I_{OH(max)}| \geqslant nI_{IH(max)} \tag{3-10}$$

$$I_{OL(max)} \geqslant m|I_{IL(max)}| \tag{3-11}$$

式中，n 是负载电流中 I_{IH} 的个数；m 是负载电流中 I_{IL} 的个数。

1. 用 TTL 电路驱动 CMOS 电路

1）用 TTL 电路驱动 74HC 系列和 74AHC 系列 CMOS 电路

查阅表 3-7，了解 74HC 系列和 74AHC 系列的参数。

所有 TTL 电路的高电平最大输出电流都在 0.4mA 以上，低电平最大输出电流都在 8mA 以上；74HC 系列和 74AHC 系列 CMOS 电路的高、低电平输入电流都在 $1\mu A$ 以下。因此，用 TTL 电路驱动 74HC 系列和 74AHC 系列 CMOS 电路，都能满足式(3-10)和式(3-11)，并能够计算 n 和 m 的最大允许值。

所有 TTL 电路的输出低电平最大值均不大于 0.5V，而 74HC 系列和 74AHC 系列 CMOS 电路的输入低电平最大值均为 1.35V。因此，用 TTL 电路驱动 74HC 系列和 74AHC 系列 CMOS 电路，也都能满足式(3-9)。

然而，74 系列 TTL 电路的输出高电平最小值为 2.4V，其他系列 TTL 电路的输出高电平最小值为 2.7V；而 74HC 系列和 74AHC 系列 CMOS 电路输入高电平最小值为 3.15V，不能满足式(3-8)的约束要求。所以，在用 TTL 电路驱动 74HC 系列和 74AHC 系列 CMOS 电路时，必须设法将 TTL 电路的输出高电平最小值提高到 3.15V 以上。

最简单的解决方法是在 TTL 电路的输出端与电源之间接入一个上拉电阻 R_U，如图 3-42 所示。由于流过 R_U 的电流非常小，因此只要 R_U 的阻值不是太大，输出高电平将被提升至 $V_{OH} \approx V_{CC}$。

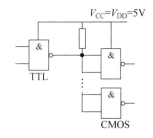

图 3-42　TTL 电路驱动 74HC 系列和 74AHC 系列 CMOS 电路

如果 CMOS 电路的电源电压不是 5V，而是一个更高的电压，则需要采用集电极开路门（OC 门）作为驱动门。利用 OC 门进行电压转换的电路和外接上拉电阻阻值的计算参见本书 3.3 节，这里不再累述。

2）用 TTL 电路驱动 74HCT 系列和 74AHCT 系列 CMOS 电路

查阅表 3-7，了解 74HCT 系列和 74AHCT 系列的参数。

74HCT 系列和 74AHCT 系列 CMOS 电路的输入高电平最小值降至 2V，能够满足式(3-8)的约束要求。在一定的 n 和 m 取值情况下，其他 3 式的约束要求也都能满足。因此，用 TTL 电路可以直接驱动 74HCT 系列和 74AHCT 系列 CMOS 电路，无须外加任何元器件。

2. 用 CMOS 电路驱动 TTL 电路

查阅表 3-7，了解 74HC 系列和 74HCT 系列的参数。

74HC 系列和 74HCT 系列的 $I_{OH(max)}$ 和 $I_{OL(max)}$ 均为 4mA，74AHC 系列和 74AHCT 系列的 $I_{OH(max)}$ 和 $I_{OL(max)}$ 均为 8mA，而所有 TTL 电路的 $I_{IH(max)}$ 和 $I_{IL(max)}$ 都在 2mA 以下，所以，在一定的 n 和 m 取值情况下，不论是 74HC 系列和 74HCT 系列还是 74AHC 系列和

74AHCT 系列 CMOS 电路驱动 TTL 电路都能满足式(3-10)和式(3-11)。

74HC 系列和 74HCT 系列的 $V_{OL(max)}$ 均为 0.33V,74AHC 系列和 74AHCT 系列的 $V_{OL(max)}$ 均为 0.44V,而所有 TTL 电路的 $V_{IL(max)}$ 都是 0.8V。所以,不论是 74HC 系列和 74HCT 系列还是 74AHC 系列和 74AHCT 系列,CMOS 电路驱动 TTL 电路都能满足式(3-9)。

74HC 系列和 74HCT 系列,74AHC 系列和 74AHCT 系列的 $V_{OH(min)}$ 均为 4.4V,而所有 TTL 电路的 $V_{IH(min)}$ 都是 2V。所以,不论是 74HC 系列和 74HCT 系列还是 74AHC 系列和 74AHCT 系列 CMOS 电路驱动 TTL 电路都能满足式(3-8)。

因此,不论是 74HC 系列和 74HCT 系列还是 74AHC 系列和 74AHCT 系列,CMOS 电路都可以直接驱动任何系列的 TTL 电路,驱动负载门的个数可以由式(3-10)和式(3-11)求出。

为驱动更多负载门,可以在驱动电路和负载电路之间加入一个接口电路,将驱动电路的输出电流扩展至负载电路要求的数值。在 CMOS 电路和 Bi-CMOS 电路中,都有输出电流较大的缓冲/驱动器产品,可以直接作为接口电路使用。例如,采用缓冲/驱动器 74HCT125 的接口电路如图 3-43 所示。

在得不到合适的缓冲/驱动器的情况下,也可以采用分立元件组成电流放大器实现电流扩展。采用电流放大器作为接口电路的电路图如图 3-44 所示。

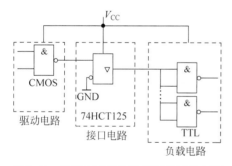
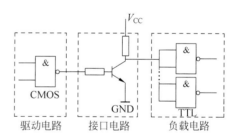

图 3-43   采用 74HCT125 实现的接口电路   图 3-44   采用电流放大器实现的接口电路

3. 不同逻辑电平电路间的接口

早期的 TTL 和 CMOS 数字集成电路都采用 5V 电源电压,而后来出现的低压 CMOS 电路则采用了 3.3V、2.5V,乃至 1.2V 电源电压。JEDEC(Joint Electron Device Engineering Council,固态技术协会)制定的数字逻辑电路电源电压标准选择了 $(5^{+0.5}_{-0.5})$V、$(3.3^{+0.3}_{-0.3})$V、$(2.5^{+0.2}_{-0.2})$V、$(1.8^{+0.15}_{-0.15})$V、$(1.5^{+0.1}_{-0.1})$V 和 $(1.2^{+0.1}_{-0.1})$V 等电源电压值。图 3-45 给出了不同电源电压额定值下,输入和输出逻辑电平的测试标准。

当不同电压等级的电路被用于同一系统时,需要解决不同等级逻辑电平之间的接口问题。解决这类问题的一般方法是利用具有 OD 输出的缓冲/驱动器,将驱动电路给定的逻辑电平信号转换为负载电路所需的逻辑电平信号。图 3-46 给出了用 OD 输出的缓冲/驱动器实现逻辑电平变换的示例电路。其中,图 3-46(a)是将低压逻辑电平转换为高压逻辑电平;图 3-46(b)是将高压逻辑电平转换为低压逻辑电平。

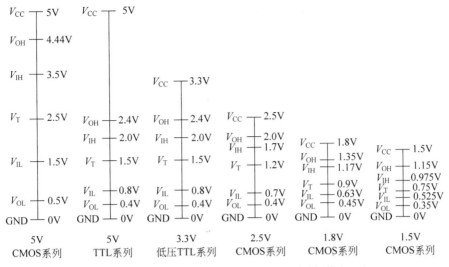

图 3-45　电源电压标准和逻辑电平测试标准

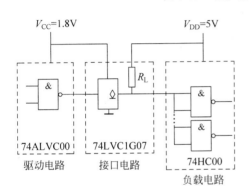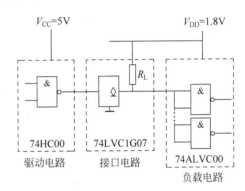

(a) 低压逻辑电平转换为高压逻辑电平　　　　　　(b) 高压逻辑电平转换为低压逻辑电平

图 3-46　用 OD 输出的缓冲/驱动器实现逻辑电平变换

习题

习题 3.1　图 3-47 所示为正逻辑体系下的二极管与门电路,若改用负逻辑体系,试列出它的逻辑真值表,并说明 Y 和 A、B 之间是什么逻辑关系。

习题 3.2　图 3-48 所示为正逻辑体系下的二极管或门电路,若改用负逻辑体系,试列出它的逻辑真值表,并说明 Y 和 A、B 之间是什么逻辑关系。

图 3-47　习题 3.1 图　　　　　　　　图 3-48　习题 3.2 图

习题 3.3　试画出如图 3-49(a)中各个门电路输出端的电压波形。输出端 A、B 的电压波形如图 3-49(b)所示。

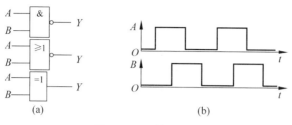

图 3-49　习题 3.3 图

习题 3.4　试说明能否将与非门、或非门、异或门当作反相器使用？如果可以,则画出连接电路图。

习题 3.5　画出如图 3-50(a)所示电路在下列两种情况下的输出电压波形。

(1) 忽略所有门电路的传输延迟时间。

(2) 考虑每个门电路都有传输延迟时间 t_{pd}。

输入端 A、B 的电压波形如图 3-50(b)所示。

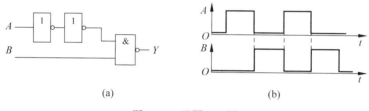

图 3-50　习题 3.5 图

习题 3.6　绘制 OD 门(或 OC 门)实现电平变换的电路,将 5V 逻辑电路转换为 9V 逻辑电路。

习题 3.7　画出如图 3-51(a)所示电路的输出电压波形,输入电压波形如图 3-51(b)所示。

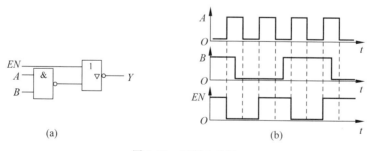

图 3-51　习题 3.7 图

习题 3.8　画出如图 3-52(a)所示电路的输出电压波形,输入电压波形如图 3-52(b)所示。

习题 3.9　在图 3-53 所示的由 74 系列 TTL 与非门组成的电路中,计算门 G_M 能驱动多少同样的与非门。要求 G_M 输出的高、低电平满足 $V_{OH} \geqslant 3.2V$,$V_{OL} \leqslant 0.4V$。与非门的输入电流为 $I_{IL} \leqslant -1.6mA$,$I_{IH} \leqslant 40\mu A$。$V_{OL} \leqslant 0.4V$ 时输出电流最大值为 $I_{OL(max)} = 16mA$,$V_{OH} \geqslant 3.2V$ 时输出电流最大值 $I_{OH(max)} = 0.4mA$。G_M 的输出电阻可忽略不计。

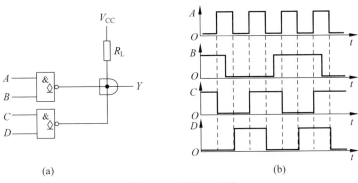

图 3-52 习题 3.8 图

习题 3.10 在图 3-54 所示由 74 系列或非门组成的电路中,试求门 G_M 能驱动多少同样的或非门。要求 G_M 输出的高、低电平满足 $V_{OH} \geqslant 3.2V$、$V_{OL} \leqslant 0.4V$。或非门每个输入端的输入电流为 $I_{IL} \leqslant -1.6mA$,$I_{IH} \leqslant 40\mu A$。$V_{OL} \leqslant 0.4V$ 时输出电流最大值为 $I_{OL(max)} = 16mA$,$V_{OH} \geqslant 3.2V$ 时输出电流最大值 $I_{OH(max)} = 0.4mA$。G_M 的输出电阻可忽略不计。

图 3-53 习题 3.9 图

图 3-54 习题 3.10 图

习题 3.11 计算如图 3-55 所示电路中上拉电阻 R_L 的取值范围。其中,G_1、G_2、G_3 是 74LS 系列 OC 门,输出管截止时的漏电流 $I_{OH} \leqslant 100\mu A$,输出低电平 $V_{OL} \leqslant 0.4V$ 时允许的最大负载电流 $I_{OL(max)} = 8mA$。G_4、G_5、G_6 为 74LS 系列与非门,它们的输入电流为 $|I_{IL}| \leqslant 0.4mA$、$I_{IH} \leqslant 20\mu A$。给定 $V_{CC} = 5V$,要求 OC 门的输出高、低电平应满足 $V_{OH} \geqslant 3.2V$,$V_{OL} \leqslant 0.4V$。

习题 3.12 在如图 3-56 所示电路中,已知 G_1 和 G_2 为 74LS 系列 OC 输出结构的与非门,输出管截止时的漏电流最大值为 $I_{OH(max)} = 100\mu A$,低电平输出电流最大值为 $I_{OL(max)} = 8mA$,这时输出的低电平为 $V_{OL(max)} = 0.4V$。G_3、G_4、G_5 为 74LS 系列的或非门,它们的高电平输入电流最大值 $I_{IH(max)} = 20\mu A$,低电平输入电流最大值为 $I_{IL(max)} = -0.4mA$。给定 $V_{CC} = 5V$,满足 $V_{OH} \geqslant 3.4V$、$V_{OL} \leqslant 0.4V$,试求 R_L 取值的允许范围。

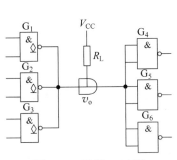

图 3-55 习题 3.11 图

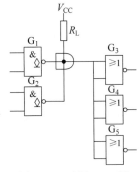

图 3-56 习题 3.12 图

习题 3.13 在如图 3-57 所示电路中，G_1 和 G_2 是两个 OD 输出结构的与非门 74HC03。74HC03 输出端 MOS 管截止时的漏电流为 $I_{OH(max)} = 5\mu A$，导通时允许的最大负载电流为 $I_{OL(max)} = 5.2mA$，这时对应的输出电压 $V_{OL(max)} = 0.33V$。负载门 G_3、G_4、G_5 是 3 输入端或非门 74HC27，每个输入端的高电平输入电流最大值为 $I_{IH(max)} = 1\mu A$，低电平输入电流最大值为 $I_{IL(max)} = -1\mu A$。试求在 $V_{DD} = 5V$，满足 $V_{OH} \geq 4.4V$、$V_{OL} \leq 0.33V$ 的情况下，R_L 取值的允许范围。

习题 3.14 图 3-58 中的 $G_1 \sim G_4$ 是 OD 输出结构的与非门 74HC03，它们接成线与结构。试写出线与输出 Y 与输入 A_1、A_2、B_1、B_2、C_1、C_2、D_1、D_2 之间的逻辑关系式，并计算外接电阻 R_L 取值的允许范围。已知 $V_{DD} = 5V$，74HC03 输出高电平时漏电流的最大值为 $I_{OH(max)} = 5\mu A$，低电平输出电流最大值为 $I_{OL(max)} = 5.2mA$，此时的输出低电平为 $V_{OL(max)} = 0.33V$。负载门每个输入端的高、低电平输入电流最大值分别为 $1\mu A$ 和 $-1\mu A$。要求满足 $V_{OH} \geq 4.4V$、$V_{OL} \leq 0.33V$。

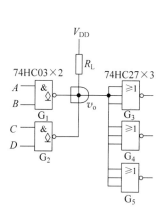

图 3-57 习题 3.13 图

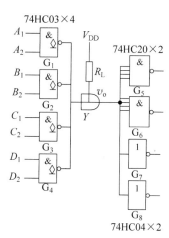

图 3-58 习题 3.14 图

习题 3.15 图 3-59 是用 TTL 电路驱动 CMOS 电路的实例，试计算上拉电阻 R_L 的取值范围。TTL 与非门在 $V_{OL} \leq 0.3V$ 时的最大输出电流为 8mA，输出端的 T_5 管截止时有 $50\mu A$ 的漏电流。CMOS 或非门的高电平输入电流最大值和低电平输入电流最大值均为 1mA。要求加到 CMOS 或非门输入端的电压满足 $V_{IH} \geq 4V$、$V_{IL} \leq 0.3V$。给定电源电压 $V_{DD} = 5V$。

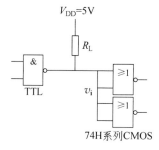

图 3-59 习题 3.15 图

第4章 组合逻辑电路

本章学习目标

- 理解组合逻辑电路的基本概念。
- 掌握组合逻辑电路的分析方法和设计方法。
- 掌握 5 种常用的中规模集成组合逻辑电路：编码器、译码器、数据选择器、加法器和数值比较器。
- 理解和掌握竞争-冒险现象的检查和消除方法。

本章首先阐述组合逻辑电路的基本概念、分析方法和设计方法；之后对一些常用的组合逻辑电路进行介绍，包括编码器、译码器、数据选择器、加法器和数值比较器的电路组成及逻辑功能；最后介绍组合逻辑电路中竞争-冒险的产生、检查方法及消除方法。

4.1 概述

数字电路按照逻辑功能特点可以划分为两大类：组合逻辑电路和时序逻辑电路。

组合逻辑电路（简称组合电路）在逻辑功能上的特点是：任意时刻的输出仅取决于该时刻的输入，而与信号作用前电路原来的状态无关；时序逻辑电路（简称时序电路）逻辑功能上的特点是：任意时刻的输出不仅取决于该时刻的输入，而且与信号作用前电路原来的状态有关。m 个输入、n 个输出组合逻辑电路的框图如图 4-1 所示。

图 4-1 m 个输入、n 个输出组合逻辑电路的框图

图 4-1 中，$x_1, x_2, \cdots, x_m$ 表示输入变量，$y_1, y_2, \cdots, y_n$ 表示输出变量。输出变量与输入变量之间可用式（4-1）表示。

$$\begin{cases} y_1 = f_1(x_1, x_2, \cdots, x_m) \\ y_2 = f_2(x_1, x_2, \cdots, x_m) \\ \vdots \\ y_n = f_n(x_1, x_2, \cdots, x_m) \end{cases} \tag{4-1}$$

4.2 组合逻辑电路的分析方法

组合逻辑电路的分析是已知逻辑图，通过对该电路的分析，找出其逻辑功能。组合逻辑电路分析的步骤如下。

（1）由已知的逻辑图，从电路输入到输出逐级写出相应的逻辑函数式，最后得到表示输出与输入关系的逻辑函数式。

（2）用公式化简法或卡诺图化简法对函数式进行化简，以使逻辑关系简单明了。

（3）有时还可以将逻辑函数式转换为真值表，使电路的逻辑功能更加直观。

注意：上述组合电路的分析步骤不是一成不变的。如果由已知的逻辑图写出的逻辑函数式的逻辑功能很直观，就可以直接得出其逻辑功能；如果由已知的逻辑图写出的逻辑函数式比较复杂，其逻辑功能不够直观，就应对其进行化简，若化简后该电路的逻辑功能很直观，这时可直接得出其逻辑功能；如果由已知的逻辑图写出的逻辑函数式比较复杂，经过化简后，其逻辑功能还不够直观，这时需列出相应的真值表，从而得出其逻辑功能。

【例 4.1】 试分析如图 4-2 所示电路的逻辑功能，并指出该电路的用途。

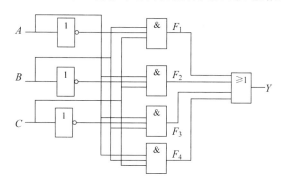

图 4-2　例 4.1 的电路逻辑图

解：（1）根据图 4-2 给出的电路逻辑图，逐级写出如下相应的逻辑函数式：

$$F_1 = A'BC, \quad F_2 = AB'C, \quad F_3 = ABC', \quad F_4 = ABC$$

$$Y = F_1 + F_2 + F_3 + F_4 = A'BC + AB'C + ABC' + ABC$$

可得到表示输出与输入关系的逻辑函数式为

$$Y = A'BC + AB'C + ABC' + ABC$$

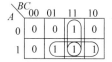

图 4-3　例 4.1 的卡诺图

（2）用卡诺图化简法化简得（卡诺图见图 4-3）

$$Y = AB + BC + AC$$

（3）根据函数式还不能立即看出电路的逻辑功能和用途，将函数式转换为真值表，得到如表 4-1 所示的真值表。

表 4-1　例 4.1 的真值表

A	B	C	Y
0	0	0	0
0	0	1	0
0	1	0	0
0	1	1	1
1	0	0	0
1	0	1	1
1	1	0	1
1	1	1	1

由真值表可以看出,当 A、B、C 这 3 个变量中有两个或两个以上为 1 时,输出为 1;否则,输出为 0。所以,这个电路可用作三人表决电路。可见,一旦将电路的逻辑功能列成真值表,它的功能也就一目了然了。

从图 4-2 所示的电路逻辑图还可分析出该电路的动态参数-传输延迟时间。假定每个门电路的传输延迟时间是 t_{pd},则整个电路的传输延迟时间是 $3t_{pd}$。

4.3 组合逻辑电路的设计方法

根据实际逻辑问题设计出能够实现该逻辑功能的最简单的逻辑电路,就是组合逻辑电路设计要完成的工作,设计是分析的逆过程。所谓最简的含义是指设计出的电路所用的元器件数目最少,所用元器件的种类最少,而且元器件之间的连线也最少。

组合逻辑电路设计的方法和步骤如下。

(1) 对实际逻辑问题进行逻辑抽象,得到描述该逻辑问题的真值表。在许多情况下,实际逻辑问题是用文字描述的一个具有一定因果关系的事件。这就需要通过逻辑抽象的方法,用一个逻辑函数描述这一因果关系。逻辑抽象的工作一般通过如下过程进行。

首先,分析事件的因果关系,确定输入变量和输出变量,并用相应的字母表示。一般总是把引起事件的原因作为输入,而把事件的结果作为输出。

其次,对输入变量和输出变量进行逻辑赋值,即分别用 0 和 1 两种状态表示输入变量和输出变量的两种对立状态。

最后,对给定的因果关系列出逻辑真值表。在完成对输入变量和输出变量的逻辑赋值后,根据给定的因果关系进行逻辑关系的描述。真值表是所有描述方法中最直接的描述方式。因此,经常首先根据给定的因果关系列出真值表。

至此,便将一个实际的逻辑问题抽象为一个逻辑函数,而且这个逻辑函数是以真值表的形式给出的。

(2) 根据真值表写出逻辑函数式。得到逻辑函数式,便于对逻辑函数进行必要的化简和变换。由真值表得到函数式的方法参见本书第 2 章。

(3) 选定设计所用器件的类型。在进行电路设计时,可以采用不同类型的器件实现逻辑函数。可以选用的器件包括小规模集成电路、中规模集成电路以及大规模集成电路。

小规模集成电路主要指本书第 3 章中介绍的基本和复合逻辑门电路,是数字逻辑电路的一些基本逻辑单元。采用小规模集成电路器件的设计,是基于逻辑门电路的设计,电路的基本单元是门电路。

中规模集成电路是一些常用的逻辑功能模块,每个中规模集成电路都能实现一定输入/输出变量之间的某种特定的逻辑功能,如编码器、译码器、数据选择器和加法器等。采用中规模集成电路器件的设计,是基于特定逻辑功能电路的设计,电路的基本单元是特定逻辑功能模块。

大规模集成电路内部集成了许多典型的基本逻辑单元,为实现复杂的逻辑运算提供了资源。采用大规模集成电路器件的设计,通常是采用可编程逻辑器件进行的设计,电路设计遵循 EDA(electronic design automation)的设计方法进行。

在设计实现中,应该根据具体的逻辑问题和设计要求,以及器件的资源情况决定选择哪一种类型的器件。

(4) 进行化简或变换。

在使用小规模集成逻辑门电路进行电路实现时,为获得最简单的设计结果,应将函数式化简成最简形式。一般将函数式化简为最简与或式,即与或函数式中乘积项的数目最少,而且每个乘积项中的变量数也最少。如果对所选用器件的种类有附加的限制(例如只允许用单一类型的与非门),则还应将函数式变换为与器件种类相适应的形式(例如将函数式化为与非-与非形式)。

在使用中规模集成电路进行电路实现时,需要根据所采用的中规模集成电路的逻辑功能(如译码器),将函数式变换为与相应逻辑相匹配的形式(例如将函数式变换为与译码器逻辑相匹配的形式,即最小项之和的形式)。

使用大规模集成电路的设计,涉及可编程逻辑器件、硬件描述语言和 EDA 设计方法,这些内容将在本书第 8 章和第 12 章介绍。

(5) 画逻辑电路图。根据化简和变换后得到的逻辑式,结合所选逻辑器件,画出逻辑电路的连接图。至此,组合逻辑电路的原理性设计(或称为逻辑设计)已经完成。

而在实际应用中,要想将此逻辑设计实现为具体的电路装置,还需要进一步进行设计验证、工艺设计、组装和调试等工作。这部分内容请读者自行参阅有关资料,这里不做具体介绍。

图 4-4 以框图的形式对组合逻辑电路的设计过程进行了总结。应当指出,上述的设计步骤并不是一成不变的。例如,有的逻辑问题是直接以真值表的形式给出的,就不用进行逻辑抽象了。又如,有的问题逻辑关系比较简单、直观,也可以不经过逻辑真值表而直接写出逻辑函数式。

图 4-4　组合电路的一般设计过程

【例 4.2】 设计一个三变量的多数表决电路。当输入变量 A、B、C 中有两个或两个以上同意时,提案被通过;否则,提案不被通过。

解: 按照组合电路设计的方法和步骤进行三变量的多数表决电路的设计。

(1) 对逻辑问题进行逻辑抽象。

输入变量是表决意见,用 A、B、C 表示;输出变量是表决结果,用 Y 表示。规定 A、B、C 取值为 1 时,表示同意;取值为 0 时,表示不同意。表决结果 Y 取值为 1 时,表示提案被通过;取值为 0 时,表示提案不被通过。

根据逻辑问题描述的因果关系列真值表,得到如表 4-2 所示真值表。

表 4-2　例 4.2 的真值表

A	B	C	Y
0	0	0	0
0	0	1	0
0	1	0	0
0	1	1	1
1	0	0	0

续表

A	B	C	Y
1	0	1	1
1	1	0	1
1	1	1	1

（2）根据真值表写出逻辑函数式为

$$Y = A'BC + AB'C + ABC' + ABC$$

（3）选定器件类型为小规模集成电路，以门电路作为基本单元电路。

（4）对逻辑式进行化简（用卡诺图化简法，卡诺图如图 4-5 所示），得

$$Y = AB + BC + AC$$

（5）画逻辑图，得到如图 4-6 所示的逻辑图。

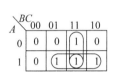

图 4-5　例 4.2 的卡诺图（1）

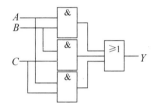

图 4-6　例 4.2 的逻辑图（1）

上面的解是使用与门和或门组成电路时才得到的最简单的电路。如果要求用其他类型的门电路来实现这个逻辑电路，则需要进行相应的逻辑式变换才能得到最简单的电路。例如，有些时候会要求全部用与非门实现该逻辑电路，这样做的好处是可以使元器件间具有良好的互换性。这时就要将化简得到的最简与或式转换为最简与非-与非式，然后再根据最简与非-与非式画出相应的逻辑图。

将最简与或式转换为最简与非-与非式可以通过将与或式两次取反求得，即

$$Y = ((AB + BC + AC)')' = ((AB)' \cdot (BC)' \cdot (AC)')' \tag{4-2}$$

然后根据式（4-2），画出相应的逻辑图，如图 4-7 所示。

如果要求用与或非门实现该逻辑电路，则需要先将函数式化为最简与或非式，然后再根据最简与或非式画出相应的逻辑图。

在第 2 章曾经讲过，可以通过合并卡诺图上的 0 得到函数式 Y'，然后取反得到最简与或非式。为此，在例 4.2 中第（4）步化简时，可利用卡诺图圈 0 化简得到 Y'，如图 4-8 所示。然后对 Y' 取反，得到最简与或非函数式为

$$Y = (A'B' + B'C' + A'C')' \tag{4-3}$$

然后根据式（4-3），画出相应的逻辑图，如图 4-9 所示。

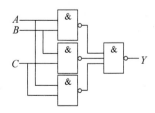

图 4-7　例 4.2 的逻辑图（2）

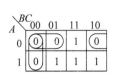

图 4-8　例 4.2 的卡诺图（2）

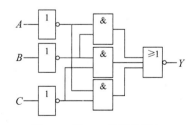

图 4-9　例 4.2 的逻辑图（3）

4.4 若干常用的组合逻辑电路

随着数字逻辑电路和集成电路技术的飞速发展和应用,为解决人们在实践中遇到的各种逻辑问题而设计了大量各种逻辑功能的数字集成电路。其中,有些组合逻辑功能电路经常被反复应用于各种数字系统中。这些组合逻辑电路的功能包括编码器、译码器、数据选择器、加法器和数值比较器等。在进行复杂的数字系统设计和实现时,可以调用这些已有的经过验证的功能电路,作为设计电路的组成部分。本节分别从分析的角度或设计的角度介绍这些常用的组合逻辑电路。

4.4.1 编码器

在数字系统中,为了区分一系列不同的事物,将其中的每个事物用一个二值代码表示,就是编码。编码器是能够实现编码功能的电路。在二值逻辑电路中,信号都是以高、低电平的形式给出的。因此,编码器的逻辑功能就是将输入的每个高、低电平信号编成一个对应的二进制代码或二-十进制代码。

按照编码方式的不同,编码器可以分为二进制编码器和二-十进制编码器。按照输入信号是否互相排斥,编码器可以分为普通编码器和优先编码器。输入信号互相排斥是指一组输入变量中只允许一个变量取值为1,其余变量取值必须全部为0。

1. 二进制编码器

1) 二进制普通编码器

n 位二进制编码器的输入信号为 2^n 个,输出信号为 n 位二进制代码,所以通常也称为 2^n 线-n 线编码器。现在设计一个3位二进制普通编码器。

(1) 进行逻辑抽象。

以 I_0、I_1、I_2、I_3、I_4、I_5、I_6 和 I_7 作为输入变量,I_i 为1时表示第 i 个输入端有编码信号输入,为0时表示第 i 个输入端无编码信号输入;以 Y_2、Y_1 和 Y_0 作为输出变量,构成一个3位二进制代码 $Y_2Y_1Y_0$,得到的真值表如表4-3所示。

表 4-3　3 位二进制普通编码器的真值表

输　　　入								输　　出		
I_0	I_1	I_2	I_3	I_4	I_5	I_6	I_7	Y_2	Y_1	Y_0
1	0	0	0	0	0	0	0	0	0	0
0	1	0	0	0	0	0	0	0	0	1
0	0	1	0	0	0	0	0	0	1	0
0	0	0	1	0	0	0	0	0	1	1
0	0	0	0	1	0	0	0	1	0	0
0	0	0	0	0	1	0	0	1	0	1
0	0	0	0	0	0	1	0	1	1	0
0	0	0	0	0	0	0	1	1	1	1

由表 4-3 所示的真值表可以看出，输入信号 I_0、I_1、I_2、I_3、I_4、I_5、I_6 和 I_7 的取值只要有一个值为 1，其余的取值全为 0，所以输入信号 I_0、I_1、I_2、I_3、I_4、I_5、I_6 和 I_7 是相互排斥的，只有这 8 种输入变量取值是允许出现的，其余 (2^8-8) 种取值都是不允许出现的，作为约束项处理。

（2）写出逻辑函数式。

$$\begin{cases} Y_2 = I_0'I_1'I_2'I_3'I_4I_5'I_6'I_7' + I_0'I_1'I_2'I_3'I_4'I_5I_6'I_7' + I_0'I_1'I_2'I_3'I_4'I_5'I_6I_7' + I_0'I_1'I_2'I_3'I_4'I_5'I_6'I_7 \\ Y_1 = I_0'I_1'I_2I_3'I_4'I_5'I_6'I_7' + I_0'I_1'I_2'I_3I_4'I_5'I_6'I_7' + I_0'I_1'I_2'I_3'I_4'I_5'I_6I_7' + I_0'I_1'I_2'I_3'I_4'I_5'I_6'I_7 \\ Y_0 = I_0'I_1I_2'I_3'I_4'I_5'I_6'I_7' + I_0'I_1'I_2'I_3I_4'I_5'I_6'I_7' + I_0'I_1'I_2'I_3'I_4'I_5I_6'I_7' + I_0'I_1'I_2'I_3'I_4'I_5'I_6'I_7 \end{cases}$$

（3）器件类型选用 SSI。

（4）化简和变换。变量互相排斥的逻辑函数化简时，可以利用约束项，直接写为

$$\begin{cases} Y_2 = I_4 + I_5 + I_6 + I_7 \\ Y_1 = I_2 + I_3 + I_6 + I_7 \\ Y_0 = I_1 + I_3 + I_5 + I_7 \end{cases}$$

（5）画逻辑图。根据上述逻辑式画逻辑图如图 4-10 所示。

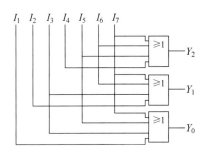

图 4-10 所示为 3 位二进制普通编码器，也称为 8 线-3 线普通编码器。输入信号 I_0、I_1、I_2、I_3、I_4、I_5、I_6 和 I_7 都是以原变量表示的，说明输入信号高电平有效；若输入信号是以反变量表示的，则表示输入信号低电平有效。此种表示方法同样适用输出信号和控制端，即输出信号和控制端若是以原变量表示的，则说明相应的输出端和控制端高电平有效；输出信号和控制端若是以反变量表示的，则说明相应的输出端和控制端低电平有效。

图 4-10　3 位二进制普通编码器的逻辑图

所谓输入信号高电平有效的含义是：输入信号为 1 时，表示相应的输入端有输入信号；而输入信号为 0 时，表示相应的输入端无输入信号。所谓输入信号低电平有效的含义是：输入信号为 0 时，表示相应的输入端有输入信号；而输入信号为 1 时，表示相应的输入端无输入信号。

该 3 位二进制普通编码器的逻辑功能是：当 $I_0=1$ 即 I_0 输入端有编码信号输入时，将 I_0 编成代码 000；当 $I_1=1$ 即 I_1 输入端有编码信号输入时，将 I_1 编成代码 001；以此类推，当 $I_7=1$ 即 I_7 输入端有编码信号输入时，将 I_7 编成代码 111。

此编码器电路结构非常简单，但是对输入信号取值有所限制，即任一时刻只允许一个输入端有编码信号输入。如果出现两个或两个以上输入端同时有编码信号输入，则编码器输出将发生混乱，不能正常工作。为此，引入优先编码器。

2）二进制优先编码器

优先编码器允许多个输入端同时有编码信号输入，此时优先编码器只对优先级高的输入信号进行编码。现在分析 3 位二进制优先编码器 74HC148 的逻辑功能。优先编码器 74HC148 的内部逻辑图如图 4-11 所示，逻辑框图如图 4-12 所示。

由图 4-11 可以看出，优先编码器 74HC148 有 8 个信号输入端 I_0'、I_1'、I_2'、I_3'、I_4'、I_5'、I_6'、

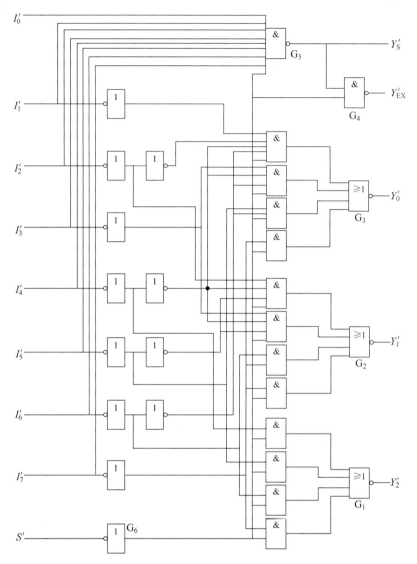

图 4-11 3 位二进制优先编码器 74HC148 的内部逻辑图

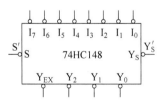

图 4-12 3 位二进制优先编码器 74HC148 的逻辑框图

I'_7,3 个信号输出端 Y'_0、Y'_1、Y'_2。此外,还有附加控制电路,包括选通输入端 S',选通输出端 Y'_S、扩展端 Y'_{EX}。这些附加的输入端、输出端和控制电路不仅可以增强编码器使用的灵活性,还有利于实现电路的扩展。

根据图 4-11 写出优先编码器 74HC148 的输出逻辑式为

$$\begin{cases} Y'_2=((I_4+I_5+I_6+I_7)S)' \\ Y'_1=((I_2I'_4I'_5+I_3I'_4I'_5+I_6+I_7)S)' \\ Y'_0=((I_1I'_2I'_4I'_6+I_3I'_4I'_6+I_5I'_6+I_7)S)' \end{cases} \tag{4-4}$$

优先编码器 74HC148 的选通输入端 S' 是以反变量形式出现的,表示低电平有效。当选通输入端 $S'=0$ 时,编码电路正常工作,实现编码功能;当选通输入端 $S'=1$ 时,所有的输出端均被锁定为高电平,编码电路不能正常工作。

由图 4-11 可得选通输出端 Y'_S 的逻辑式为

$$Y'_S=(I'_0I'_1I'_2I'_3I'_4I'_5I'_6I'_7S)' \tag{4-5}$$

式(4-5)表明,只有当所有的编码输入端都是高电平,即没有编码输入时,而且选通输入端 $S=1$,即编码器正常工作时,Y'_S 才是低电平。因此,Y'_S 的低电平输出信号表示"电路工作,但无编码输入"。

由图 4-11 还可以写出扩展端 Y'_{EX} 的逻辑式为

$$\begin{aligned} Y'_{EX} &=((I'_0I'_1I'_2I'_3I'_4I'_5I'_6I'_7S)'S)' \\ &=((I_0+I_1+I_2+I_3+I_4+I_5+I_6+I_7)S)' \end{aligned} \tag{4-6}$$

这说明只要任何一个编码输入端有低电平信号输入,且 $S=1$,Y'_{EX} 就是低电平。因此,Y'_{EX} 低电平输出信号表示"电路工作,而且有编码输入"。

根据式(4-4)~式(4-6)可以列出如表 4-4 所示的 74HC148 的功能表。

表 4-4　74HC148 的功能表

	输			入					输		出		
S'	I'_0	I'_1	I'_2	I'_3	I'_4	I'_5	I'_6	I'_7	Y'_2	Y'_1	Y'_0	Y'_S	Y'_{EX}
1	×	×	×	×	×	×	×	×	1	1	1	1	1
0	1	1	1	1	1	1	1	1	1	1	1	0	1
0	×	×	×	×	×	×	×	0	0	0	0	1	0
0	×	×	×	×	×	×	0	1	0	0	1	1	0
0	×	×	×	×	×	0	1	1	0	1	0	1	0
0	×	×	×	×	0	1	1	1	0	1	1	1	0
0	×	×	×	0	1	1	1	1	1	0	0	1	0
0	×	×	0	1	1	1	1	1	1	0	1	1	0
0	×	0	1	1	1	1	1	1	1	1	0	1	0
0	0	1	1	1	1	1	1	1	1	1	1	1	0

由表 4-4 可以看出,74HC148 的输入和输出均以低电平作为有效信号。$S'=0$ 的电路处于正常工作状态下,允许 $I'_0\sim I'_7$ 中同时有几个输入端为低电平,即有编码输入信号。I'_7 的优先权最高,I'_0 的优先权最低。当 I'_7 有编码输入信号,即 $I'_7=0$ 时,无论其他输入端有无输入信号(表中以×表示),输出端只给出 I'_7 的编码,即 $Y'_2Y'_1Y'_0=000$。当 $I'_7=1$ 和 $I'_6=0$,即 I'_7 无编码输入信号且 I'_6 有编码输入信号时,无论其余输入端有无输入信号,只对 I'_6 进行编码,即 $Y'_2Y'_1Y'_0=001$。以此类推,可以分析出其他输入状态。

从表 4-4 中还可以看出,当 $S'=0$ 且 8 个编码输入端均为高电平时,Y'_S 为 0,而其他情况时,Y'_S 则总为 1;当 $S'=0$ 且任意一个编码输入端存在编码输入信号时,Y'_{EX} 就为 0,而无编码输入信号或是选通输入端 $S'=1$ 时,Y'_{EX} 才为 1。这与前面的分析一致,即 $Y'_S=0$ 表示"电路工作,但无编码输入”;$Y'_{EX}=0$ 表示“电路工作,而且有编码输入”。

注意:表 4-4 中出现的 3 种 $Y'_2Y'_1Y'_0=111$ 的情况可以用 Y'_S 和 Y'_{EX} 的不同状态加以区分。

在中规模集成电路应用以后,常采用逻辑框图表示中规模集成电路器件,如图 4-12 所示。在逻辑框图内部只标注输入、输出原变量的名称。如果以低电平作为有效的输入信号或输出信号,则在框图外部相应的输入端或输出端处添加小圆圈,并在外部标注的输入信号或输出信号名称上加非号('),即标注为反变量。

【例 4.3】 试用 8 线-3 线优先编码器 74HC148 实现 16 线-4 线优先编码器,将 $A'_0 \sim A'_{15}$ 这 16 个低电平输入信号编为 0000~1111 这 16 个 4 位二进制代码,要求优先级按降序排列,A'_{15} 的优先级最高,A'_0 的优先级最低。

解:由于一片 74HC148 有 8 个信号输入端,两片 74HC148 正好有 16 个信号输入端,因此可以用两片 74HC148 实现 16 线-4 线优先编码器。第 1 片 74HC148 的 8 个信号输入端 $I'_7 \sim I'_0$ 实现对 $A'_{15} \sim A'_8$ 这 8 个优先级高的输入信号的编码,用第 2 片 74HC148 的 8 个信号输入端 $I'_7 \sim I'_0$ 实现对 $A'_7 \sim A'_0$ 信号的编码。

由于 A'_{15} 的优先级最高,A'_0 优先级最低,因此当第 1 片芯片有编码信号输入时,只允许第 1 片芯片实现编码功能,第 2 片芯片不能进行编码;只有当第 1 片芯片没有编码信号输入时,才允许第 2 片芯片实现编码功能。因此,应该使第 1 片芯片的选通输入端 S' 始终有效,一旦有编码信号输入,马上进行编码;只有当第 1 片芯片无编码信号输入,即 $Y'_S=0$ 时,才将第 2 片芯片的选通输入端有效,即将第 1 片芯片的 Y'_S 接第 2 片芯片的选通输入端 S'。

此外,当第 1 片芯片有编码信号输入时,它的 $Y'_{EX}=0$,无编码信号输入时,$Y'_{EX}=1$。正好可以用它作为输出编码的第 4 位,以区分 8 个高优先级输入信号和 8 个低优先级输入信号的编码。即将第 1 片芯片的输出端 Y'_{EX} 取反当作输出代码的第 4 位,当 $A'_{15} \sim A'_8$ 有编码输入时,将它们编成 1111~1000 这 8 个代码,代码的第 4 位为 1;当 $A'_{15} \sim A'_8$ 无编码输入而 $A'_7 \sim A'_0$ 有编码输入时,将它们编成 0111~0000 这 8 个代码,代码的第 4 位为 0。输出编码的低 3 位为两片输出 Y'_2、Y'_1、Y'_0 的与非。

用两片 74HC148 实现 16 线-4 线优先编码器的逻辑图如图 4-13 所示。其中,第 1 片芯片记作片(1),第 2 片芯片记作片(2)。

由图 4-13 可知,当 $A'_{15} \sim A'_8$ 中任意一输入端为低电平时,例如当 A'_{15}、A'_{14}、A'_{13} 全为 1,$A'_{12}=0$ 时,则片(1)的 $Y'_{EX}=0$,$Z_3=1$,$Y'_2Y'_1Y'_0=011$,$Y'_S=1$,此时片(2)的 $S'=1$,输出 $Y'_2Y'_1Y'_0=111$。于是,16 线-4 线优先编码器的输出为 $Z_3Z_2Z_1Z_0=1100$。如果 $A'_{15} \sim A'_8$ 中同时有多个输入端为低电平,则只对其中优先级最高的一个输入信号进行编码。

当 $A'_{15} \sim A'_8$ 全部为高电平(没有编码输入信号)时,片(1)的 $Y'_S=0$,则片(2)的 $S'=0$,片(2)处于编码工作状态,对 $A'_7 \sim A'_0$ 输入的低电平信号中优先级最高的输入信号进行编码。例如,当 A'_7、A'_6 为 1,$A'_5=0$ 时,则片(2)的 $Y'_2Y'_1Y'_0=010$,而此时片(1)的 $Y'_{EX}=1$,$Z_3=0$,$Y'_2Y'_1Y'_0=111$。于是,16 线-4 线优先编码器的输出为 $Z_3Z_2Z_1Z_0=0101$。

2. 二-十进制编码器

常用的优先编码器电路中,除了上述的二进制编码器外,还有一类称为二-十进制优先

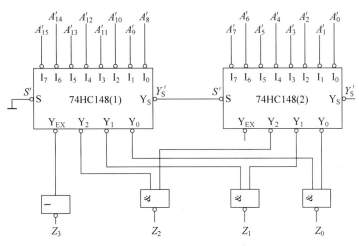

图 4-13 用两片 74HC148 组成 16 线-4 线优先编码器逻辑图

编码器。如图 4-14 所示为二-十进制优先编码器 74HC147 的内部逻辑图。如图 4-15 所示为优先编码器 74HC147 的逻辑框图。下面分析优先编码器 74HC147 的逻辑功能。

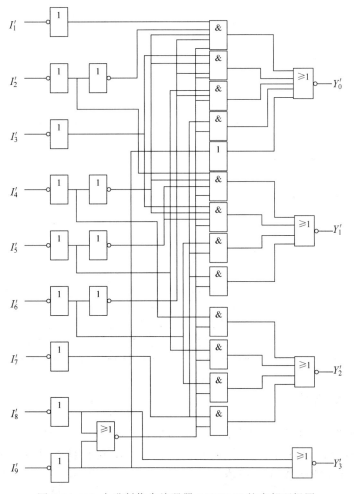

图 4-14 二-十进制优先编码器 74HC147 的内部逻辑图

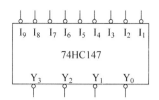

图 4-15 二-十进制优先编码器 74HC147 的逻辑框图

由图 4-14 可以看出,优先编码器 74HC147 有 9 个信号输入端 I'_1、I'_2、I'_3、I'_4、I'_5、I'_6、I'_7、I'_8、I'_9 和 4 个信号输出端 Y'_3、Y'_2、Y'_1、Y'_0,均为低电平有效。根据其内部逻辑图可以写出输出逻辑式为

$$
\begin{cases}
Y'_3 = (I_8 + I_9)' \\
Y'_2 = (I_7 I'_8 I'_9 + I_6 I'_8 I'_9 + I_5 I'_8 I'_9 + I_4 I'_8 I'_9)' \\
Y'_1 = (I_7 I'_8 I'_9 + I_6 I'_8 I'_9 + I_3 I'_4 I'_5 I'_8 I'_9 + I_2 I'_4 I'_5 I'_8 I'_9)' \\
Y'_0 = (I_9 + I_7 I'_8 I'_9 + I_5 I'_6 I'_8 I'_9 + I_3 I'_4 I'_6 I'_8 I'_9 + I_1 I'_2 I'_4 I'_6 I'_8 I'_9)'
\end{cases}
\tag{4-7}
$$

根据式(4-7)可列出二-十进制优先编码器 74HC147 的真值表,如表 4-5 所示。由表 4-5 可知,编码器输出是反码形式的 BCD 码。实际上还有一个隐含的输入端 I'_0,即当 $I'_9 \sim I'_1$ 均无编码信号输入时,隐含表示输入端 I'_0 有编码信号输入,编码输出为 $Y'_3 Y'_2 Y'_1 Y'_0 = 1111$。因此,二-十进制优先编码器 74HC147 将 $I'_9 \sim I'_0$ 这 10 个输入信号分别编成 10 个 BCD 码,故又称 10 线-4 线优先编码器。在 $I'_9 \sim I'_0$ 这 10 个输入信号中,I'_9 的优先级最高,I'_0 的优先级最低。

表 4-5 二-十进制优先编码器 74HC147 的功能表

输　　　入									输　　出			
I'_1	I'_2	I'_3	I'_4	I'_5	I'_6	I'_7	I'_8	I'_9	Y'_3	Y'_2	Y'_1	Y'_0
1	1	1	1	1	1	1	1	1	1	1	1	1
×	×	×	×	×	×	×	×	0	0	1	1	0
×	×	×	×	×	×	×	0	1	0	1	1	1
×	×	×	×	×	×	0	1	1	1	0	0	0
×	×	×	×	×	0	1	1	1	1	0	0	1
×	×	×	×	0	1	1	1	1	1	0	1	0
×	×	×	0	1	1	1	1	1	1	0	1	1
×	×	0	1	1	1	1	1	1	1	1	0	0
×	0	1	1	1	1	1	1	1	1	1	0	1
0	1	1	1	1	1	1	1	1	1	1	1	0

4.4.2　译码器

译码器是能够实现译码功能的电路。译码是编码的逆过程,即将每个输入的二进制代码译成对应的输出高、低电平信号或另外一个代码。译码器的种类很多,常用的有二进制译码器、二-十进制译码器和显示译码器。

1. 二进制译码器

二进制译码器是将输入的一组二进制代码译成一组与输入代码一一对应的输出高、低电平信号。n 位二进制译码器的输入信号为 n 位二进制代码,输出信号为 2^n 个高、低电平信号,所以通常也称为 n 线-2^n 线译码器。如图 4-16 所示为 3 位二进制译码器的逻辑框图,输入的 3 位二进制代码共有

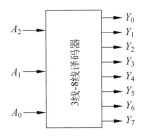

图 4-16 3 位二进制译码器的逻辑框图

8 种状态,译码器将每个输入代码译成对应的一个输出上的高、低电平信号,也称为 3 线-8 线译码器。

图 4-17 是采用二极管与门阵列构成的 3 位二进制译码器逻辑图,有 3 个信号输入端 A_2、A_1、A_0,8 个信号输出端 Y_0、Y_1、Y_2、Y_3、Y_4、Y_5、Y_6、Y_7。下面分析其逻辑功能。

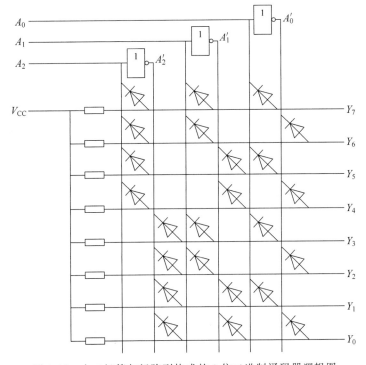

图 4-17 由二极管与门阵列构成的 3 位二进制译码器逻辑图

设电源电压 $V_{CC} = 5\text{V}$,二极管的导通电压为 0.7V,输入高电平为 3V,输入低电平为 0。当 $A_2 A_1 A_0 = 000$ 时,即 $A_2 = 0$、$A_1 = 0$、$A_0 = 0$,$A_2' = 3\text{V}$,$A_1' = 3\text{V}$,$A_0' = 3\text{V}$,这时只有 Y_0 输出 3.7V,为高电平;其余均输出 0.7V,为低电平,于是将输入的二进制代码 000 译成了 Y_0 端的高电平。当 $A_2 A_1 A_0 = 001$ 时,即 $A_2 = 0$、$A_1 = 0$、$A_0 = 3\text{V}$,$A_2' = 3\text{V}$,$A_1' = 3\text{V}$,$A_0' = 0$,这时只有 Y_1 输出 3.7V,为高电平;其余均输出 0.7V,为低电平,于是将输入的二进制代码 001 译成了 Y_1 端的高电平。以此类推,可以将其他的每个输入代码译成对应输出端的高电平信号。输入代码与输出高、低电平信号之间的对应关系如表 4-6 所示。

表 4-6　3 位二进制译码器的真值表

输　　入			输　　出							
A_2	A_1	A_0	Y_0	Y_1	Y_2	Y_3	Y_4	Y_5	Y_6	Y_7
0	0	0	1	0	0	0	0	0	0	0
0	0	1	0	1	0	0	0	0	0	0
0	1	0	0	0	1	0	0	0	0	0
0	1	1	0	0	0	1	0	0	0	0
1	0	0	0	0	0	0	1	0	0	0
1	0	1	0	0	0	0	0	1	0	0
1	1	0	0	0	0	0	0	0	1	0
1	1	1	0	0	0	0	0	0	0	1

　　由二极管与门阵列构成的译码器虽然简单,但存在两个严重的缺点。其一是电路的输入阻抗较低而输出阻抗较高,其二是输出的高、低电平信号发生偏移。因此,在中规模集成电路译码器中一般采用三极管集成门电路结构。

　　图 4-18 是中规模集成 3 位二进制译码器 74HC138 的内部逻辑图。图 4-19 是 74HC138 的逻辑框图。下面分析 74HC138 的逻辑功能。

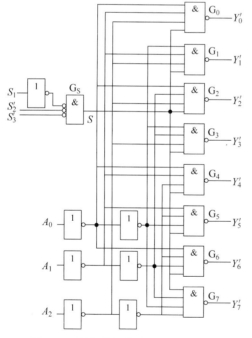

图 4-18　用与非门构成的 3 位二进制
译码器 74HC138 的内部逻辑图

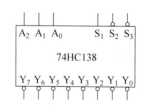

图 4-19　74HC138 的逻辑框图

　　由图 4-18 和图 4-19 可以看出,74HC138 有 3 个信号输入端 A_2、A_1、A_0,8 个信号输出端 Y_0、Y_1、Y_2、Y_3、Y_4、Y_5、Y_6、Y_7 和 3 个附加控制端 S_1、S_2'、S_3'。

　　当 $S_1=1$,$S_2'=S_3'=0$,控制门 G_S 输出高电平,即 $S=1$ 时,根据其逻辑图可得

$$\begin{cases} Y'_0 = (A'_2 A'_1 A'_0)' = m'_0 \\ Y'_1 = (A'_2 A'_1 A_0)' = m'_1 \\ Y'_2 = (A'_2 A_1 A'_0)' = m'_2 \\ Y'_3 = (A'_2 A_1 A_0)' = m'_3 \\ Y'_4 = (A_2 A'_1 A'_0)' = m'_4 \\ Y'_5 = (A_2 A'_1 A_0)' = m'_5 \\ Y'_6 = (A_2 A_1 A'_0)' = m'_6 \\ Y'_7 = (A_2 A_1 A_0)' = m'_7 \end{cases} \qquad (4\text{-}8)$$

由式(4-8)可以看出,输出 $Y'_0 \sim Y'_7$ 是 A_2、A_1、A_0 这 3 个变量的全部最小项的译码输出,所以也称这种译码器为最小项译码器。

观察 74HC138 的附加控制端 S_1、S'_2、S'_3,只有当 $S_1=1$,$S'_2=S'_3=0$ 时,控制门 G_S 才能输出高电平,使 $S=1$,译码器处于工作状态,实现正常译码;否则,译码器被禁止,所有的输出端均被锁定在高电平,电路不能正常工作。所以,这 3 个附加控制端也被称为"片选"输入端,利用片选的作用可以将多个芯片连接起来以扩展译码器的功能。

根据上面的分析和式(4-8)可列出 3 位二进制译码器 74HC138 的真值表,如表 4-7 所示。

表 4-7　3 线-8 线译码器 74HC138 的真值表

输 入					输 出							
S_1	$S'_2+S'_3$	A_2	A_1	A_0	Y'_0	Y'_1	Y'_2	Y'_3	Y'_4	Y'_5	Y'_6	Y'_7
0	×	×	×	×	1	1	1	1	1	1	1	1
×	1	×	×	×	1	1	1	1	1	1	1	1
1	0	0	0	0	0	1	1	1	1	1	1	1
1	0	0	0	1	1	0	1	1	1	1	1	1
1	0	0	1	0	1	1	0	1	1	1	1	1
1	0	0	1	1	1	1	1	0	1	1	1	1
1	0	1	0	0	1	1	1	1	0	1	1	1
1	0	1	0	1	1	1	1	1	1	0	1	1
1	0	1	1	0	1	1	1	1	1	1	0	1
1	0	1	1	1	1	1	1	1	1	1	1	0

由表 4-7 可以得出如下结论。

(1) 当 $S_1=0$,S'_2、S'_3 为任意取值时,无论输入信号 A_2、A_1、A_0 是 0 还是 1,8 个输出端都被锁定为高电平。

(2) 当 S'_2、S'_3 至少有一个取值是 1,S_1 为任意取值时,无论输入信号 A_2、A_1、A_0 是 0 还是 1,8 个输出端都被锁定为高电平。

(3) 当 $S_1=1$,$S'_2=S'_3=0$ 时,"片选"控制端有效,电路正常工作,实现译码功能。将输入的 3 位二进制代码 000 译成 Y'_0 的低电平,其余输出端为高电平;将输入的 3 位二进制代码 001 译成 Y'_1 的低电平,其余输出端为高电平;以此类推,实现对 3 位二进制输入代码的全部译码输出。

【例 4.4】 试用 3 线-8 线译码器 74HC138 组成一个 4 线-16 线译码器,将输入的 4 位

二进制代码 $D_3D_2D_1D_0$ 译成 16 个独立的低电平信号 $Z_0' \sim Z_{15}'$。

解：74HC138 只有 3 个信号输入端 A_2、A_1、A_0，要对 4 位二进制代码译码，需要利用一个附加控制端（S_1、S_2'、S_3' 中的一个）作为第 4 个信号输入端。而且 74HC138 仅有 8 个译码输出端，要输出 16 个译码输出信号，需要用到两片 74HC138。

将两片 74HC138 的 3 个信号输入端连接在一起，作为 4 位二进制代码的低 3 位输入端 D_2、D_1、D_0，最高位 D_3 利用附加控制端控制两片 74HC138 交替工作。可以令 $D_3=1$ 时，第一片芯片工作，记作片(1)；$D_3=0$ 时，第二片芯片工作，记作片(2)。即当 $D_3=1$ 时，片(1)工作，片(2)禁止，将 $D_3D_2D_1D_0$ 的 1000～1111 这 8 个代码译成 $Z_8' \sim Z_{15}'$ 这 8 个低电平信号；当 $D_3=0$ 时，片(2)工作，片(1)禁止，将 $D_3D_2D_1D_0$ 的 0000～0111 这 8 个代码译成 $Z_0' \sim Z_7'$ 这 8 个低电平信号。因此，只要对两片 74HC138 的附加控制端适当控制，使 $D_3=1$ 时片(1)工作，$D_3=0$ 时片(2)工作，就可将两片 3 线-8 线译码器扩展成 4 线-16 线译码器。

图 4-20 给出了用两片 3 线-8 线译码器组成 4 线-16 线译码器的一种连接方法。当 $D_3=0$ 时，片(2)的"片选"控制端有效，电路正常工作，随着输入信号 $D_2D_1D_0$ 的取值从 000～111 的不同，分别译成 $Z_0' \sim Z_7'$ 的低电平信号。此时，片(1)的"片选"控制端无效，电路不能正常工作，输出端被锁定为高电平。当 $D_3=1$ 时，片(2)的"片选"控制端无效，电路不能正常工作，输出端被锁定为高电平。此时，片(1)的"片选"控制端有效，电路正常工作，随着输入信号 $D_2D_1D_0$ 的取值从 000～111 的不同，分别译成 $Z_8' \sim Z_{15}'$ 的低电平信号。

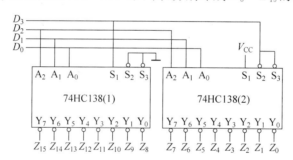

图 4-20　用两片 74HC138 组成 4 线-16 线译码器框图(1)

同样的原理，用两片 3 线-8 线译码器 74HC138 组成 4 线-16 线译码器还有其他接法，如图 4-21～图 4-23 所示。

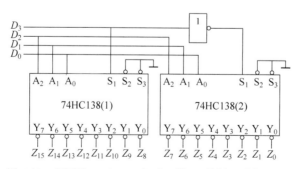

图 4-21　用两片 74HC138 组成 4 线-16 线译码器框图(2)

参照上述例子，运用同样的方法，也可以将两个带控制端的 4 线-16 线译码器接成一个 5 线-32 线译码器。

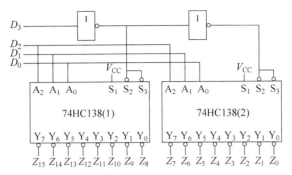

图 4-22 用两片 74HC138 组成 4 线-16 线译码器框图（3）

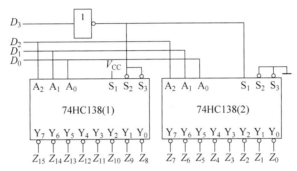

图 4-23 用两片 74HC138 组成 4 线-16 线译码器框图（4）

在 4.3 节介绍过可以采用不同类型的器件实现逻辑函数，下面介绍用中规模集成译码器 74HC138 实现组合逻辑函数的设计方法和步骤。

（1）将待实现的组合逻辑函数化成"最小项之和"的标准形式。

（2）将"最小项之和"形式转换为与非-与非表达式。

（3）利用 74HC138 的输出函数，将表达式自变量变换为 74HC138 的输出变量。

（4）根据表达式画逻辑图。

【例 4.5】 试用中规模集成 3 线-8 线译码器 74HC138 实现如下多输出组合逻辑函数：

$$\begin{cases} Z_1 = B'C + ABC' + A'BC' \\ Z_2 = AB'C' + A'C \\ Z_3 = AB'C + AB + A'B'C' \end{cases}$$

解：（1）将组合逻辑函数化成"最小项之和"的形式。

$$\begin{cases} Z_1 = AB'C + A'B'C + ABC' + A'BC' = m_1 + m_2 + m_5 + m_6 \\ Z_2 = AB'C' + A'BC + A'B'C = m_1 + m_3 + m_4 \\ Z_3 = AB'C + ABC + ABC' + A'B'C' = m_0 + m_5 + m_6 + m_7 \end{cases}$$

（2）将"最小项之和"形式转换为与非-与非表达式。

$$\begin{cases} Z_1 = m_1 + m_2 + m_5 + m_6 = (m_1'm_2'm_5'm_6')' \\ Z_2 = m_1 + m_3 + m_4 = (m_1'm_3'm_4')' \\ Z_3 = m_0 + m_5 + m_6 + m_7 = (m_0'm_5'm_6'm_7')' \end{cases}$$

（3）利用 74HC138 的输出函数，将表达式自变量变换为 74HC138 的输出变量。

令 $A_2=A, A_1=B, A_0=C$，代入 74HC138 的输出函数式(式(4.8))得

$$
\begin{cases}
Y'_0=(A'_2 A'_1 A'_0)'=(A'B'C')'=m'_0 \\
Y'_1=(A'_2 A'_1 A_0)'=(A'B'C)'=m'_1 \\
Y'_2=(A'_2 A_1 A'_0)'=(A'BC')'=m'_2 \\
Y'_3=(A'_2 A_1 A_0)'=(A'BC)'=m'_3 \\
Y'_4=(A_2 A'_1 A'_0)'=(AB'C')'=m'_4 \\
Y'_5=(A_2 A'_1 A_0)'=(AB'C)'=m'_5 \\
Y'_6=(A_2 A_1 A'_0)'=(ABC')'=m'_6 \\
Y'_7=(A_2 A_1 A_0)'=(ABC)'=m'_7
\end{cases}
\tag{4-9}
$$

上面的与非-与非表达式可以写作：

$$
\begin{cases}
Z_1=(m'_1 m'_2 m'_5 m'_6)'=(Y'_1 Y'_2 Y'_5 Y'_6)' \\
Z_2=(m'_1 m'_3 m'_4)'=(Y'_1 Y'_3 Y'_4)' \\
Z_3=(m'_0 m'_5 m'_6 m'_7)'=(Y'_0 Y'_5 Y'_6 Y'_7)'
\end{cases}
$$

(4) 画出相应的逻辑图，如图 4-24 所示。

有时需要分析由中规模集成电路构成的组合逻辑电路的功能，在分析过程中需要结合中规模集成电路的逻辑功能和输出函数。分析由中规模集成 3 线-8 线译码器 74HC138 组成的逻辑电路，可以遵循以下步骤。

(1) 根据逻辑电路图，利用 74HC138 的输出函数，写出电路的逻辑函数式。

(2) 对逻辑函数式进行必要的化简或变换。

(3) 列真值表，分析逻辑功能。

【例 4.6】 分析图 4-24 所示的由中规模集成 3 线-8 线译码器 74HC138 构成的电路。

图 4-24　例 4.5 的逻辑框图

解：(1) 根据逻辑电路图，利用 74HC138 的输出函数(式(4-8))，写出电路的逻辑函数式。

由图 4-24 可知电路的逻辑函数式为

$$
\begin{cases}
Z_1=(Y'_1 Y'_2 Y'_5 Y'_6)' \\
Z_2=(Y'_1 Y'_3 Y'_4)' \\
Z_3=(Y'_0 Y'_5 Y'_6 Y'_7)'
\end{cases}
$$

其中，$A_2=A, A_1=B, A_0=C$。

根据式(4-9)可得

$$
\begin{cases}
Z_1=(m'_1 m'_2 m'_5 m'_6)'=m_1+m_2+m_5+m_6 \\
Z_2=(m'_1 m'_3 m'_4)'=m_1+m_3+m_4 \\
Z_3=(m'_0 m'_5 m'_6 m'_7)'=m_0+m_5+m_6+m_7
\end{cases}
$$

(2) 对逻辑函数式进行必要的化简或变换。

$$
\begin{cases}
Z_1=B'C+ABC'+A'BC' \\
Z_2=AB'C'+A'C \\
Z_3=AB'C+AB+A'B'C'
\end{cases}
$$

（3）列真值表，分析逻辑功能，见表 4-8。

表 4-8 例 4.6 的真值表

A	B	C	Z_1	Z_2	Z_3
0	0	0	0	0	1
0	0	1	1	1	0
0	1	0	1	0	0
0	1	1	0	1	0
1	0	0	0	1	0
1	0	1	1	0	0
1	1	0	1	0	1
1	1	1	0	0	1

需要特别提出，带控制输入端的译码器又是一个完整的数据分配器。这里把 S_1 作为"数据"输入端，同时令 $S_2' = S_3' = 0$，将 A_2、A_1、A_0 作为"地址"输入端，那么，从 S_1 送来的数据只能通过 A_2、A_1、A_0 所指定的一根输出线输送出去。例如，在图 4-18 所示的 74HC138 内部逻辑图中，当 $A_2 A_1 A_0 = 011$ 时，只有与非门 G_3 允许 S 信号通过，其他的与非门都有为 0 的输入，输出被锁定在高电平。也就是说，当 $A_2 A_1 A_0 = 011$ 时，输入数据 S_1 以反码形式从 Y_3 输送出去。

2. 二-十进制译码器

二-十进制译码器的逻辑功能是将输入 BCD 码的 10 个代码译成 10 个对应的高、低电平输出信号。中规模集成二-十进制译码器 74HC42 的内部逻辑图如图 4-25 所示，其逻辑框图如图 4-26 所示。

由图 4-25 和图 4-26 可知，74HC42 有 4 个信号输入端 A_3、A_2、A_1、A_0，10 个信号输出端 Y_0'、Y_1'、Y_2'、Y_3'、Y_4'、Y_5'、Y_6'、Y_7'、Y_8'、Y_9'，所以又称为 4 线-10 线译码器。

根据图 4-25 写出 74HC42 的输出函数式，得到式（4-10）。根据式（4-10）可以列出电路的真值表，如表 4-9 所示。

$$\begin{cases} Y_0' = (A_3' A_2' A_1' A_0')' \\ Y_1' = (A_3' A_2' A_1' A_0)' \\ Y_2' = (A_3' A_2' A_1 A_0')' \\ Y_3' = (A_3' A_2' A_1 A_0)' \\ Y_4' = (A_3' A_2 A_1' A_0')' \\ Y_5' = (A_3' A_2 A_1' A_0)' \\ Y_6' = (A_3' A_2 A_1 A_0')' \\ Y_7' = (A_3' A_2 A_1 A_0)' \\ Y_8' = (A_3 A_2' A_1' A_0')' \\ Y_9' = (A_3 A_2' A_1' A_0)' \end{cases} \quad (4\text{-}10)$$

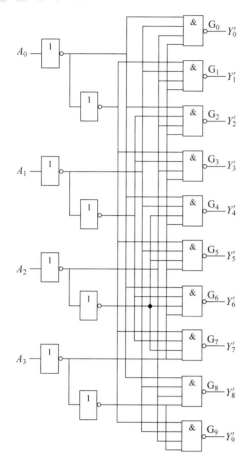

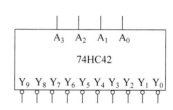

图 4-25　二-十进制译码器 74HC42 的内部逻辑图　　图 4-26　二-十进制译码器 74HC42 的逻辑框图

表 4-9　二-十进制译码器 74HC42 的真值表

序号	输　入				输　　　出									
	A_3	A_2	A_1	A_0	Y_0'	Y_1'	Y_2'	Y_3'	Y_4'	Y_5'	Y_6'	Y_7'	Y_8'	Y_9'
0	0	0	0	0	0	1	1	1	1	1	1	1	1	1
1	0	0	0	1	1	0	1	1	1	1	1	1	1	1
2	0	0	1	0	1	1	0	1	1	1	1	1	1	1
3	0	0	1	1	1	1	1	0	1	1	1	1	1	1
4	0	1	0	0	1	1	1	1	0	1	1	1	1	1
5	0	1	0	1	1	1	1	1	1	0	1	1	1	1
6	0	1	1	0	1	1	1	1	1	1	0	1	1	1
7	0	1	1	1	1	1	1	1	1	1	1	0	1	1
8	1	0	0	0	1	1	1	1	1	1	1	1	0	1
9	1	0	0	1	1	1	1	1	1	1	1	1	1	0
伪码	1	0	1	0	1	1	1	1	1	1	1	1	1	1
	1	0	1	1	1	1	1	1	1	1	1	1	1	1
	1	1	0	0	1	1	1	1	1	1	1	1	1	1
	1	1	0	1	1	1	1	1	1	1	1	1	1	1
	1	1	1	0	1	1	1	1	1	1	1	1	1	1
	1	1	1	1	1	1	1	1	1	1	1	1	1	1

由表 4-9 可以看出,74HC42 能够将输入的 BCD 代码 0000 译成 Y_0' 输出的低电平,同时其他输出端均为高电平;将输入的 BCD 代码 0001 译成 Y_1' 输出的低电平,同时其他输出端均为高电平;以此类推,将输入的 BCD 代码 1001 译成 Y_9' 输出的低电平,同时其他输出端均为高电平。对于 BCD 代码以外的伪码,即 1010～1111 这 6 个代码,输出 Y_0'～Y_9' 均无低电平信号产生,译码器拒绝译码。所以,该译码器具有拒绝伪码的功能。

3. 显示译码器

在各种数字系统中,往往需要以十进制数码直观地显示系统的运行数据。这时就要用到数码显示器。目前广泛使用的是七段字符显示器,由七段可发光的线段拼合而成,也称为七段数码管。常见的七段字符显示器有半导体数码管和液晶显示器两种。用于驱动数码显示器的译码器称为显示译码器。

七段半导体数码管由七段独立的发光二极管(light emitting diode,LED)组成。通过控制这七段独立的发光二极管点亮或熄灭,实现对 0～9 这 10 个不同数字的显示。在一些半导体数码管产品中,还在右下角处增设了一个小数点,形成了所谓八段数码管。如图 4-27(a) 所示为八段半导体数码管的外形图。通过控制 a～g 段发光二极管的点亮或熄灭,可以显示 0～9 这 10 个不同的数字,例如点亮 a、b、c、d、g 这 5 段,即可显示数字 3;通过控制 DP 段发光二极管点亮,可以显示小数点。

半导体数码管中的七段或八段发光二极管之间有共阴极和共阳极两种连接方式,分别如图 4-27(b) 和图 4-27(c) 所示。对于共阴极连接的数码管来说,所有发光二极管的阴极都连接在一起,统一与地相连,所以要想使某段发光二极管点亮,就需使该段发光二极管的阳极接高电平。对于共阳极连接的数码管来说,所有发光二极管的阳极都连接在一起,统一与电源相连,所以要想使某段发光二极管点亮,就需使该段发光二极管的阴极接低电平。为了增加使用的灵活性,同一规格的数码管产品一般都有共阴极和共阳极两种类型可供选择。

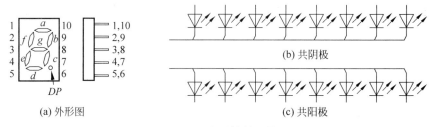

(a) 外形图　　　　　　　　　　　　　　　　(c) 共阳极

图 4-27　半导体数码管

半导体数码管具有响应速度快(一般不超过 $0.1\mu s$)、亮度比较高、工作电压低(一般 1.5～3V)、体积小、寿命长、工作可靠等优点;它的缺点是工作电流比较大,每段的工作电流在 10mA 左右。

另一种常见的七段字符显示器是液晶显示屏(liquid crystal display,LCD)。液晶显示屏的最大优点是功耗极小,每平方厘米的功耗在 $1\mu W$ 以下。同时,它的工作电压也很低,在 1V 以下也能工作;它的缺点是亮度差(靠反射外界光线显示字形)、响应时间较长(10～200ms)。

液晶显示屏显示字符需要在显示屏的两个电极上加以数十到数百赫[兹]的交变电压。

对交变电压的控制可以用异或门实现，电路如图 4-28 所示。其中，V_i 是外加的固定频率的对称方波电压。当 $A=0$ 时，LCD 两个电极间的电压 $V_L=0$，显示屏不工作；当 $A=1$ 时，LCD 两个电极间的电压 V_L 为幅度等于两倍 V_i 的对称方波，显示屏工作。

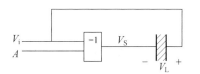

图 4-28　用异或门驱动液晶显示屏电路

半导体数码管和液晶显示屏都可以用 TTL 或 CMOS 集成电路直接驱动。所以，只需使用显示译码器将 BCD 代码译成数码管所需的驱动信号，就可以应用半导体数码管或液晶显示屏直观地显示十进制数码。

接下来，考虑设计一个能够驱动七段半导体数码管的显示译码器。显示译码器的输入为 BCD 代码，用 A_3、A_2、A_1、A_0 表示；输出为驱动七段 LED 显示的 7 个变量，分别用 Y_a、Y_b、Y_c、Y_d、Y_e、Y_f、Y_g 表示。规定用 1 表示数码管中线段点亮，用 0 表示数码管中线段熄灭。根据 BCD 代码与对应的显示字形的要求列真值表，如表 4-10 所示。表 4-10 中还规定了输入为 1010~1111 这 6 种状态下显示的字形。

表 4-10　BCD-七段显示译码器的真值表

| 输　　入 | | | | | 输　　出 | | | | | | | |
数字	A_3	A_2	A_1	A_0	Y_a	Y_b	Y_c	Y_d	Y_e	Y_f	Y_g	字形
0	0	0	0	0	1	1	1	1	1	1	0	0
1	0	0	0	1	0	1	1	0	0	0	0	1
2	0	0	1	0	1	1	0	1	1	0	1	2
3	0	0	1	1	1	1	1	1	0	0	1	3
4	0	1	0	0	0	1	1	0	0	1	1	4
5	0	1	0	1	1	0	1	1	0	1	1	5
6	0	1	1	0	0	0	1	1	1	1	1	b
7	0	1	1	1	1	1	1	0	0	0	0	7
8	1	0	0	0	1	1	1	1	1	1	1	8
9	1	0	0	1	1	1	1	0	0	1	1	9
10	1	0	1	0	0	0	0	1	1	0	1	c
11	1	0	1	1	0	0	1	1	0	0	1	⊃
12	1	1	0	0	0	1	0	0	0	1	1	u
13	1	1	0	1	0	1	1	0	1	0	1	c
14	1	1	1	0	0	0	0	0	0	0	0	t
15	1	1	1	1	0	0	0	0	0	0	0	

由表 4-10 可知，每个输入代码对应的输出不是某一个输出线上的高、低电平，而是另一个 7 位的代码。根据真值表列函数式，则得到由 7 个输出构成的多输出函数。这里直接画表示 $Y_a \sim Y_g$ 的卡诺图，得到图 4-29。

在卡诺图上采用"包围 0"的化简方法，如图 4-29 所示画包围圈，分别化简得到 $Y_a' \sim Y_g'$，然后再分别取反得到 $Y_a \sim Y_g$。

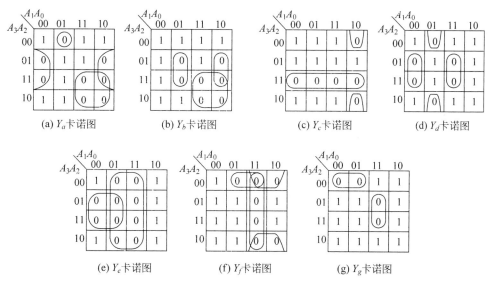

图 4-29 BCD-七段码显示译码器的卡诺图

$$
\begin{cases}
Y_a = (A'_3 A'_2 A'_1 A_0 + A_3 A_1 + A_2 A'_0)' \\
Y_b = (A_3 A_1 + A_2 A_1 A'_0 + A_2 A'_1 A_0)' \\
Y_c = (A_3 A_2 + A'_2 A_1 A'_0)' \\
Y_d = (A_2 A_1 A_0 + A_2 A'_1 A'_0 + A'_2 A'_1 A_0)' \\
Y_e = (A_2 A'_1 + A_0)' \\
Y_f = (A'_3 A'_2 A_0 + A'_2 A_1 + A_1 A_0)' \\
Y_g = (A'_3 A'_2 A'_1 + A_2 A_1 A_0)'
\end{cases}
\qquad (4\text{-}11)
$$

观察式(4-11),该函数式是与或非形式,可将其变换为

$$
\begin{cases}
Y_a = (A'_3 A'_2 A'_1 A_0)'(A_3 A_1)'(A_2 A'_0)' \\
Y_b = (A_3 A'_1)'(A_2 A_1 A'_0)'(A_2 A'_1 A_0)' \\
Y_c = (A_3 A_2)'(A'_2 A_1 A'_0)' \\
Y_d = (A_2 A_1 A_0)'(A_2 A'_1 A'_0)'(A'_2 A'_1 A_0)' \\
Y_e = (A_2 A'_1)' A'_0 \\
Y_f = (A'_3 A'_2 A_0)'(A'_2 A_1)'(A_1 A_0)' \\
Y_g = (A'_3 A'_2 A'_1)'(A_2 A_1 A_0)'
\end{cases}
\qquad (4\text{-}12)
$$

根据式(4-12),可以画出显示译码器的逻辑图。7448 是常用的 BCD-七段显示译码器,其内部逻辑图如图 4-30 所示。如果不考虑图中 LT'、RBI'、BI'/RBO' 这 3 个附加控制端及相应的附加控制电路,则 $Y_a \sim Y_g$ 与 $A_3 A_2 A_1 A_0$ 之间的逻辑电路与按照式(4-12)绘制的逻辑图一致。

BCD-七段显示译码器 7448 的逻辑框图如图 4-31 所示,有 BCD 代码输入 A_3、A_2、A_1、A_0,七段显示译码输出 Y_a、Y_b、Y_c、Y_d、Y_e、Y_f、Y_g,以及灯测试输入 LT'、灭零输入 RBI'、灭灯输入和灭零输出 BI'/RBO' 这 3 个附加控制端。附加控制电路用于扩展电路功能。下面分别介绍附加控制端的功能和使用。

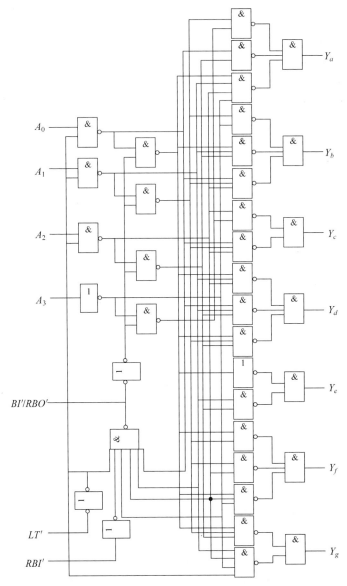

图 4-30 BCD-七段显示译码器 7448 的内部逻辑图

LT' 是灯测试输入端,低电平有效,用于测试数码管各段能否正常发光。当 $LT'=0$ 时,灯测试输入端有效,驱动数码管七段同时点亮,如果此时数码管显示数字 8,则表明该数码管各段能够正常工作;否则,表明数码管故障,不能正常显示。在使用过程中,仅在灯测试时令 LT' 有效,即将 LT' 端接低电平;测试通过后,数码管接入电路正常工作,应令 LT' 无效,即将 LT' 端接高电平。

RBI' 是灭零输入端,低电平有效,用于把不希望显示的零熄灭。例如,有一个 8 位的数码显示电路,整数部分和小数部分各 4 位,在显示 15.02 这个数时将呈现 0015.0200 字样。遇到这种情况,可能希望将前、后多余

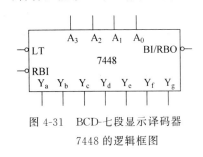

图 4-31 BCD-七段显示译码器
7448 的逻辑框图

的零熄灭,此时可以使用 RBI' 来实现熄灭不希望显示的零。当 $RBI'=0$ 时,灭零输入端有效,此时若输入 BCD 代码为 $A_3A_2A_1A_0=0000$,则数码管本应显示的零被灭掉;此时若输入 BCD 代码 $A_3A_2A_1A_0 \neq 0000$,则数码管正常显示。当 $RBI'=1$ 时,灭零输入端无效,此时若输入 BCD 代码为 $A_3A_2A_1A_0=0000$,数码管正常显示零。在使用过程中,如果希望将零熄灭,则令 RBI' 有效,即将 RBI' 端接低电平;如果不希望将零熄灭,则令 RBI' 无效,即将 RBI' 端接高电平。

BI'/RBO' 是灭灯输入/灭零输出端,均为低电平有效。此端口是一个双功能输入/输出端,既可以作为输入端使用,也可以作为输出端使用。作为输入端使用时,称为灭灯输入控制端 BI'。当 $BI'=0$ 时,灭灯输入端有效,无论输入 BCD 代码 $A_3A_2A_1A_0$ 为何值,数码管均无显示。作为输出端使用时,称为灭零输出端 RBO'。只有当灭零输入端 $RBI'=0$,且输入 BCD 代码为 $A_3A_2A_1A_0=0000$ 时,灭零输出端 RBO' 才输出低电平,表明电路处于灭零状态。在使用过程中,往往将灭零输出端 RBO' 和灭零输入端 RBI' 配合使用,用于实现有灭零控制的多位数码显示系统。

用 7448 可以直接驱动共阴极的七段半导体数码管,其驱动电路如图 4-32 所示。

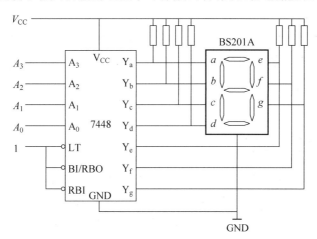

图 4-32　用 7448 驱动共阴极数码管 BS201A 的驱动电路

【例 4.7】　设计一个有灭零控制的 8 位数码显示电路,整数部分和小数部分各 4 位,要求显示时至少保留小数点后 1 位。

解:对于整数部分,最高位如果为零,则一定要熄灭。所以,应使最高位的灭零输入端有效,即令其 RBI' 端接低电平。次高位如果为零,则其是否要熄灭取决于最高位。如果最高位是零,次高位的零也需熄灭;如果最高位不是零,次高位的零不能熄灭。所以,次高位的灭零输入端 RBI' 应接最高位的灭零输出端 RBO'。这样,如果最高位是零,由于其灭零输入端已经接低电平,最高位的零一定熄灭,同时其灭零输出端会输出一个低电平。该低电平正好送给次高位的灭零输入端,使次高位的灭零输入端有效。如果此时次高位也是零,那么这个零也将熄灭;如果此时次高位不是零,则正常显示。如果最高位不是零,则其灭零输出端输出一个高电平。该高电平接到次高位的灭零输入端,次高位的灭零输入端无效。以此类推,每位的灭零输入端都连接其高一位的灭零输出端,直至十位。个位的零一定不能熄灭,所以个位的灭零输入端接高电平。

对于小数部分,最低位如果为零,则一定要熄灭。所以,应使最低位的灭零输入端有效,即令其 RBI' 端接低电平。次低位如果为零,则其是否要熄灭取决于最低位。如果最低位是零,次低位的零也需熄灭;如果最低位不是零,次低位的零不能熄灭。所以,次低位的灭零输入端 RBI' 应接最低位的灭零输出端 RBO'。这样,如果最低位是零,由于其灭零输入端已经接低电平,最低位的零一定熄灭,同时其灭零输出端会输出一个低电平。该低电平正好接到次低位的灭零输入端,使次低位的灭零输入端有效。如果此时次低位也是零,则这个零也将熄灭;如果此时次低位不是零,则正常显示。如果最低位不是零,则其灭零输出端输出一个高电平。该高电平接到次低位的灭零输入端,次低位的灭零输入端无效。以此类推,每位的灭零输入端都连接其低一位的灭零输出端,直至小数点后第 2 位。由于例 4.7 中要求保留小数点后一位,即小数点后第 1 位的零不能熄灭,所以应将小数点后第 1 位的灭零输入端接高电平。根据上述分析,该数码显示电路如图 4-33 所示。

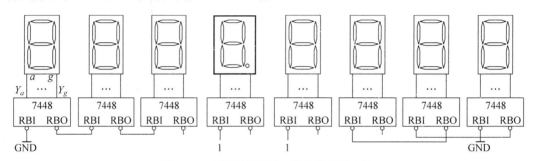

图 4-33　有灭零控制的 8 位数码显示电路

4.4.3　数据选择器

在数字信号的传输过程中,有时需要从一组输入数据中选出某个数据来,这时就要用到数据选择器。二选一数据选择器是在两个数据中选出一个,是最小的数据选择器。二选一数据选择器的逻辑图形符号如图 4-34 所示,SEL 是地址输入端,A、B 为数据输入端,数据选择器的功能就是根据地址输入端给出的地址,将对应的数据传送到输出端 Y。二选一数据选择器的真值表如表 4-11 所示。

表 4-11　二选一数据选择器的真值表

SEL	A	B	Y
0	0	0	0
0	0	1	1
0	1	0	0
0	1	1	1
1	0	0	0
1	0	1	0
1	1	0	1
1	1	1	1

由表 4-11 可知,二选一数据选择器的函数式为

$$Y = SEL \cdot A + SEL' \cdot B \tag{4-13}$$

根据式(4-13)可以画出二选一数据选择器的逻辑图,如图 4-35 所示。

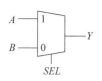

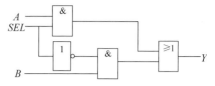

图 4-34 二选一数据选择器的逻辑图形符号   图 4-35 二选一数据选择器逻辑图

四选一数据选择器是从 4 个输入数据中选出指定的 1 个数据送到输出端。下面以双四选一数据选择器 74HC153 为例,分析它的工作原理。图 4-36 是双四选一数据选择器 74HC153 的内部逻辑图。

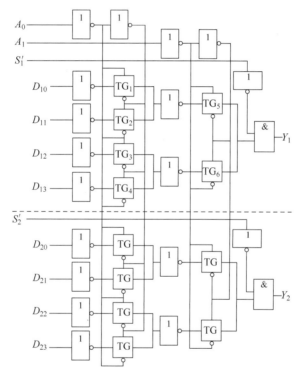

图 4-36 双四选一数据选择器 74HC153 的内部逻辑图

双四选一数据选择器包含两个完全相同的四选一数据选择器。由图 4-36 可见,虚线上下为两个数据选择器,这两个数据选择器有公共的地址输入端 A_1 和 A_0,通过给定不同的地址代码 A_1A_0,即可从 4 个输入数据中选出指定的一个并送到输出端 Y。两个数据选择器各自有独立的数据输入端和输出端,虚线上方数据选择器的输入端为 D_{10}、D_{11}、D_{12}、D_{13},数据输出端为 Y_1;虚线下方数据选择器的输入端为 D_{20}、D_{21}、D_{22}、D_{23},数据输出端为 Y_2。图 4-36 中的 S_1' 和 S_2' 是附加控制端,控制两个数据选择器是否工作,用于控制电路工作状态和扩展电路功能。

观察图 4-36 中虚线上方电路,当 $A_0 = 0$ 时,传输门 TG_1 和 TG_3 导通,而 TG_2 和 TG_4 截止;当 $A_0 = 1$ 时,TG_1 和 TG_3 截止,而 TG_2 和 TG_4 导通。同理,当 $A_1 = 0$ 时,TG_5 导通,而 TG_6 截止;当 $A_1 = 1$ 时,TG_5 截止,而 TG_6 导通。因此,在 A_1A_0 的状态确定以后,D_{10}、

D_{11}、D_{12}、D_{13} 当中只有一个能通过两级导通的传输门到达输出端 Y_1。例如,当 $A_1A_0=10$ 时,第 1 级传输门中 TG_1 和 TG_3 导通,第 2 级传输门中 TG_6 导通,只有 D_{12} 端的输入数据能够通过导通的传输门 TG_3 和 TG_6 到达输出端 Y_1。

输出逻辑函数式为

$$Y_1 = [D_{10}(A_1'A_0') + D_{11}(A_1'A_0) + D_{12}(A_1A_0') + D_{13}(A_1A_0)] \cdot S_1 \tag{4-14}$$

式(4-14)还表明当 $S_1'=0$ 时,数据选择器工作;当 $S_1'=1$ 时,数据选择器输出端被锁定为低电平,数据选择器不工作。

图 4-36 中虚线下方的数据选择器与虚线上方的功能完全相同,这里不再赘述。根据式(4-14)可以列出双四选一数据选择器 74HC153 其中一个数据选择器的真值表,如表 4-12 所示。双四选一数据选择器 74HC153 的逻辑框图如图 4-37 所示。

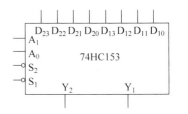

图 4-37　双四选一数据选择器 74HC153 的逻辑框图

表 4-12　74HC153 其中一个数据选择器的真值表

S_1'	A_1	A_0	Y_1
1	$\times$	$\times$	0
0	0	0	D_{10}
0	0	1	D_{11}
0	1	0	D_{12}
0	1	1	D_{13}

【**例 4.8**】　试用 1 个双四选一数据选择器 74HC153 接成 1 个八选一数据选择器。

解:对于四选一数据选择器来说,要从 4 个数据中选出 1 个数据,所以需要有 4 个数据输入端和 1 个数据输出端,每个输入端都有与之对应的地址,因此需要 4 个地址,而 2 个地址输入端正好提供 4 个地址。由此可以推出,对于 2^n 选一数据选择器来说,应具有 2^n 个数据输入端、1 个数据输出端、n 个地址输入端。

因此,八选一数据选择器应具有 8 个数据输入端、1 个数据输出端、3 个地址输入端。由于 1 个四选一数据选择器有 4 个数据输入端,所以需要用两个四选一数据选择器来接成 1 个八选一数据选择器。每个四选一数据选择器只有两个地址输入端,所以需要通过附加控制端 S_1' 和 S_2' 扩展 1 个地址输入端 A_2。当 $A_2=0$ 时,令第 1 个四选一数据选择器工作,第 2 个四选一数据选择器不工作;当 $A_2=1$ 时,令第 1 个四选一数据选择器不工作,第 2 个四选一数据选择器工作。由于 74HC153 中的两个四选一数据选择器是在 A_2 控制下交替工作的,一个四选一数据选择器工作时,另一个四选一数据选择器的输出端被锁定为低电平。因此,可以将两个数据选择器的输出端 Y_1 和 Y_2 通过或运算作为八选一数据选择器的数据输出端。

根据以上分析,用双四选一数据选择器 74HC153 接成八选一数据选择器的电路如图 4-38 所示。

【**例 4.9**】　试用四选一数据选择器实现组合逻辑函数 $Z=AB+BC+CA$。

解:四选一数据选择器的输出函数式为

$$Y_1 = D_{10}(A_1'A_0') + D_{11}(A_1'A_0) + D_{12}(A_1A_0') + D_{13}(A_1A_0)$$

令 $A=A_1$、$B=A_0$，代入待求函数式 $Z=AB+BC+CA$，可得

$$Z=AB+BC+CA=A_1A_0+A_0C+CA_1$$
$$=A_1A_0+A_1A_0C+A_1'A_0C+CA_1A_0+CA_1A_0'$$
$$=0\cdot A_1'A_0'+C\cdot A_1'A_0+C\cdot A_1A_0'+(1+C)\cdot A_1A_0$$
$$=0\cdot A_1'A_0'+C\cdot A_1'A_0+C\cdot A_1A_0'+1\cdot A_1A_0$$

对照四选一数据选择器的输出函数式，令 $Z=Y_1$、$D_{10}=0$、$D_{11}=C$、$D_{12}=C$、$D_{13}=1$，连接电路如图 4-39 所示。

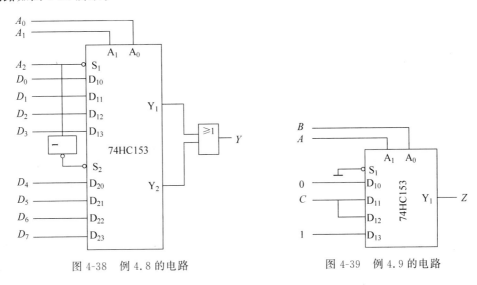

图 4-38　例 4.8 的电路　　　　　图 4-39　例 4.9 的电路

【例 4.10】　分析图 4-39 所示的由数据选择器 74HC153 构成的组合电路的逻辑功能。

解：四选一数据选择器的输出函数式为

$$Y_1=D_{10}(A_1'A_0')+D_{11}(A_1'A_0)+D_{12}(A_1A_0')+D_{13}(A_1A_0)$$

根据图 4-39 可得

$$\begin{cases}A_1=A\\A_0=B\\D_{10}=0\\D_{11}=C\\D_{12}=C\\D_{13}=1\\Y_1=Z\end{cases}$$

将其代入四选一数据选择器的输出函数式，可得

$$Z=0\cdot(A'B')+C(A'B)+C(AB')+1\cdot(AB)=AB+A'BC+AB'C$$

化简得

$$Z=AB+BC+CA \tag{4-15}$$

列式(4-15)的真值表，如表 4-13 所示。

由表 4-13 可以看出，该电路为三人表决电路，当输入有两个或两个以上为 1 时，输出为 1；否则，输出为 0。

表 4-13　例 4.10 的真值表

A	B	C	Z
0	0	0	0
0	0	1	0
0	1	0	0
0	1	1	1
1	0	0	0
1	0	1	1
1	1	0	1
1	1	1	1

4.4.4　加法器

两个二进制数之间的算术运算,无论是加、减、乘、除,在数字计算机中都是化作若干步的加法运算进行的。加法器是能够实现二进制数加法运算的电路,是构成算术运算器的基本单元。

两个 n 位二进制数相加时,首先是最低位的两个二进制数相加,得到本位和以及向相邻高位的进位。最低位相加时,没有来自低位的进位,只是两个加数相加,这种不考虑进位直接把两个 1 位二进制数相加的运算,称为半加运算。实现半加运算的电路,称为半加器(half adder)。

除了最低位以外,其余各位相加时都要考虑来自相邻低位的进位,也就是说两个加数和来自低位的进位总计 3 个数一起相加,得到本位和以及向相邻高位的进位。这种考虑来自低位的进位,把两个加数和来自低位的进位一起相加的运算,称为全加运算。实现全加运算的电路,称为全加器(full adder)。

1. 半加器

用 A、B 表示两个 1 位二进制数,作为半加器的输入；用 S 表示相加的和,用 CO 表示向高位的进位,它们作为半加器的输出。按照二进制加法运算的规则,可以列出半加器的真值表如表 4-14 所示。

表 4-14　半加器的真值表

A	B	S	CO
0	0	0	0
0	1	1	0
1	0	1	0
1	1	0	1

根据表 4-14,列出半加器的输出函数式为

$$\begin{cases} S = A'B + AB' = A \oplus B \\ CO = AB \end{cases} \tag{4-16}$$

根据式(4-16),半加器由一个异或门和一个与门组成,可以画出其逻辑图如图 4-40(a)所示,图 4-40(b)为半加器的逻辑图形符号。

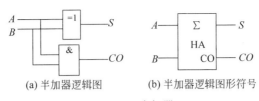

(a) 半加器逻辑图　　　(b) 半加器逻辑图形符号

图 4-40　半加器

2. 全加器

用 A、B 表示两个 1 位二进制数,用 CI 表示来自低位的进位,它们作为全加器的输入;用 S 表示相加的和,用 CO 表示向高位的进位,它们作为全加器的输出。按照二进制加法运算的规则,可以列出全加器的真值表如表 4-15 所示。

表 4-15　全加器的真值表

CI	A	B	S	CO
0	0	0	0	0
0	0	1	1	0
0	1	0	1	0
0	1	1	0	1
1	0	0	1	0
1	0	1	0	1
1	1	0	0	1
1	1	1	1	1

根据表 4-15,画出如图 4-41 所示的 S 和 CO 的卡诺图,采用包围 0 再求反的化简方法得

$$\begin{cases} S = (A'B'CI' + AB'CI + A'BCI + ABCI')' \\ CO = (A'B' + B'CI' + A'CI')' \end{cases} \tag{4-17}$$

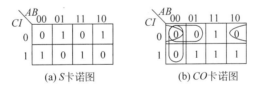

(a) S 卡诺图　　　(b) CO 卡诺图

图 4-41　全加器的卡诺图

根据式(4-17),可以画出其逻辑图如图 4-42(a)所示,图 4-42(b)为全加器的逻辑图形符号。中规模集成 1 位全加器 74HC183 是双全加器,集成了两个完全相同的 1 位全加器,全加器的内部逻辑电路与图 4-42(a)所示逻辑图一致。

3. 多位加法器

1 位全加器只能够实现两个 1 位二进制数相加。要想实现两个 n 位二进制数相加,就需要 n 个 1 位全加器。依次将低位全加器的进位输出端 CO 接到高位全加器的进位输入端 CI,就构成了串行进位多位加法器。

图 4-43 是串行进位的 4 位加法器电路。显然,每位的相加结果都必须等到低一位的进位产生以后才能获得。串行进位加法器最大的缺点是运算速度慢。对于 4 位加法器,在最不利的情况下,做一次加法运算需要经过 4 个全加器的传输延迟时间才能得到稳定可靠的运算结果。但串行进位加法器的电路结构比较简单,仍可应用在对运算速度要求不高的数

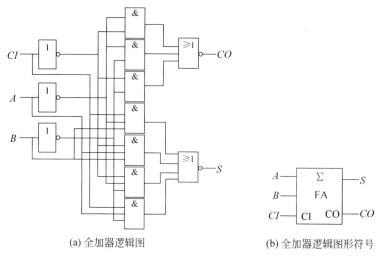

(a) 全加器逻辑图　　　　　(b) 全加器逻辑图形符号

图 4-42　全加器

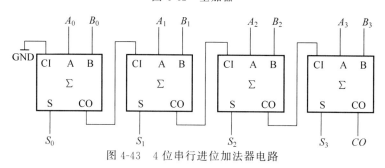

图 4-43　4 位串行进位加法器电路

字系统或设备中。

为了提高运算速度,可以采用超前进位加法器。超前进位加法器通过逻辑电路事先得出每位全加器的进位输入信号,而无须再从最低位开始向高位逐位传递进位信号,这就有效地提高了运算速度。超前进位加法器也称为快速进位加法器。

下面具体分析超前进位加法器中超前进位信号的产生原理。观察表 4-15 所示的全加器的真值表,发现在两种情况下全加器会有进位输出信号产生。第 1 种情况是两个加数均为 1,即 $AB=1$ 时,进位输出信号 $CO=1$;第 2 种情况是两个加数有一个为 1,同时来自低位的进位输入也为 1,即 $A+B=1$ 且 $CI=1$ 时,进位输出信号 $CO=1$。那么,在多位加法运算中,两个加数的第 i 位相加产生的进位输出 $(CO)_i$ 可以表示为

$$(CO)_i = A_iB_i + (A_i + B_i)(CI)_i \tag{4-18}$$

定义进位生成函数 G_i 和进位传送函数 P_i 为

$$\begin{cases} G_i = A_iB_i \\ P_i = A_i + B_i \end{cases} \tag{4-19}$$

第 i 位的进位输入来自第 $(i-1)$ 位的进位输出,即 $(CI)_i = (CO)_{i-1}$,则由式(4-18)和式(4-19)可得

$$\begin{aligned} (CI)_{i+1} = (CO)_i &= G_i + P_i(CI)_i \\ &= G_i + P_i(G_{i-1} + P_{i-1}(CI)_{i-1}) \\ &= G_i + P_iG_{i-1} + P_iP_{i-1}(G_{i-2} + P_{i-2}(CI)_{i-2}) \\ &\qquad\qquad \vdots \\ &= G_i + P_iG_{i-1} + P_iP_{i-1}G_{i-2} + \cdots + P_iP_{i-1}\cdots P_1G_0 + P_iP_{i-1}\cdots P_0(CI)_0 \end{aligned} \tag{4-20}$$

由全加器的真值表可以写出第 i 位的本位和 S_i 为

$$S_i = A_i B_i'(CI)_i' + A_i' B_i (CI)_i' + A_i' B_i'(CI)_i + A_i B_i (CI)_i$$
$$= (A_i B_i' + A_i' B_i)(CI)_i' + (A_i' B_i' + A_i B_i)(CI)_i$$
$$= (A_i \oplus B_i)(CI)_i' + (A_i \oplus B_i)'(CI)_i$$
$$= A_i \oplus B_i \oplus (CI)_i \tag{4-21}$$

根据式(4-20)和式(4-21)构成的 4 位超前进位加法器 74HC283 的内部逻辑图如图 4-44 所示。由图 4-44 可以看出,从两个加数送到输入端到完成加法运算只需三级门电路的传输

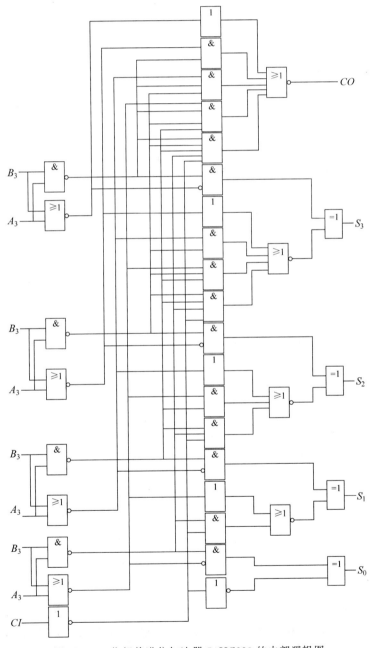

图 4-44 4 位超前进位加法器 74HC283 的内部逻辑图

延迟时间,而获得进位输出信号仅需一级反向器和一级与或非门的传输延迟时间。然而必须指出,运算时间得以缩短是用增加电路复杂程度的代价换取的。当加法器的位数增加时,电路的复杂程度也随之急剧上升。74HC283 的逻辑框图如图 4-45 所示。

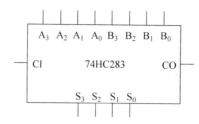

图 4-45　4 位超前进位加法器 74HC283 的逻辑框图

4.4.5　数值比较器

数值比较器是用来比较两个二进制数的数值大小的逻辑功能电路。

1. 1 位数值比较器

1 位数值比较器用来比较两个 1 位二进制数的大小。考虑分别用 A、B 表示两个 1 位二进制数作为比较器的输入,分别用 $Y_{(A<B)}$、$Y_{(A=B)}$、$Y_{(A>B)}$ 表示比较结果作为比较器的输出。分析数值比较器的功能可以得到如表 4-16 所示的真值表。

表 4-16　1 位数值比较器的真值表

A	B	$Y_{(A<B)}$	$Y_{(A=B)}$	$Y_{(A>B)}$
0	0	0	1	0
0	1	1	0	0
1	0	0	0	1
1	1	0	1	0

由表 4-16 写出 1 位数值比较器的函数式为

$$\begin{cases} Y_{(A<B)} = A'B \\ Y_{(A=B)} = A'B' + AB \\ Y_{(A>B)} = AB' \end{cases} \tag{4-22}$$

根据式(4-22)可以得到 1 位数值比较器的逻辑图如图 4-46 所示。

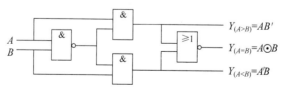

图 4-46　1 位数值比较器逻辑图

2. 多位数值比较器

比较两个多位数的大小,需自高而低逐位进行比较,而且只有在高位相等时才需要比较低位。例如,A、B 是两个 4 位二进制数 $A_3A_2A_1A_0$ 和 $B_3B_2B_1B_0$,进行比较时应首先比较 A_3 和 B_3。如果 $A_3>B_3$,那么不管其他几位数码各为何值,肯定是 $A>B$。反之若 $A_3<$

B_3,则不管其他几位数码各为何值,肯定是 $A<B$。如果 $A_3=B_3$,这时就必须通过比较下一位 A_2 和 B_2 来判断 A 和 B 的大小了。以此类推,得到最终的比较结果。

根据以上分析,可以得到多位数值比较结果 $Y_{(A>B)}$、$Y_{(A<B)}$ 和 $Y_{(A=B)}$ 的函数式。

$$Y_{(A>B)}=A_3B'_3+(A_3\odot B_3)A_2B'_2+(A_3\odot B_3)(A_2\odot B_2)A_1B'_1+$$
$$(A_3\odot B_3)(A_2\odot B_2)(A_1\odot B_1)A_0B'_0+$$
$$(A_3\odot B_3)(A_2\odot B_2)(A_1\odot B_1)(A_0\odot B_0)I_{(A>B)} \tag{4-23}$$

$$Y_{(A<B)}=A'_3B_3+(A_3\odot B_3)A'_2B_2+(A_3\odot B_3)(A_2\odot B_2)A'_1B_1+ \tag{4-24}$$
$$(A_3\odot B_3)(A_2\odot B_2)(A_1\odot B_1)A'_0B_0+$$
$$(A_3\odot B_3)(A_2\odot B_2)(A_1\odot B_1)(A_0\odot B_0)I_{(A<B)} \tag{4-25}$$

$$Y_{(A<B)}=(A_3\odot B_3)(A_2\odot B_2)(A_1\odot B_1)(A_0\odot B_0)I_{(A=B)}$$

式(4-23)~式(4-25)中的 $I_{(A>B)}$、$I_{(A<B)}$ 和 $I_{(A=B)}$ 是来自低位的比较结果。当没有来自低位的比较结果时,应令 $I_{(A>B)}=I_{(A<B)}=0,I_{(A=B)}=1$。图 4-47 是中规模集成 4 位数值比较器 74HC85 的内部逻辑图,图 4-48 是 74HC85 的逻辑框图。

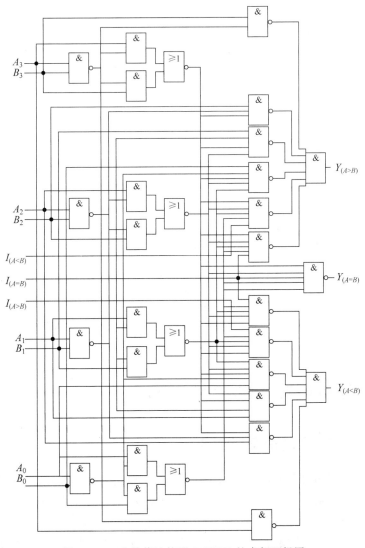

图 4-47 4 位数值比较器 74HC85 的内部逻辑图

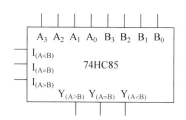

图 4-48　4 位数值比较器 74HC85 的逻辑框图

利用 $I_{(A>B)}$、$I_{(A<B)}$ 和 $I_{(A=B)}$ 这 3 个输入端,可以将两片以上的 74HC85 级联,组成位数更多的数值比较器电路。

【例 4.11】　试用两片 4 位数值比较器 74HC85 实现两个 8 位二进制数的数值比较。

解:设待比较的两个 8 位二进制数分别为 $C_7C_6C_5C_4C_3C_2C_1C_0$ 和 $D_7D_6D_5D_4D_3D_2D_1D_0$,用第(1)片 74HC85 实现高 4 位 $C_7C_6C_5C_4$ 和 $D_7D_6D_5D_4$ 的比较,用第(2)片实现低 4 位 $C_3C_2C_1C_0$ 和 $D_3D_2D_1D_0$ 的比较。

由式(4-23)～式(4-25)可以看出,比较从高位到低位逐位进行,只有当高 4 位数相等时,输出才取决于来自低位的比较结果 $I_{(A>B)}$、$I_{(A<B)}$ 和 $I_{(A=B)}$。因此,第(1)片 74HC85 的 $I_{(A>B)}$、$I_{(A<B)}$ 和 $I_{(A=B)}$ 应来自对应的第(2)片 74HC85 的比较输出。对于第(2)片 74HC85,没有来自更低位的比较结果,应令 $I_{(A>B)}=I_{(A<B)}=0$,$I_{(A=B)}=1$。

综上所述,可以得到如图 4-49 所示的 8 位数值比较器电路。

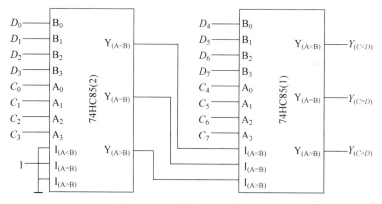

图 4-49　8 位数值比较器电路

4.5　组合逻辑电路中的竞争-冒险

4.5.1　竞争-冒险现象的产生

在前面章节介绍的组合逻辑电路的分析和设计,都是在输入输出处于稳定的逻辑电平下进行的。为了保证系统工作的可靠性,有必要再观察当输入信号逻辑电平发生变化的瞬间电路的工作情况。

下面来看两个简单的例子。在图 4-50(a)所示的与门电路中,在稳定状态下,无论 $A =$

1、$B=0$ 还是 $A=0$、$B=1$,输出皆为 $Y=0$。但是,在输入信号 A 从 1 跳变为 0 时,如果 B 从 0 跳变为 1,而且 B 首先上升到 $V_{IL(max)}$ 以上,这样在极短的时间 Δt 内将出现 A、B 同时高于 $V_{IL(max)}$ 的状态,于是便在门电路的输出端产生了极窄的 $Y=1$ 的尖峰脉冲,或称为电压毛刺,如图 4-50(b) 所示。显然,这个尖峰脉冲不符合门电路稳态下的逻辑功能,因而它是系统内部的一种噪声。

在图 4-51(a) 所示的或门电路中,在稳定状态下,无论 $A=1$、$B=0$ 还是 $A=0$、$B=1$,输出皆为 $Y=1$。但如果 A 从 1 跳变为 0 的时刻和 B 从 0 跳变为 1 的时刻略有差异,而且在 A 下降到 $V_{IH(min)}$ 时 B 尚未上升到 $V_{IH(min)}$,则在极短的时间 Δt 内将出现 A、B 同时低于 $V_{IH(min)}$ 的状态,在门电路的输出端产生极窄的 $Y=0$ 的尖峰脉冲,如图 4-51(b) 所示。这个尖峰脉冲同样是不符合门电路稳态下逻辑功能的噪声。

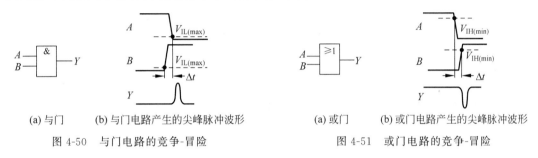

| (a) 与门 | (b) 与门电路产生的尖峰脉冲波形 | (a) 或门 | (b) 或门电路产生的尖峰脉冲波形 |

图 4-50 与门电路的竞争-冒险　　　　　图 4-51 或门电路的竞争-冒险

将门电路的两个输入信号同时向相反的逻辑电平跳变的现象称为竞争。需要指出的是,有竞争现象时不一定就会产生尖峰脉冲。在图 4-50(a) 所示的与门电路中,如果 B 上升到 $V_{IL(max)}$ 时,A 已经降到了 $V_{IL(max)}$ 以下,就不会产生尖峰脉冲。同样地,在图 4-51(b) 所示的或门电路中,如果 A 下降到 $V_{IH(min)}$ 以前,B 已经上升到 $V_{IH(min)}$,也不会产生尖峰脉冲。

考虑复杂数字系统中的与门电路和或门电路,往往输入信号 A、B 是经过不同的传播途径到达的。那么,很难准确知道 A、B 信号到达次序的先后,以及它们在上升时间和下降时间上的细微差异。因此,只能认为存在竞争现象,就有可能出现违背稳态下逻辑关系的尖峰脉冲。由于竞争而在电路输出端可能产生尖峰脉冲的现象就称为竞争-冒险。

如图 4-52 所示的电路和电压波形,在稳定状态下,输出 Y_0 和 Y_3 都应为 0。然而,由于 G_4 门和 G_5 门的传输延迟时间不同,在 AB 从 10 跳变为 01 的过程中,Y_0 端将产生尖峰脉

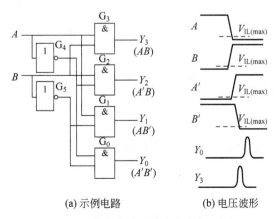

| (a) 示例电路 | (b) 电压波形 |

图 4-52 数字电路系统中的竞争-冒险

冲。此外，由于 A、B 在变化过程中达到 $V_{\text{IL(max)}}$ 的时刻不同，Y_3 端也将产生尖峰脉冲。如果该电路的负载是一个对尖峰脉冲敏感的电路，这种尖峰脉冲可能造成负载电路发生误动作。因此，在设计电路时应采取措施避免产生尖峰脉冲。

4.5.2　检查竞争-冒险现象的方法

实际电路中往往包含大量门电路，而且每个门电路的输入信号状态变化情况复杂，所以很难直接判断一个电路是否存在竞争-冒险现象。随着计算机辅助分析技术的发展，可以借助计算机从原理上检查复杂数字电路，通过在计算机上运行数字电路的模拟程序，能够迅速查出电路是否存在竞争-冒险现象。需要注意，用计算机软件模拟数字电路时，只能采用标准化的典型参数，有时还要做一些近似，所以得到的模拟结果有时和实际电路的工作状态会有出入。因而，在用计算机辅助分析手段检查电路之后，往往还需要通过实验的方法进行检验。用实验检查电路的输出端是否有因为竞争-冒险现象而产生的尖峰脉冲，才能最后确定电路是否存在竞争-冒险现象。

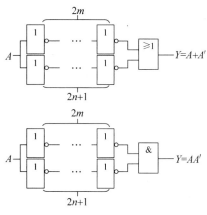

图 4-53　输入信号 A 经过
不同路径到达输出门的情况

在输入变量每次只有一个改变状态的简单情况下，可以通过逻辑函数式判断组合逻辑电路中是否存在竞争-冒险现象。如果输出端门电路的两个输入信号 A 和 A' 是输入变量 A 经过两个不同的传输路径而来的，如图 4-53 所示，那么当输入变量 A 的状态发生突变时，输出端便有可能产生尖峰脉冲。因此，只要输出端的逻辑函数在一定条件下能够化简为

$$Y = A + A' \quad \text{或} \quad Y = AA'$$

则可判定存在竞争-冒险现象。

【例 4.12】　试判断图 4-54 所示电路是否存在竞争-冒险现象，已知任何瞬间只可能有一个输入变量改变状态。

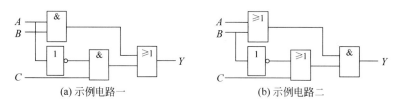

(a) 示例电路一　　　　　　　　　　(b) 示例电路二

图 4-54　例 4.12 的电路

解：如图 4-54(a) 所示电路的输出逻辑函数式为

$$Y = AB + A'C \tag{4-26}$$

当 $B = C = 1$ 时，式(4-26)可以转换为

$$Y = A + A'$$

所以，该电路存在竞争-冒险现象。

如图 4-54(b)所示电路的输出逻辑函数式为

$$Y = (A+B)(B'+C) \qquad (4\text{-}27)$$

当 $A=C=0$ 时,式(4-27)可以转换为

$$Y = BB'$$

所以,该电路也存在竞争-冒险现象。

4.5.3　消除竞争-冒险现象的方法

由于竞争-冒险现象在电路中产生的尖峰脉冲是电路中的噪声,需要设法消除。常用的消除方法有接入滤波电容、引入选通脉冲和修改逻辑设计。

1. 接入滤波电容

由于竞争-冒险产生的尖峰脉冲一般都非常窄,多在十几纳秒以内,因此只需在门电路的输出端并联一个很小的滤波电容 C_f,如图 4-55 所示,就可以将尖峰滤去。在 TTL 电路中,滤波电容的取值通常在几十至几百皮法范围内;在 CMOS 电路中,滤波电容的取值还可以更小些。接入滤波电容的方法的优点是简单易行,其缺点是增加了输出电压波形的上升时间和下降时间,使波形变差。

2. 引入选通脉冲

在电路中引入一个选通脉冲 p,如图 4-55 所示,选通脉冲 p 的高电平出现在电路到达稳定状态以后,所以每个门电路的输出端都不会出现尖峰脉冲。但是,由于选通脉冲的引入,门电路正常的输出信号也将变成脉冲信号,而它们的宽度与选通脉冲相同。引入选通脉冲的方法的优点是简单且不需增加电路元器件,但必须设法得到一个与输入信号同步的选通脉冲且对脉冲的宽度和作用的时间均有严格的要求。

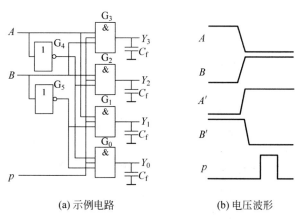

(a) 示例电路　　　　(b) 电压波形

图 4-55　接入滤波电容和引入选通脉冲消除竞争-冒险现象

3. 修改逻辑设计

以图 4-54(a)所示电路为例可得,它的输出逻辑函数为 $Y=AB+A'C$,在 $B=C=1$ 的条件下,可得 $Y=A+A'$,当 A 改变状态时存在竞争-冒险现象。如果对函数式是进行如下变换:

$$Y = AB + A'C = AB + A'C + BC$$

增加 BC 项以后,在 $B=C=1$ 时,不论 A 状态如何改变,输出始终为 $Y=1$,消除了竞争-冒险现象。由于 BC 项对函数 Y 而言是多余的,称为函数 Y 的冗余项。将这种修改逻辑设计的方法称为增加冗余项的方法。增加冗余项以后的电路如图 4-56 所示。

观察图 4-56 所示电路,如果 A 和 B 同时改变状态,即 AB 从 10 变为 01 时,电路仍然存在竞争-冒险现象。可见,增加冗余项的方法适用范围有限,仅消除了在 $B=C=1$ 时,A 状态改变引起的竞争-冒险。

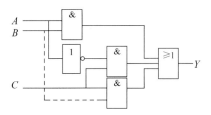

图 4-56   增加冗余项消除竞争-冒险现象电路

习题

习题 4.1   分析图 4-57 所示电路的逻辑功能,写出其输出的逻辑函数式,列出其真值表,并说明电路的逻辑功能。

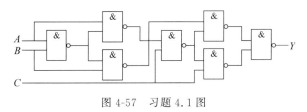

图 4-57   习题 4.1 图

习题 4.2   分析图 4-58 所示电路的逻辑功能,写出 Y_1、Y_2 的逻辑函数式,列出其真值表,并指出电路完成什么逻辑功能。

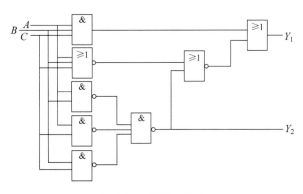

图 4-58   习题 4.2 图

习题 4.3   某建筑的储水罐由大、小两台水泵 M_L 和 M_S 供水,如图 4-59 所示。在储水罐中有 3 个水位检测传感器 A、B、C,当水面低于传感器器件时,传感器给出高电平;当水面高于传感器器件时,传感器给出低电平。在工作时,如果水位超过 C 点,则两个水泵都停止供水;如果水位低于 C 点而高于 B 点,则由 M_S 单独供水;如果水位低于 B 点而高于 A 点,则由 M_L 单独供水;如果水位低于 A 点,则两个水泵都开始供水。试设计一个控制两台水泵工作的逻辑电路。

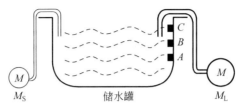

图 4-59 习题 4.3 图

习题 4.4 实验室有 D_1、D_2 两个故障指示灯,用来表示 3 台设备的工作情况,当只有一台设备有故障时 D_1 灯亮;若有两台设备发生故障时,D_2 灯亮;若 3 台设备都有故障时,则 D_1、D_2 灯都亮,试设计故障监测逻辑电路。

习题 4.5 交通信号灯由红、黄、绿 3 盏灯组成,在正常工作情况下,任何时刻都有且只有 1 盏灯亮。如果有多于 1 盏灯亮或是 3 盏灯都不亮,则表明该交通信号灯发生故障,需要进行维修。试设计一个交通信号灯工作状态的监视电路,当交通信号灯发生故障时,发出故障提醒信号。

习题 4.6 试用 4 片 8 线-3 线优先编码器 74HC148 组成 32 线-5 线优先编码器,并画出逻辑电路图。

习题 4.7 某公司有 4 部客服电话,编号分别是一、二、三、四;客服员控制台上有 4 个指示灯,分别对应 4 部电话。当一号电话呼入时,无论是否有其他电话呼入,只有一号灯亮;当一号电话没有呼入而二号电话呼入时,无论三、四号电话是否呼入,只有二号灯亮;当一、二号电话都没有呼入而三号电话呼入时,无论四号电话是否呼入,只有三号灯亮;只有当一、二、三号电话均没有呼入而四号电话呼入时,四号灯才亮。试用优先编码器 74HC148 和门电路设计满足上述控制要求的逻辑电路,控制 4 个指示灯点亮或熄灭。

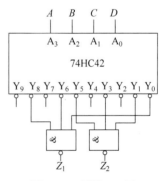

图 4-60 习题 4.8 图

习题 4.8 如图 4-60 所示由二-十进制译码器 74HC42 构成的电路,写出 Z_1、Z_2 的逻辑函数式,并化简为最简的与或表达式。

习题 4.9 试用 3 线-8 线译码器 74HC138 和门电路实现如下多输出逻辑函数,并画出逻辑电路图。

$$\begin{cases} Y_1 = A'C \\ Y_2 = A'BC' + AB'C + BC \\ Y_3 = B'C + A'BC \end{cases}$$

习题 4.10 用两个 4 选 1 数据选择器构成如图 4-61 所示的逻辑电路,试写出输出 Z 与输入 A、B、C、D 之间的逻辑函数式。已知数据选择器的逻辑函数式为 $Y=$

$$[D_0(A_1'A_0')+D_1(A_1'A_0)+D_2(A_1A_0')+D_3(A_1A_0)] \cdot S。$$

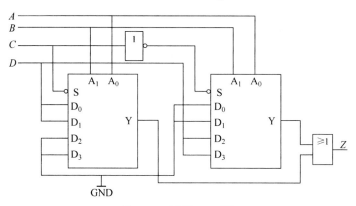

图 4-61 习题 4.10 图

习题 4.11 试用 4 选 1 数据选择器实现组合逻辑函数 $Y = A'BC + AC' + B'C$，并画出逻辑电路图。

习题 4.12 试用数据选择器设计一个逻辑电路，用 3 个开关控制 1 个灯，改变任何一个开关的状态都能控制灯由亮变灭或者由灭变亮。

习题 4.13 试用一片 4 位并行加法器 74HC283 将余 3 码转换成 8421BCD 码，并画出逻辑电路图。

习题 4.14 试用 4 位数值比较器 74HC85 组成 10 位数值比较器，并画出逻辑电路图。

第5章

触发器

本章学习目标

- 了解双稳态的概念与双稳态存储单元电路功能。
- 理解锁存器与触发器的特点。
- 掌握锁存器与触发器的结构、工作原理。
- 掌握各种锁存器与触发器逻辑功能的描述方式。

本章系统讲授构成时序逻辑电路的最基本部件——双稳态触发器,重点介绍各触发器的结构、工作原理、动作特点以及触发器从功能上的分类及相互间的转换。

首先从组成各类触发器的基本部分——SR 锁存器入手,介绍触发器的结构、逻辑功能、动作特点等,分别介绍了 JK 触发器、D 触发器、T 触发器、T' 触发器等,并给出了触发器的描述方程、状态转换表、状态转换图等。

重点讲述各触发器的功能表、逻辑图形符号、触发电平、状态方程的描述等。

5.1 概述

5.1.1 触发器的定义

第 4 章介绍了组合逻辑电路的分析和设计,组合逻辑电路的特点是没有记忆功能,即在任一时刻,电路的输出仅取决于该时刻的输入,与该电路原来的状态无关。本章开始讨论时序电路,该电路的特点是电路具有记忆功能,即任一时刻,电路的输出不仅取决于该时刻的输入,还与电路原来的状态有关。触发器就是能够实现记忆功能的器件,各种时序电路通常都是由触发器构成的。

触发器有两个能够保持的稳定状态(分别为 1 和 0),状态用 Q 和 Q' 表示。若输入不发生变化,触发器必定处于其中的某一个稳定状态,并且可以长期保持下去。在输入信号的作用下,触发器可以从一个稳定状态转换到另一个稳定状态,并再继续稳定下去,直到下一次输入发生变化,才可能再次改变状态。

5.1.2 触发器的分类

触发器的种类很多,可按以下几种方式进行分类。

根据晶体管性质分类,可将触发器分为双极型晶体管集成电路触发器和 MOS 型集成电路触发器。

根据存储数据的原理分类,可将触发器分为静态触发器(靠电路状态的自锁来存储数据)和动态触发器(通过在 MOS 管栅极输入电容上存储电荷来存储数据),本章只介绍静态触发器。

根据输入端是否有时钟脉冲分类,可将触发器分为基本触发器和时钟控制触发器。

根据电路结构的不同分类,可将触发器分为基本触发器、同步触发器、维持阻塞触发器、主从触发器、边沿触发器。

根据触发方式的不同分类,可将触发器分为电平触发器、主从触发器、边沿触发器。

根据逻辑功能的不同分类,可将触发器分为 SR 触发器、D 触发器、JK 触发器、T 触发器和 T' 触发器。

构成触发器的方式虽然很多,但构成各类触发器的基础都是基本 SR 锁存器。

时钟控制触发器按逻辑功能分为 5 种,它们的逻辑功能总结如下。

(1) SR 触发器具有保持、置 1、置 0 功能。

(2) JK 触发器具有保持、置 1、置 0 和计数功能。

(3) D 触发器具有置 1、置 0 功能。

(4) T 触发器具有保持、计数功能。

(5) T' 触发器只具有计数功能。

本章介绍静态触发器,按照触发方式先介绍基本 SR 锁存器,依次再介绍电平触发器、脉冲触发器和边沿触发器。

5.1.3　触发器的逻辑功能表示方法

触发器的描述方法基本上有 4 种:逻辑图、真值表(又称特性表或功能表)、特性方程(逻辑表达式)和波形图。

所谓特性方程,是指触发器的次态和当前输入变量及现态之间的逻辑关系式。其中,现态是指触发器在触发脉冲作用时刻之前的状态,也就是触发器原来的稳定状态,用 Q 表示;次态是指触发器在触发脉冲作用后新的稳定状态,用 Q^* 表示。现在状态和下一状态是相对于输入变化而言的,在某个时刻输入变化后电路进入的下一状态,对于下一次输入变化而言,就是触发器的现在状态。即下一状态是对某一时刻而言的,过了这个时刻就应看作现在状态。触发器的下一状态是它现在状态和输入信号(用 X 表示输入信号的集合)的函数,即 $Q^* = F(Q, X)$。

5.2　SR 锁存器

SR 锁存器是构成各种触发器的基础,有时也称为基本 SR 触发器,是最简单的一种触发器,无须触发信号,它的两个能够自行保持的稳定状态,是由输入端直接置 1 或置 0。

5.2.1　SR 锁存器的电路结构

SR 锁存器由两个与非门(也可用两个或非门)的输入和输出交叉连接而成,如图 5-1(a)所示,它有两个输入端 R' 和 S'(又称触发信号端),字母上的反号表示低电平有效;R' 为复位端,当 R' 有效时,Q 变为 0,故也称 R' 为置 0 端;S' 为置位端,当 S' 有效时,Q 变为 1,称 S' 为置 1 端。Q 和 Q' 为两个输出端,在正常情况下,这两个输出端的状态是互补的,即一个为高电平另一个就是低电平,反之亦然。SR 锁存器逻辑图形符号如图 5-1(b)所示。

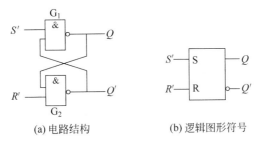

(a) 电路结构   (b) 逻辑图形符号

图 5-1　用与非门构成 SR 锁存器

图 5-2(a)为或非门构成 SR 锁存器电路结构,它有两个输入端 R 和 S,高电平有效;当 R 有效时,Q 变为 0;当 S 有效时,Q 变为 1。图 5-2(b)为其逻辑图形符号。

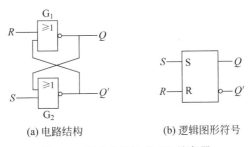

(a) 电路结构   (b) 逻辑图形符号

图 5-2　用或非门构成 SR 锁存器

5.2.2　SR 锁存器的工作原理

1. 与非门构成 SR 锁存器的工作原理

如图 5-1(a)所示为由两个与非门构成的 SR 锁存器,其工作原理如下。

1) 有两个稳定状态

触发器在无有效输入信号时,即 $S'=R'=1$,有两个稳定状态。

(1) 0 状态。当 $Q=0$、$Q'=1$ 时,称触发器为 0 态。$Q=0$ 送到与非门 G_2 的输入端使之截止,保证 $Q'=1$,而 $Q'=1$ 和 $S'=1$ 一起使与非门 G_1 导通,维持 $Q=0$。显然电路的这种状态可以自己保持,而且是稳定的。

(2) 1 状态。当 $Q=1$、$Q'=0$ 时,称触发器为 1 态。$Q'=0$ 送到与非门 G_1 的输入端,使之截止,保证 $Q=1$,而 $Q=1$ 和 $S'=1$ 一起使与非门 G_2 导通,维持 $Q'=0$。显然电路的这种状态也是可以自己保持的,而且也是稳定的。

根据 0 状态和 1 状态的定义,用 Q 端的状态就可以表示触发器的状态。

2) 接收输入信号的过程

(1) 置 1 状态。当 $S'=0$、$R'=1$ 时,如果触发器现态为 $Q=0$、$Q'=1$,因 $S'=0$ 会使与非门 G_1 的输出端次态翻转为 1,而 $Q=1$ 和 $R'=1$ 共同使与非门 G_2 的输出端 $Q'=0$;同理当 $Q=1$、$Q'=0$,也会使触发器的次态输出为 $Q=1$、$Q'=0$。因此,无论触发器现态如何,均会使输出次态为置 1 状态。

（2）置 0 状态。当 $S'=1$、$R'=0$ 时，如果触发器现态为 $Q=1$、$Q'=0$，因 $R'=0$ 会使 $Q'=1$，而 $Q'=1$ 和 $S'=1$ 共同作用使 Q 端翻转为 0；如果基本 SR 触发器现态为 $Q=0$、$Q'=1$，同理会使 $Q=0$、$Q'=1$。所以，只要 $S'=1$、$R'=0$，无论触发器的输出现态如何，均会使输出次态为置 0 状态。

（3）不定状态。当 $S'=R'=0$ 时，无论触发器的原状态如何，均会使 $Q=1$、$Q'=1$，此时 Q 和 Q' 不互补，破坏了触发器的正常工作，使触发器失效，并且若下一时刻 S' 和 R' 同时恢复高电平后，触发器的新状态要看 G_1 和 G_2 两个门电路翻转速度的快慢，所以称 $S'=R'=0$ 是不定状态，也称为禁态。在实际电路中要避免此状态出现。

（4）保持状态。当输入端接入 $S'=R'=1$ 时，触发器的现态和次态相同，保持原状态不变，即 $Q^*=Q$。

逻辑功能的表示方法之一为特性表（功能表）。将以上的分析列成真值表即可得触发器的特性表，如表 5-1 所示。实质上，特性表就是一张特殊结构的真值表。触发器某一时刻的输出不仅取决于这一时刻的输入信号，还与触发器的上一个状态有关，故须作为自变量分析，将其写进特性表。

表 5-1　由与非门构成的 SR 锁存器特性表

S'	R'	Q	Q^*	说明
0	0	0	1^*	禁态
0	0	1	1^*	禁态
0	1	0	1	置 1
0	1	1	1	置 1
1	0	0	0	置 0
1	0	1	0	置 0
1	1	0	0	保持
1	1	1	1	保持

2. 或非门构成 SR 锁存器的工作原理

如图 5-2(a)所示为由两个或非门构成的 SR 锁存器，其工作原理如下。

1）有两个稳定状态

触发器在无有效输入信号时，即 $S=R=0$，有两个稳定状态。

（1）0 状态。当 $Q=0$、$Q'=1$ 时，称触发器为 0 态。$Q'=1$ 送到或非门 G_1 的输入端，保证 $Q=0$，而 $Q=0$ 和 $S=0$ 一起作用于或非门 G_2，维持 $Q'=1$。显然电路的这种状态可以自己保持，而且是稳定的。

（2）1 状态。当 $Q=1$、$Q'=0$ 时，称触发器为 1 态。$Q=1$ 送到或非门 G_2 的输入端，保证 $Q'=0$，而 $Q'=0$ 和 $R=0$ 一起作用于或非门 G_1，维持 $Q=1$。显然电路的这种状态也是可以自己保持，而且也是稳定的。

2）接收输入信号的过程

（1）置 1 状态。当 $S=1$、$R=0$ 时，如果触发器现态为 $Q=0$、$Q'=1$，因 $S=1$ 会使或非门 G_2 的输出端次态翻转为 0，而 $Q'=0$ 和 $R=0$ 共同使或非门 G_1 的输出端 $Q=1$；同理当

$Q=1$、$Q'=0$，也会使触发器的次态输出为 $Q=1$、$Q'=0$。因此，无论触发器现态如何，均会使输出次态为置 1 状态。

（2）置 0 状态。当 $S=0$、$R=1$ 时，如果锁存器现态为 $Q=1$、$Q'=0$，因 $R=1$ 会使 $Q=0$，而 $Q=0$ 和 $S=0$ 共同作用使 Q' 端翻转为 1；如果锁存器现态为 $Q=0$、$Q'=1$，同理会使 $Q=0$、$Q'=1$。所以，只要 $S=0$、$R=1$，无论触发器的输出现态如何，均会使输出次态为置 0 状态。

（3）不定状态。当 $S=R=1$ 时，无论触发器的原状态如何，均会使 $Q=0$、$Q'=0$，Q 和 Q' 不互补，破坏了触发器的正常工作，使触发器失效，并且若下一时刻 S 和 R 同时恢复低电平后，触发器的新状态要看 G_1 和 G_2 两个门翻转速度快慢。所以，称 $S=R=1$ 是不定状态，也称为禁态。在实际电路中要避免此状态出现。

（4）保持状态。当输入端接入 $S=R=0$ 时，触发器的现态和次态相同，保持原状态不变，即 $Q^*=Q$。

或非门构成的 SR 锁存器特性表如表 5-2 所示。

表 5-2 或非门构成的 SR 锁存器特性表

S	R	Q	Q^*	说　　明
0	0	0	0	保持
0	0	1	1	保持
0	1	0	0	置 0
0	1	1	0	置 0
1	0	0	1	置 1
1	0	1	1	置 1
1	1	0	0^*	禁态
1	1	1	0^*	禁态

5.2.3　SR 锁存器的动作特点

由于 SR 锁存器的输入信号直接控制其输出状态，无时钟控制，故又称它为直接置 1（置位）、清 0（复位）触发器，其触发方式为直接触发方式。

无论是由与非门还是或非门构成的 SR 锁存器，它们的特点相同，优缺点也一样。

1）优点

（1）结构简单，只要把两个与非门（或者是或非门）交叉连接起来，即可组成触发器的基本结构形式。

（2）具有置 0 和置 1 的功能。

2）缺点

（1）R、S 之间有约束。在由与非门构成的 SR 锁存器中，当违反约束条件，即 $S'=R'=0$ 时，Q 端和 Q' 端都将为高电平；在由或非门构成的 SR 锁存器中，当违反约束条件，即 $S=R=1$ 时，Q 端和 Q' 端都将为低电平，即存在禁态。

（2）锁存器无触发，无法用时钟控制器其动作。

【例 5.1】 已知由与非门构成的 SR 锁存器如图 5-3(a)所示，其输入端的波形如图 5-3(b)

所示的 S' 和 R',试画出输出端 Q 和 Q' 的波形。

解:可根据其特性表查表画出输出波形如图 5-3(b)所示的 Q 和 Q'。一开始 $S'=0$、$R'=1$,置 1,输出 $Q=1$;随后 $S'=R'=1$,保持 Q 状态不变;接下来 $S'=1$、$R'=0$,置 0,$Q=0$;然后又变为保持态;最后 $S'=0$、$R'=1$,置 1。

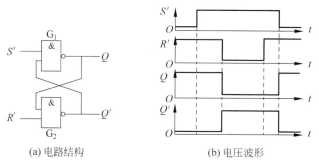

(a) 电路结构　　　　　　　　　(b) 电压波形

图 5-3　例 5.1 题图

5.3　电平触发器

5.2 节介绍的锁存器的输出直接由输入信号控制,但工程实际中常常要求数字系统中的各个触发器,在规定的时刻按照各自输入信号决定的状态同步触发翻转,这就要求有一个同步信号来控制,这个控制信号叫作时钟信号,简称时钟(clock),用 CLK 或 CP 表示。这种受时钟控制的触发器统称为时钟触发器,也称为同步触发器。

5.3.1　电平触发器的电路结构

电平触发器为时钟触发器的一种,只有在触发信号变为有效电平后,触发器才能按照输入信号进行相应状态的变化。在电平触发器中,除了原来的两个输入端外,还增加了一个时钟信号输入端,图 5-4(a)为电平 SR 触发器电路结构,图 5-4(b)为其逻辑图形符号。

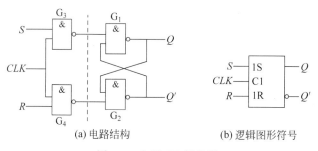

(a) 电路结构　　　　　　　(b) 逻辑图形符号

图 5-4　电平 SR 触发器

5.3.2　电平 SR 触发器的工作原理

如图 5-4(a)所示的电路结构,可知其工作原理如下。

(1) 当 $CLK=0$ 时,门 G_3 和 G_4 被封锁,输出为高电平。

输入 S、R 无法通过 G_3 和 G_4 影响 G_1 和 G_2 的输出,对于由 G_1 和 G_2 构成的 SR 锁存器,触发器保持原态,即 $Q^* = Q$。

(2) 当 $CLK = 1$ 时,门 G_3 和 G_4 开启,触发器输出由 S 和 R 决定。

① 当输入 $S = 0$,$R = 0$ 时,G_3 和 G_4 输出均为 1,则对于由 G_1 和 G_2 构成的 SR 锁存器,输出继续保持原态,即 $Q^* = Q$。

② 当 $S = 0$,$R = 1$ 时,G_3 输出为 1,G_4 输出为 0,则对于由 G_1 和 G_2 构成的 SR 锁存器,相当于置 0 态,即输出 $Q^* = 0$。

③ 当 $S = 1$,$R = 0$ 时,G_3 输出为 0,G_4 输出为 1,则对于由 G_1 和 G_2 构成的 SR 锁存器,相当于置 1 态,即输出 $Q^* = 1$。

④ 当 $S = 1$,$R = 1$ 时,G_3 输出为 0,G_4 输出为 0,则对于由 G_1 和 G_2 构成的 SR 锁存器,相当于不定态,即输出 $Q^* = Q'^* = 1$。

电平 SR 触发器特性表如表 5-3 所示。

表 5-3 电平 SR 触发器特性表

CLK	S	R	Q	Q^*	说　明
0	×	×	0	0	保持
0	×	×	1	1	保持
1	0	0	0	0	保持
1	0	0	1	1	保持
1	0	1	0	0	置 0
1	0	1	1	0	置 0
1	1	0	0	1	置 1
1	1	0	1	1	置 1
1	1	1	0	1^*	禁态
1	1	1	1	1^*	禁态

由表 5-3 可知,当 $CLK = 0$ 时,输出不随输入信号的变化而变化;只有在 $CLK = 1$ 时,触发器的输出才会受到输入信号 S、R 的控制改变状态,此时该触发器的特性与 SR 锁存器一致,也同样具有禁态,即同样具有 $SR = 0$ 的约束条件。

有时,在使用时需要在时钟 CLK 到来之前,先将触发器预置成指定状态,故实际的同步 SR 触发器有的设置了异步置位端 S'_D 和异步复位端 R'_D,其电路及逻辑图形符号如图 5-5 所示。

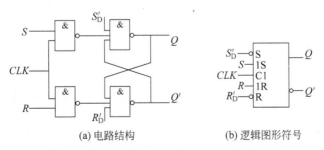

(a) 电路结构　　　　　　　(b) 逻辑图形符号

图 5-5 带异步置位、复位端的电平 SR 触发器

由图 5-5(a)所示的电路图可以看出,S'_D 和 R'_D 不受时钟信号 CLK 的控制,且低电平有效,即当 $S'_D=0,R'_D=1$ 时,电路输出为 1;当 $S'_D=1,R'_D=0$ 时,电路输出为 0。这种不受同一时钟控制的方式称为异步。要注意的一点是:在实际应用中,异步置位或复位应在 $CLK=0$ 的状态下进行,否则预置状态不一定能保存下来。

5.3.3　电平触发方式的动作特点

电平触发方式的动作特点如下。

(1) 只有当时钟信号 CLK 有效时,触发器的输出才会受输入信号的控制而改变。

(2) 在 CLK 有效的全部时间内,输入的任何改变都会影响输出状态的变化,在 CLK 变为无效的一瞬间,保存下来的是最后一瞬间的状态。

根据上述特点可知,由于在 $CLK=1$ 期间,触发器的输出会随着输入 S、R 的变化而多次变化,称为空翻现象,故电平触发器抗干扰能力较弱。

【例 5.2】 已知电平 SR 触发器电路结构和输入信号如图 5-6 所示,试画出输出 Q 的波形,Q 初始状态为 0。

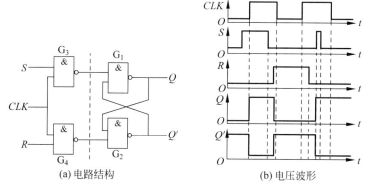

(a) 电路结构　　　　　　(b) 电压波形

图 5-6　例 5.2 题图

解:由给定时钟信号和输入电压可知,在 CLK 低电平期间,Q 状态保持不变,在 CLK 第 1 个高电平期间,一开始 $S=1$、$R=0$,置 1,$Q=1$;随后 S 下降为 0,此时 $S=R=0$,为保持态,Q 保持 1 不变;随后 R 上升为 1,$S=0$、$R=1$,置 0,$Q=0$;在接下来的 CLK 低电平期间,Q 保持 0 不变。

在 CLK 第 2 个高电平期间,$S=0$、$R=1$,置 0,$Q=0$;随后 R 下降为 0,此时 $S=R=0$,为保持态,Q 保持 0 不变;随后 S 中出现 1 个干扰脉冲,S 上升为 1,$S=1$、$R=0$,置 1,$Q=1$;最后 $S=R=0$,为保持态,Q 保持 1 不变。

由例 5.2 可以看出,电平触发器的输入如果在时钟信号的一个周期内多次变化,则输出也会随之多次翻转,这就大大降低了触发器的抗干扰能力。

同时,SR 触发器存在禁态的问题。解决此问题的一种方法是可以将 SR 触发器变为单输入触发器,在输入 S 和 R 端之间加一个非门相连,这就构成了 D 触发器(也称为 D 锁存器)。如图 5-7 所示为电平触发 D 触发器的电路结构及逻辑图形符号。

分析如图 5-7(a)所示的电路可知,在 $CLK=0$ 时,触发器输出 Q 保持不变,即 $Q^*=Q$,在 CLK 变为 1 后,触发器的输出随输入的变化而变化。当 $D=1$ 时,无论原状态为 1 还是

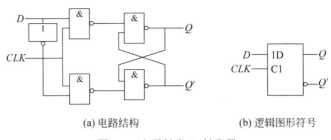

(a) 电路结构　　　　　　　(b) 逻辑图形符号

图 5-7　电平触发 D 触发器

为 0,输出置 1;当 $D=0$ 时,输出置 0。此触发器依然受到时钟信号的控制,依然工作在电平触发方式下,并且在电平有效期间,$Q^*=D$。电平触发 D 触发器的特性表如表 5-4 所示。

表 5-4　电平触发 D 触发器的特性表

CLK	D	Q	Q^*	说　　明
0	$\times$	0	0	保持
0	$\times$	1	1	保持
1	0	0	0	置 0
1	0	1	0	置 0
1	1	0	1	置 1
1	1	1	1	置 1

　　与 SR 触发器相比,D 触发器只有两个状态,即置 1 态和置 0 态。

【例 5.3】　某电平触发 D 触发器的时钟信号及输入信号如图 5-8 所示,试画出其输出波形,触发器初始状态 $Q=0$。

　　解:在 $CLK=1$ 期间,Q 随 D 的变化而变化;在 $CLK=0$ 期间,Q 保持上一个状态不变。

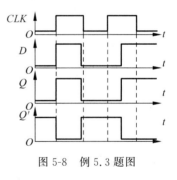

图 5-8　例 5.3 题图

5.4　脉冲触发器

5.4.1　脉冲触发器的电路结构

　　为了避免空翻现象,提高触发器工作的可靠性,希望在每个 CLK 期间输出端的状态只改变一次,则在电平触发器的基础上设计出脉冲触发器。主从触发器就是脉冲触发器的典型结构。主从触发器采用主从结构,由两个电平触发器构成,分别为主触发器和从触发器,两个电平触发器的触发电平刚好相反,由此构成脉冲触发器。如图 5-9 所示,此电路结构为主从 SR 触发器,与非门 $G_5 \sim G_8$ 构成主触发器,与非门 $G_1 \sim G_4$ 构成从触发器,主触发器的输出端作为从触发器的输入,它们的时钟通过非门连在一起,主触发器时钟为 CLK,从触发器时钟为 CLK'。

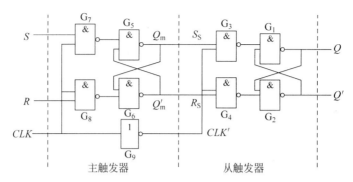

图 5-9　主从 SR 触发器电路

5.4.2　主从 SR 触发器的工作原理

（1）当 $CLK=1$ 时，主触发器工作，即主触发器的 Q 端的状态取决于输入信号 S、R 以及主触发器现态 Q、Q' 的状态；而此时 $CLK'=0$，G_3、G_4 被封锁，即从触发器被封锁，其保持原来状态，在此期间输入的变化都不会改变输出状态。

（2）当 CLK 由 1 变 0（即下降沿）时，G_3、G_4 打开，即从触发器打开，G_7、G_8 被封锁，即主触发器被封锁，从触发器输出端 Q、Q' 的状态变化，并取决于主触发器输出的 Q_m、Q_m' 的状态。

（3）此后，在 $CLK=0$ 期间，虽然从触发器一直打开，但由于主触发器被封锁，主触发器的输出状态不会再变化，即从触发器的输入不会变化，所以从触发器的输出依然保持不变。故在 CLK 的一个周期内，触发器的输出状态只可能改变一次，且此变化发生在 CLK 由 1 变为 0 的时刻（下降沿）。

总结上述逻辑关系可得到主从 SR 触发器的特性如表 5-5 所示。

表 5-5　主从 SR 触发器特性表

CLK	S	R	Q	Q^*
$\times$	$\times$	$\times$	$\times$	Q
$\downarrow$	0	0	0	0
$\downarrow$	0	0	1	1
$\downarrow$	0	1	0	0
$\downarrow$	0	1	1	0
$\downarrow$	1	0	0	1
$\downarrow$	1	0	1	1
$\downarrow$	1	1	0	1^*（禁态）
$\downarrow$	1	1	1	1^*（禁态）

主从结构 SR 触发器逻辑图形符号如图 5-10 所示，符号"$\lnot$"为延迟符号，表示延迟输出。即当 CLK 由高电平回到低电平后，输出状态才发生变化。

S——1S　$\lnot$——Q
CLK——C1
R——1R　$\lnot$——Q'

图 5-10　主从 SR 触发器的逻辑图形符号

5.4.3 主从 JK 触发器的电路结构和工作原理

1. 电路结构

由于主从 SR 触发器依然存在禁态的问题,输入信号仍须遵守 $SR=0$ 的约束条件,实际使用的主从触发器主要是主从 JK 触发器,为了使主从 SR 触发器在 $S=R=1$ 时也有确定的状态,则将输出端 Q 和 Q' 反馈到输入端,从而构成了 JK 触发器。图 5-11 为主从 JK 触发器电路结构,图 5-12 为主从 JK 触发器逻辑图形符号。

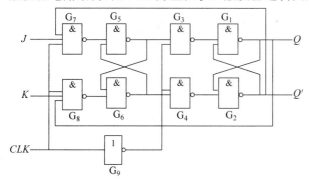

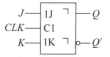

图 5-11　主从 JK 触发器电路　　　　图 5-12　主从 JK 触发器逻辑图形符号

2. 工作原理

由电路结构分析可得如下结论。

1)当 $J=K=0$ 时

主触发器保持原态,则触发器(从触发器)也保持原态。即 $Q^*=Q$,此为保持态。

2)当 $J=0$ 和 $K=1$ 时

若 $Q=0$、$Q'=1$,在 $CLK=1$ 时,主触发器保持原态 $Q_{主}^*=Q_{主}=0$,在 CLK 由 1 变为 0 时,从触发器保持不变,即 $Q^*=0$。

若 $Q=1$、$Q'=0$,在 $CLK=1$ 时,主触发器处于置 0 态,$Q_{主}^*=0$,$Q_{主}'^*=1$,在 CLK 由 1 变为 0 时,从触发器也处于置 0 态,即 $Q^*=0$。

即无论 Q 的前一个状态为 1 还是为 0,新的状态都为 0,此为置 0 态。

3)当 $J=1$ 和 $K=0$ 时

若 $Q=0$、$Q'=1$,在 $CLK=1$ 时,主触发器处于置 1 态,$Q_{主}^*=1$,$Q_{主}'^*=0$,在 CLK 由 1 变为 0 时,从触发器也处于置 1 态,即 $Q^*=1$。

若 $Q=1$、$Q'=0$,在 $CLK=1$ 时,主触发器保持原态 $Q_{主}^*=Q_{主}=1$,在 CLK 由 1 变为 0 时,从触发器保持不变,即 $Q^*=1$。

即无论 Q 的前一个状态为 1 还是为 0,新的状态都为 1,此为置 1 态。

4)当 $J=1$ 和 $K=1$ 时

若 $Q=0$、$Q'=1$,在 $CLK=1$ 时,主触发器处于置 1 态,$Q_{主}^*=1$,$Q_{主}'^*=0$,在 CLK 由 1 变为 0 时,从触发器也处于置 1 态,即 $Q^*=1$。

若 $Q=1$、$Q'=0$,在 $CLK=1$ 时,主触发器处于置 0 态,$Q_{主}^*=0$,$Q_{主}'^*=1$,在 CLK 由 1 变为 0 时,从触发器也处于置 0 态,即 $Q^*=0$。

即无论 Q 的前一个状态为 1 还是为 0,新的状态 $Q^* = Q'$,此为翻转态,也称为计数态。

通过上述逻辑关系可知,主从 JK 触发器的状态变化也是发生在 CLK 从高电平变回低电平的时刻,即下降沿时,总结可得到主从 JK 触发器的特性如表 5-6 所示。

表 5-6　主从 JK 触发器特性表

CLK	J	K	Q	Q^*
$\times$	$\times$	$\times$	$\times$	Q
$\downarrow$	0	0	0	0
$\downarrow$	0	0	1	1
$\downarrow$	0	1	0	0
$\downarrow$	0	1	1	0
$\downarrow$	1	0	0	1
$\downarrow$	1	0	1	1
$\downarrow$	1	1	0	1
$\downarrow$	1	1	1	0

在某些集成电路中,JK 触发器的输入端 J 和 K 不止一个。例如,J_1 和 J_2、K_1 和 K_2 等是与的关系,其电路结构与逻辑图形符号如图 5-13 所示。

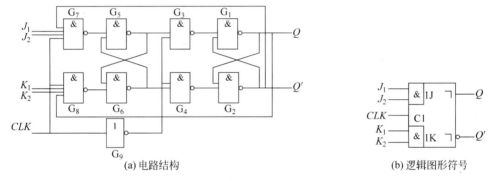

(a) 电路结构　　　　　　　　　　　(b) 逻辑图形符号

图 5-13　多输入 JK 触发器

5.4.4　脉冲触发方式的动作特点

由于脉冲触发器采用主从结构,在 $CLK = 1$ 时,主触发器受输入信号的控制,从触发器保持原态;在 CLK 下降沿到达后,从触发器按主触发器状态翻转,故触发器输出状态在一个脉冲周期内只能改变一次,并且希望此改变是由下降沿到达前一时刻的输入决定。

但是,由于主触发器是电平触发器,则对主从 SR 触发器来说,在整个高电平期间输入信号都起作用,因此会出现当 CLK 下降沿到达时,输出并没有按照这一瞬间的输入状态改变,而需要考虑整个始终高电平期间的所有输入情况。

同样地,在主从 JK 触发器中也存在类似问题。主从 JK 触发器在 $CLK = 1$ 期间,主触发器只变化(翻转)一次,这种现象称为一次变化现象。一次变化现象也是一种有害的现象,如果在 $CLK = 1$ 期间,输入端出现干扰信号,则可能造成触发器的误动作。为了避免发生一次变化现象,在使用主从 JK 触发器时,要保证在 $CLK = 1$ 期间,J、K 保持状态不变。

例如,在如图 5-14(a) 所示的 JK 触发器电路中,若输入 J、K 波形如图 5-14(b) 所示。若初始状态 $Q = 0$,在第 1 个下降沿到来时,输出 Q 由此时的输入 $J = 1$、$K = 0$ 决定,$Q^* =$

1；在第 2 个下降沿到来时，由于在高电平期间，输入发生了变化，此时的输出就不仅是由这一时刻的输入决定了。因为在 $CLK=1$ 期间出现过短暂的 $J=0$、$K=1$ 的状态，此时主触发器便被置 0，虽然随后的输入又变为 $J=K=0$，但从触发器仍然按照主触发器的状态被置 0，而不是按照这一时刻的输入保持置 1 不变。

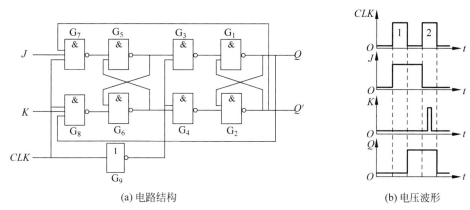

(a) 电路结构　　　　　　　　(b) 电压波形

图 5-14　JK 触发器电路结构及输入输出电压波形

5.5　边沿触发器

由于 JK 触发器存在一次变化问题，因此抗干扰能力差。为了提高触发器工作的可靠性，希望触发器的次态（新态）仅取决于 CLK 的下降沿（或上升沿）到达时刻的输入信号的状态，与 CLK 的其他时刻的信号无关。这样就出现了各种边沿触发器。

现在有利用 CMOS 传输门的边沿触发器、维持阻塞触发器、利用门电路传输延迟时间的边沿触发器以及利用二极管进行电平配置的边沿触发器等。

5.5.1　边沿触发器的电路结构和工作原理

如图 5-15 所示为用两个电平触发的 D 触发器组成的边沿 D 触发器。

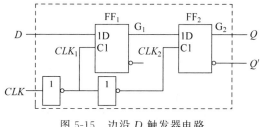

图 5-15　边沿 D 触发器电路

其工作原理如下。

(1) 当 $CLK=0$ 时，触发器状态不变，FF_1 的输出状态与 D 相同。

(2) 当 $CLK=1$，即上升沿到来时，触发器 FF_1 的状态与边沿到来之前的 D 状态相同并保持。而与此同时，FF_2 输出 Q 的状态被置成边沿到来之前的 D 的状态，而与其他时刻 D 的状态无关。

如图 5-16 所示为利用 CMOS 传输门的边沿 D 触发器电路。

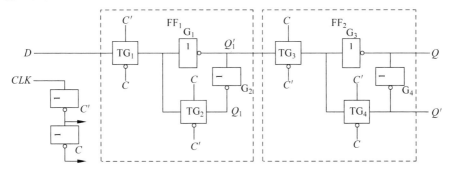

图 5-16　传输门构成边沿 D 触发器电路

其工作原理如下。

（1）在 $CLK=0$ 时，TG_1 通，TG_2 不通，$Q_1=D$，Q_1 随着 D 的变化而变化；TG_3 不通，TG_4 通，Q 保持，反馈通路接通。

（2）在 CLK 上升沿到来时，TG_1 不通，TG_2 通，此时输入 D 无法控制触发器的输出；

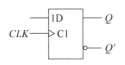

TG_3 通，TG_4 不通，上升沿来临一瞬间的 D 传输到输出端，$Q^* = D$。

（3）在 $CLK=1$ 时，TG_1 不通，TG_2 通，此时输入 D 无法控制触发器的输出，Q 保持。

由此可见，这是一个上升沿触发的 D 触发器，上升沿触发边沿 D 触发器的逻辑图形符号如图 5-17 所示。

图 5-17　上升沿触发边沿 D 触发器的逻辑图形符号

5.5.2　边沿触发方式的动作特点

输出端状态的转换发生在 CLK 的上升沿到来时刻，而且触发器保存下来的状态仅取决于 CLK 上升沿到达时的输入状态，而与此前后的状态无关。

5.6　触发器的逻辑功能

在前面内容中讨论了不同触发器的电路结构，本节将进一步讨论触发器的逻辑功能。触发器在每次时钟脉冲触发沿到来之前的状态称为现态，而在此之后的状态称为次态。所谓触发器的逻辑功能，是指次态与现态、输入信号之间的逻辑关系，这种关系可以用特性表、特性方程或状态图来描述，按照触发器状态转换的规则不同，通常分为 D 触发器、JK 触发器、T 触发器、SR 触发器等逻辑功能类型。

需要指出的是，逻辑功能与电路结构是两个不同的概念，同一逻辑功能的触发器可以用不同的电路结构实现，如 5.5 节所述的两种不同电路结构而功能完全相同的 D 触发器。同时，同一基本电路结构，也可以构成不同逻辑功能的触发器，在本节讨论触发器的逻辑功能时，暂不考虑其内部的电路结构。

5.6.1　D 触发器

1. 特性表

D 触发器的特性表如表 5-7 所示，表中对触发器的现态 Q 和输入信号 D 的每种组合都

列出了相应的次态 Q^*。

表 5-7　D 触发器特性表

D	Q	Q^*
0	0	0
0	1	0
1	0	1
1	1	1

2. 特性方程

触发器的逻辑功能也可以用逻辑表达式来描述,称为触发器的特性方程,根据表 5-7 可以列出 D 触发器的特性方程为

$$Q^* = D \tag{5-1}$$

3. 状态转换图

触发器的功能还可以用如图 5-18 所示的状态图更为形象地表示,状态图同样可以用 D 触发器的特性表导出,图中两个圆圈内标有 1 和 0,表示触发器的两个状态,4 根方向线表示状态转换的方向,分别对应特性表中的 4 行,方向线起点为触发器现态 Q,箭头指向相应的次态 Q^*,方向线旁边标出了状态转换的条件,即输入信号 D 的逻辑值。

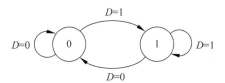

图 5-18　D 触发器的状态转换图

5.6.2　JK 触发器

1. 特性表

如表 5-8 所示的是 JK 触发器的特性表,符合此表的触发器均为 JK 触发器。

表 5-8　JK 触发器特性表

J	K	Q	Q^*
0	0	0	0
0	0	1	1
0	1	0	0
0	1	1	0
1	0	0	1
1	0	1	1
1	1	0	1
1	1	1	0

2. 特性方程

从表 5-8 可以写出 JK 触发器次态的逻辑表达式,经过简化可得其特性方程如下:

$$Q^* = JQ' + K'Q \tag{5-2}$$

3. 状态转换图

JK 触发器的状态图如图 5-19 所示,它可以从表 5-8 导出。由于存在无关变量(以 × 表

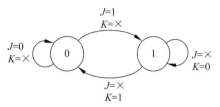

图 5-19　JK 触发器状态转换图

示,既可以取 0,也可以取 1),因此 4 根方向线实际对应表中的 8 行。

由特性表、特性方程或状态图均可以看出,在所有类型的触发器中,JK 触发器具有最强的逻辑功能,它能执行置 1、置 0、保持和翻转 4 种操作,在实际应用中还可用简单的附加电路将其转换为其他功能的触发器,因此在数字电路中有较广泛的应用。

5.6.3　T 触发器

在某些应用中,当控制信号 $T=1$ 时,每来一个 CLK 脉冲,它的状态就翻转一次;而当 $T=0$ 时,则不对 CLK 信号做出相应反应而保持状态不变。具备这种逻辑功能的触发器称为 T 触发器,T 触发器的逻辑图形符号如图 5-20 所示,此为一个下降沿触发的边沿 T 触发器。

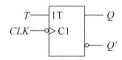

图 5-20　T 触发器的逻辑图形符号

1. 特性表

T 触发器的特性表如表 5-9 所示。

表 5-9　T 触发器的特性表

T	Q	Q^*
0	0	0
0	1	1
1	0	1
1	1	0

2. 特性方程

由表 5-9 可以写出 T 触发器的逻辑表达式为

$$Q^* = TQ' + T'Q \tag{5-3}$$

3. 状态转换图

T 触发器的状态图如图 5-21 所示。

T 触发器的功能是：$T=1$ 时为计数状态，$Q^*=Q'$；$T=0$ 时为保持状态，$Q^*=Q$。比较式(5-3)和式(5-2)，如果令 $J=K=T$，则两式等效。事实上，只要 JK 触发器的 J、K 端连接在一起作为 T 输入端，就可实现 T 触发器的功能。因此，在小规模集成触发器产品中没有专门的 T 触发器，如果有需要，则可用其他功能的触发器转换。

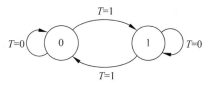

图 5-21 T 触发器的状态图

5.6.4 T' 触发器

当 T 触发器的 T 输入端固定接高电平时（即 $T\equiv1$），即构成 T' 触发器，即将 $T=1$ 代入式(5-3)得

$$Q^*=Q' \tag{5-4}$$

由式(5-4)可以看出，时钟脉冲每作用一次，触发器翻转一次，即 T' 触发器只有翻转状态。

5.6.5 SR 触发器

1. 特性表

符合如表 5-10 所示特性表的触发器称为 SR 触发器。其中，$*$ 表示不定。

表 5-10 SR 触发器的特性表

S	R	Q	Q^*
0	0	0	0
0	0	1	1
0	1	0	0
0	1	1	0
1	0	0	1
1	0	1	1
1	1	0	$*$
1	1	1	$*$

2. 特性方程

从表 5-10 中可以看出，当 $S=R=1$ 时，触发器的次态是不能确定的。如果出现这种情况，触发器将失去控制。因此，SR 触发器的使用必须遵循 $SR=0$ 的约束条件。从表 5-10 可导出其表达式，借助约束条件化简，于是得到特性方程为

$$\begin{cases} Q^*=S+R'Q \\ SR=0 \end{cases} \tag{5-5}$$

3．状态转换图

可以从表 5-10 导出状态图，如图 5-22 所示。

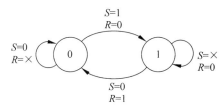

图 5-22　SR 触发器的状态转换图

5.6.6　触发器的功能转换

在实际应用中，由于 D 触发器和 JK 触发器具有较完善的功能，有很多独立的中小规模集成电路产品，而 T 触发器和 SR 触发器则主要出现于集成电路的内部结构，用户如有单独需要，则可以很容易地用前两种类型的触发器转换构成。下面介绍 4 种触发器之间的相互转换。

1．JK 触发器构成 D 触发器

由 JK 触发器的特性方程 $Q^* = JQ' + K'Q$ 和 D 触发器的特性方程 $Q^* = D$ 对比可知，当 $J = D$、$K = D'$ 时，即可由 JK 触发器构成 D 触发器，连接如图 5-23 所示。

2．JK 触发器构成 T 触发器

由 JK 触发器的特性方程 $Q^* = JQ' + K'Q$ 和 T 触发器的特性方程 $Q^* = TQ' + T'Q$ 对比可知，当 $J = K = T$ 时，即可由 JK 触发器构成 T 触发器，连接如图 5-24 所示。

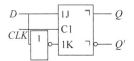
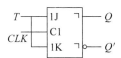

图 5-23　JK 触发器构成 D 触发器连接图　　　图 5-24　JK 触发器构成 T 触发器连接图

3．D 触发器构成 T 触发器

由 T 触发器的特性方程 $Q^* = TQ' + T'Q = T \oplus Q$ 和 D 触发器的特性方程 $Q^* = D$ 对比可知，令 $D = T \oplus Q$，可实现 D 触发器构成 T 触发器，连接如图 5-25 所示。

4．D 触发器构成 T' 触发器

由 T' 触发器的特性方程 $Q^* = Q'$ 和 D 触发器的特性方程 $Q^* = D$ 对比可知，当 $D = Q'$ 时，可实现 D 触发器构成 T' 触发器，连接如图 5-26 所示。

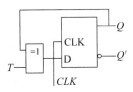

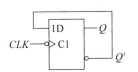

图 5-25　D 触发器构成 T 触发器连接图　　　　图 5-26　D 触发器构成 T' 触发器连接图

5.7　常用触发器芯片

常见的集成触发器有很多种,多为 D 触发器或 JK 触发器,下面简单介绍 3 种。

1. 74 系列集成同步 D 触发器 74LS375

74LS375 内部封装了 4 个电平触发的 D 触发器,其引脚排列图如图 5-27 所示,其中 $1D\sim4D$ 是触发器的输入端,$1Q\sim4Q$ 是触发器的 4 个输出端,$1Q'\sim4Q'$ 是 4 个反向输出端,$1G$ 是前两个触发器的时钟信号输入端,$2G$ 是后两个触发器的时钟信号输入端,高电平有效,D 触发器内部结构如图 5-7 所示。

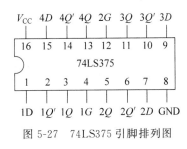

图 5-27　74LS375 引脚排列图

2. 边沿触发 JK 触发器 74HC112

74HC112 内部封装了两个边沿触发的 JK 触发器,其引脚和内部封装如图 5-28 所示。其中,J_1、K_1、J_2、K_2 是触发器的输入端;Q_1、Q_2、Q_1'、Q_2' 是触发器的 4 个输出端;CLK_1、CLK_2 分别是两个触发器的时钟信号输入端;CLR_1、CLR_2 是异步复位端(低电平有效);PR_1、PR_2 是异步置位端(低电平有效)。

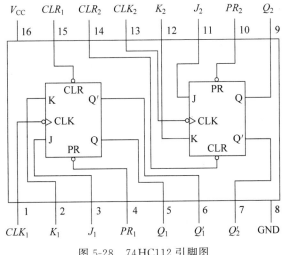

图 5-28　74HC112 引脚图

其特性表如表 5-11 所示,其中, * 表示状态不定。

表 5-11　74HC112 特性表

输　　入					输　　出	
PR	CLR	CLK	J	K	Q^*	Q'^*
0	1	×	×	×	1	0
1	0	×	×	×	0	1
0	0	×	×	×	*	*
1	1	↓	0	0	Q	Q'
1	1	↓	0	1	0	1
1	1	↓	1	0	1	0
1	1	↓	1	1	Q'	Q
1	1	×	×	×	Q	Q'

除此之外,常用触发器芯片还有基本 SR 触发器 74LS279,其引脚排列图如图 5-29 所示。还有 D 触发器 73LS171、73LS174、73LS273、73LS374,边沿 JK 触发器 CC4027 等,在此就不一一介绍了。

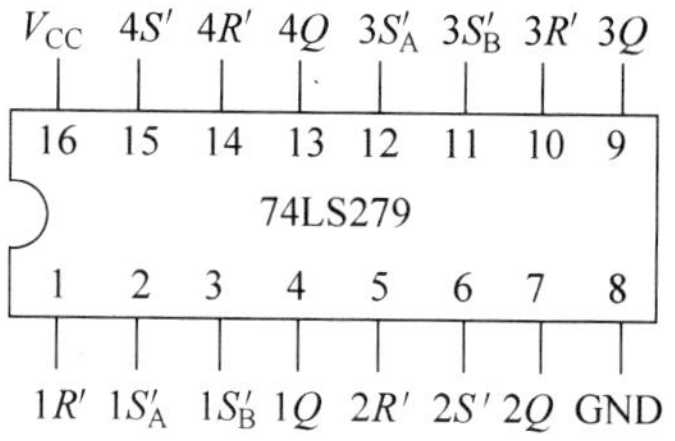

图 5-29　74LS279 引脚排列图

3. 芯片选择

在实际应用中选择触发器,应从所需逻辑功能、触发方式和芯片参数等方面考虑。

从所需逻辑功能来分,如要求单端形式的输入信号,可选用 D 触发器;如要求双端形式的输入信号,可选用 JK 触发器;如需要计数功能,可选用 T' 触发器,而 T' 触发器可由 D 触发器或 JK 触发器转换而来。

从触发方式来分,若只是用作存储数据,可选用脉冲触发方式;若要求触发器的状态不受干扰,工作稳定,则最好选择边沿触发方式。

习题

习题 **5.1**　选择题。

(1) 下列触发器中,没有约束条件的是(　　)触发器。

　　A. 基本 SR　　　　　　B. 电平 SR　　　　C. 主从 SR　　　　　D. 边沿 D

(2) 主从 JK 触发器(　　)。

　　A. 要求触发信号具有特殊边沿　　　　　B. 存在"一次变换"问题

　　C. 功能与边沿 JK 触发器不同　　　　　D. 与边沿 D 触发器功能相同

(3) 静态触发器是一种(　　)电路。

　　A. 单稳态　　　　　　B. 双稳态　　　　　C. 无稳态

(4) 对于 T 触发器,若现态 $Q=0$,欲使次态 $Q^*=1$,应输入(　　)。

　　A. 1　　　　　　　　B. 0

（5）若触发器连接如图 5-30 所示，则其具有(　　)功能。

    A. T 触发器　　　　　B. D 触发器　　　　　C. T' 触发器

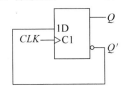

图 5-30　习题 5.1 图

习题 5.2　如图 5-31(a)所示与非门构成的 SR 锁存器，输入波形如图 5-31(b)所示，试画出其输出 Q、Q' 端波形，初始状态 $Q=0$。

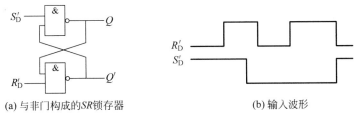

(a) 与非门构成的SR锁存器　　　　　　　　　(b) 输入波形

图 5-31　习题 5.2 图

习题 5.3　试画出在时钟信号 CLK 及输入的作用下，图 5-32 中 SR 触发器的输出波形，初始状态 $Q=0$。

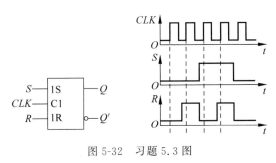

图 5-32　习题 5.3 图

习题 5.4　试画出在时钟信号 CLK 及输入的作用下，图 5-33 中 JK 触发器的输出波形，初始状态 $Q=0$。

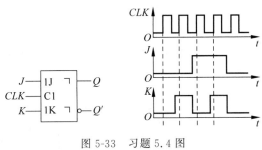

图 5-33　习题 5.4 图

习题 5.5　试画出在时钟信号 CLK 的作用下，图 5-34 中各触发器的输出波形，初始状态 $Q=0$。

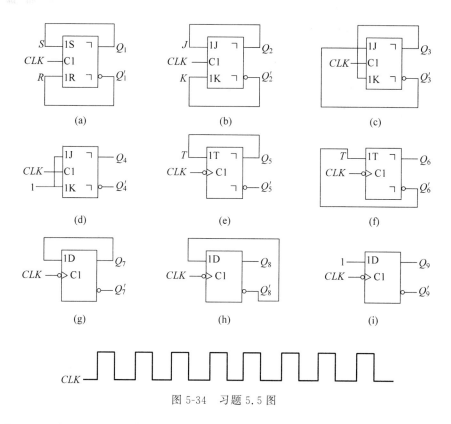

图 5-34　习题 5.5 图

习题 5.6　试画出在时钟信号 CLK 及输入的作用下,图 5-35 中 JK 触发器的输出波形,初始状态 $Q=0$。

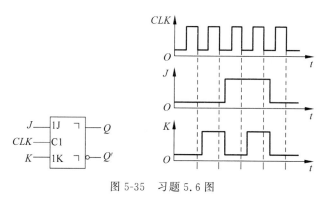

图 5-35　习题 5.6 图

习题 5.7　已知电路及时钟信号 A、CLK 波形如图 5-36 所示,试画出触发器的输出 Q_1,Q_2 波形,初始状态 $Q_1=Q_2=0$。

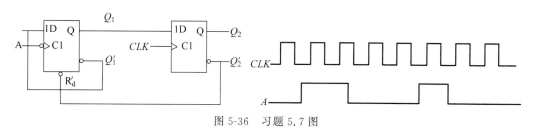

图 5-36　习题 5.7 图

习题 5.8 已知电路及时钟信号 CLK、输入信号 A、B 波形如图 5-37 所示，K 引脚悬空(相当于接高电平)，试画出触发器的输出 Q 波形，初始状态 $Q=0$。

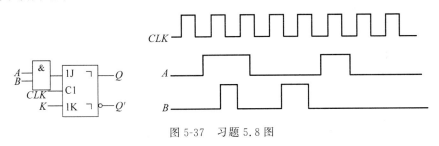

图 5-37 习题 5.8 图

习题 5.9 试画出在时钟脉冲的作用下，如图 5-38 所示电路输出端 Q_0、Q_1、Q_2、Q_3 的波形。

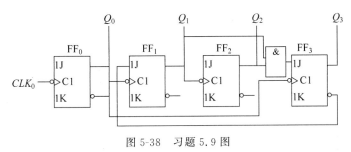

图 5-38 习题 5.9 图

第**6**章

时序逻辑电路

本章学习目标
- 了解时序逻辑电路的特点及分类。
- 熟练掌握时序逻辑电路的基本工作原理和分析、设计方法。
- 掌握寄存器、计数器和顺序脉冲发生器的工作原理。
- 掌握同步计数器和异步计数器的设计方法。

本章系统讲授时序逻辑电路的基本工作原理和分析、设计方法。从电路结构和逻辑功能等方面概要地讲述时序逻辑电路的特点、分类及其逻辑功能的表示方法；详细介绍时序逻辑电路的具体分析方法和步骤；重点描述同步时序逻辑电路的设计方法和设计步骤，包括原始状态表的建立、状态表的化简、状态分配、求取驱动方程等；分别介绍计数器、寄存器、顺序脉冲发生器及序列信号发生器等各类常用中规模时序集成逻辑器件的工作原理和使用方法。

6.1 概述

6.1.1 时序逻辑电路的特点

逻辑电路有两大类：一类是组合逻辑电路；另一类是时序逻辑电路。组合逻辑电路的输出只与当时的输入有关，而与电路以前的状态无关。时序逻辑电路是一种与时序有关的逻辑电路，它以组合电路为基础，又与组合电路不同。时序逻辑电路的特点是，在任何时刻电路产生的稳定输出信号不仅与该时刻电路的输入信号有关，还与电路过去的状态有关。所以，时序逻辑电路都是由组合电路和存储电路两部分组成的。下面通过分析图 6-1 所示的电路说明时序逻辑电路的特点。

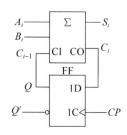

图 6-1 串行加法器电路

电路由两部分组成：一部分是由一位全加器构成的组合电路，一部分是由 D 触发器构成的存储电路。A_i 和 B_i 为串行数据输入，S_i 为串行数据输出。A_0 和 B_0 作为串行数据输入的第 1 组数送入全加器，产生第 1 个本位和输出 S_0 及第 1 个进位输出 C_0，当 CP 上升沿到达时，C_0 作为 D 触发器的驱动信号到达 Q 端，成为全加器第 2 次相加的 C_{i-1} 信号。可见，全加器执行 A_i、B_i、C_{i-1} 这 3 个数的相加运算，D 触发器负责记录每次相加后的进位结果。由以上分析可知，如图 6-1 所示的逻辑功能是串行加法器。它的结构、特点与组合电路完全不同。

时序逻辑电路的结构如图 6-2 所示,它由组合逻辑和存储电路两部分构成。其中,$X(x_1,x_2,\cdots,x_i)$ 为时序电路的外部输入;$Y(y_1,y_2,\cdots,y_j)$ 为时序电路的外部输出;$Q(q_1,q_2,\cdots,q_l)$ 为时序电路的内部输入(或状态);$Z(z_1,z_2,\cdots,z_k)$ 为时序电路的内部输出(或称为驱动)。

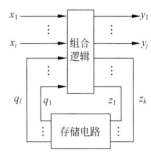

图 6-2 时序逻辑电路结构

时序电路的组合逻辑部分用来产生电路的输出和驱动,存储电路部分是用其不同的状态 $(q_1,q_2,\cdots,q_l)$ "记忆"电路过去的输入情况。设时间 t 时刻记忆器件的状态输出为 $Q(q_1,q_2,\cdots,q_l)$,称为时序电路的现态。那么,在该时刻的输入 X 及现态 Q 的共同作用下,组合电路将产生输出 Y 及驱动 Z。而驱动用来建立存储电路的新状态输出,用图 6-2 所示时序电路逻辑功能的一般表达式 $q_1^*,q_2^*,\cdots,q_l^*$ 表示,称为次态。

综上所述,时序电路可由式(6-1)~式(6-3)描述。

$$y_n = y_n(x_1,x_2,\cdots,x_i,q_1,q_2,\cdots,q_l), \quad n=1,2,\cdots,j \tag{6-1}$$

$$z_p = z_p(x_1,x_2,\cdots,x_i,q_1,q_2,\cdots,q_l), \quad p=1,2,\cdots,k \tag{6-2}$$

$$q_m^* = q_m(x_1,x_2,\cdots,x_i,q_1,q_2,\cdots,q_l), \quad m=1,2,\cdots,l \tag{6-3}$$

其中,式(6-1)为输出方程;式(6-2)为驱动方程(或激励方程);式(6-3)称为状态方程。上述方程表明,时序电路的输出和次态是现时刻的输入和状态的函数。需要指出的是,状态方程是建立电路次态所必需的,是构成时序电路最重要的方程。

6.1.2 时序逻辑电路的分类

时序电路可以分为两大类:同步时序电路和异步时序电路。同步时序电路中,电路的状态仅在统一的时钟信号控制下才同时变化一次。如果没有时钟信号,即使输入信号发生变化,它也可能会影响输出,但不会改变电路的状态。异步时序电路中,存储电路的状态变化不是同时发生的。这种电路中没有统一的时钟信号。任何输入信号的变化都可能立刻引起异步时序电路状态的变化。

此外,有时还根据输出信号的特点将时序电路划分为米利(Mealy)型和摩尔(Moore)型两种。米利型电路的输出信号不仅取决于存储电路的状态,还取决于输入变量。米利型电路的输出是输入变量和现态的函数。而在摩尔型电路中,输出信号仅取决于存储电路的状态。可见,摩尔型电路只不过是米利型电路的一种特例而已。

鉴于时序电路在工作时是在电路的有限个状态之间按一定的规律转换的,因此在有些文献中又将时序电路称为有限状态机(finite state machine)或算法状态机(algorithmic state machine)。它是一个从实际中抽象出来的数学模型,用来描述一个系统的操作特性。

由于时序逻辑电路与组合逻辑电路在结构和性能上不同,因此在研究方法上两者也有所不同。组合电路的分析和设计用到的主要工具是真值表,而时序电路的分析和设计用到的工具主要是状态转换表(简称状态表)和状态图。

6.1.3　时序逻辑电路的逻辑功能表示方法

时序逻辑电路中用"状态"来描述时序问题。使用"状态"概念后,就可以将输入和输出中的时间变量去掉,直接用表示式说明时序逻辑电路的功能。所以"状态"是时序逻辑电路中非常重要的概念。

把正在讨论的状态称为"现态",用符号 Q 表示;把在时钟脉冲 CP 作用下将要发生的状态称为"次态",用符号 Q^* 表示。描述次态的方程称为状态方程,一个时序逻辑电路的主要特征是由状态方程给出的。因此,状态方程在时序逻辑电路的分析与设计中十分重要。

用于描述时序逻辑电路状态转换全部过程的方法主要是状态表和状态图。它们不仅能说明输出与输入之间的关系,同时还表明了状态的转换规律。两种方法相辅相成,经常配合使用。

1. 状态表

在时序逻辑电路中状态转换关系用表格方式表示,称为状态表。具体做法是将任意一组输入变量及存储电路的初始状态取值,代入状态方程和输出方程表达式进行计算,可以求出存储电路的下一状态(次态)和输出值;把得到的次态又作为新的初态,和这时的输入变量取值一起,再代入状态方程和输出方程进行计算,得到存储电路新的次态和输出值。如此继续下去,将全部的计算结果列成真值表的形式,从而得到状态表。

【例 6.1】 用状态表表示图 6-3 所示米利型时序电路。

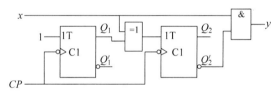

图 6-3　例 6.1 米利型时序电路

解:该电路的输入为 x,输出为 $y=xQ_2'$,设触发器 Q_2 和 Q_1 的初始状态为 $Q_2Q_1=00$。若 $x=0$,则当第 1 个 CP 脉冲到来时,由于 $T_1=1$,触发器 Q_1 翻转为 1,而 $T_2=0$,触发器 Q_2 保持 0 不变,即 Q_2Q_1 转换为 01,输出 $y=0$;同理,第 2 个 CP 脉冲到来时,Q_2Q_1 转换为 10,$y=0$;第 3 个脉冲到来时,Q_2Q_1 转换为 11,$y=0$。以此类推,当 $x=0$ 时,Q_2Q_1 的状态转换规律为 00→01→10→11→00→…,输出 y 总为 0。

同理可以分析出,当 $x=1$ 时,Q_2Q_1 的状态转换规律为 00→11→10→01→00→…,输出 y 相应为 1→0→0→1→1→…。

该电路的内部状态有 4 个:00,01,10 和 11,分别用状态 q_0,q_1,q_2 和 q_3 表示。由此列出例 6.1 的状态表如表 6-1 所示。

表 6-1　例 6.1 的状态表

现　　态	输　入　x	
	0	1
q_0	$q_1/0$	$q_3/1$
q_1	$q_2/0$	$q_0/1$
q_2	$q_3/0$	$q_1/0$
q_3	$q_0/0$	$q_2/0$

状态表上方从左到右列出输入的全部组合,状态表左边从上到下列出电路的全部状态作为现态,状态表的中间列出对应不同输入和现态下的次态和输出。如表 6-1 中间部分的第 2 行第 1 列的单元格表示,处于状态 $q_1(Q_2Q_1=01)$ 的时序逻辑电路,当输入 $x=0$ 时,输出 $y=0$,在时钟脉冲 CP 的作用下,电路进入次态 $q_2(Q_2Q_1=10)$。

【例 6.2】 用状态表表示图 6-4 所示的摩尔型时序电路。

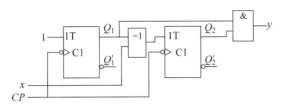

图 6-4 例 6.2 的摩尔型时序电路

解:该电路的工作情况与图 6-3 相同。输出 $y=Q_2Q_1$,它与电路的输入 x 无关,而只与电路的状态有关,因此是一个摩尔型时序逻辑电路。当输入 $x=0$ 时,Q_2Q_1 的状态转换规律为 $00\rightarrow01\rightarrow10\rightarrow11\rightarrow00\rightarrow\cdots$,相应的输出 y 为 $0\rightarrow0\rightarrow0\rightarrow1\rightarrow0\rightarrow\cdots$;当输入 $x=1$ 时,Q_2Q_1 的状态转换为 $00\rightarrow11\rightarrow10\rightarrow01\rightarrow00\rightarrow\cdots$,相应的输出 y 为 $0\rightarrow1\rightarrow0\rightarrow0\rightarrow0\rightarrow\cdots$。同样,该电路的内部状态有 4 个:$00,01,10$ 和 11,分别用状态 q_0,q_1,q_2 和 q_3 来表示。

由此列出例 6.2 的状态表,如表 6-2 所示。

表 6-2 例 6.2 的状态表

现　态	输　入　x		输　出　y
	0	1	
q_0	q_1	q_3	0
q_1	q_2	q_0	0
q_2	q_3	q_1	0
q_3	q_0	q_2	1

由于摩尔型时序逻辑电路的输出 y 仅与电路的状态有关,因此将输出单独作为一列,其值完全由现态确定。以表 6-2 中第 2 行(现态为 q_1 的行)为例说明时序逻辑电路状态表的读法:当电路处于状态 $q_1(Q_2Q_1=01)$ 时,输出 $y=0$。若输入 $x=0$,在时钟脉冲 CP 的作用下,电路进入次态 $q_2(Q_2Q_1=10)$;若输入 $x=1$,在时钟脉冲 CP 的作用下,电路进入次态 $q_0(Q_2Q_1=00)$。

2. 状态图

在时序逻辑电路中,状态转换关系用图形方式表示,称为状态图(或状态转换图)。

米利型时序逻辑电路的状态图如图 6-5 所示。

在状态图中,每个状态 q_i 用一个圆圈表示,用带箭头的直线或弧线表示状态的转换方向,并把引起这一转换的输入条件和相应的输出条件标注在有向线段的旁边 (x/y)。例如,可将表 6-1 所示电路的状态表描述为图 6-6 所示的状态图。

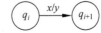

图 6-5 米利型时序逻辑
电路状态图

摩尔型时序电路的状态图中,输出 y 与状态 q 写在一起,表示 y 只与状态有关,即在圆圈内标以 q/y;输入仍标在有向线段的旁边。将表 6-2 所示的电路状态表转换为如图 6-7 所示的状态图。

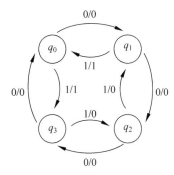

图 6-6　例 6.1 电路的状态图

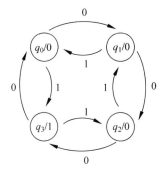

图 6-7　例 6.2 电路的状态图

6.2　时序逻辑电路的分析方法

时序逻辑电路的分析,就是对于一个给定的时序逻辑电路,研究其在一系列输入信号作用下,电路将会产生怎样的输出,进而说明该电路的逻辑功能。

6.2.1　同步时序逻辑电路的分析方法

同步时序逻辑电路分析的一般步骤如下。

(1) 从给定的逻辑电路图中写出各触发器的驱动方程,即每个触发器输入控制端的函数表达式,有的文献也称为激励方程。

(2) 将驱动方程代入相应触发器的特性方程,得到各触发器的状态方程(又称为次态方程),从而得到由这些状态方程组成的整个时序电路的状态方程组。

(3) 根据逻辑电路图写出输出方程。

(4) 根据状态方程、输出方程列出电路的状态表,画出状态图。

(5) 对电路可用文字概括其功能,也可做出时序图或波形图。

【**例 6.3**】　分析如图 6-8 所示时序逻辑电路。

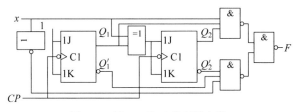

图 6-8　例 6.3 的时序逻辑电路

解:该时序电路由两个 JK 触发器和门电路构成,为同步时序电路,因此时钟脉冲 CP 方程可以省略。

（1）由给定电路图写出驱动方程为

$$\begin{cases} J_1 = K_1 = 1 \\ J_2 = K_2 = x \oplus Q_1 \end{cases} \tag{6-4}$$

（2）将驱动方程代入相应触发器的特性方程,得到各触发器的状态方程为

$$\begin{cases} Q_1^* = J_1 \cdot Q_1' + K_1' \cdot Q_1 = Q_1' \\ Q_2^* = J_2 \cdot Q_2' + K_2' \cdot Q_2 = x \oplus Q_1 \oplus Q_2 \end{cases} \tag{6-5}$$

（3）根据逻辑电路图写出输出方程为

$$F = ((x \cdot Q_1 \cdot Q_2)' \cdot (x' \cdot Q_1' \cdot Q_2')')' = x \cdot Q_1 \cdot Q_2 + x' \cdot Q_1' \cdot Q_2' \tag{6-6}$$

（4）为便于画出电路的状态图,由状态方程和输出方程列出状态表,如表 6-3 所示。

表 6-3　例 6.3 电路的状态表

$Q_2 Q_1$	$Q_2^* Q_1^* / F$	
	$x = 0$	$x = 1$
00	01/1	11/0
01	10/0	00/0
10	11/0	01/0
11	00/0	10/1

根据表 6-3 可以画出对应的状态图,如图 6-9 所示。

（5）由图 6-9 可以看出,该时序逻辑电路是一个模 4 的可逆计数器。当 $x = 0$ 时,实现模 4 加法计数,在时钟脉冲 CP 作用下,$Q_2 Q_1$ 从 00 到 11 递增又返回 00,每经过 4 个时钟脉冲后,电路的状态循环一次。同时,在输出端 F 输出一个进位脉冲。当 $x = 1$ 时,电路进行减 1 计数,实现模 4 减法计数器的功能,F 是借位输出信号。

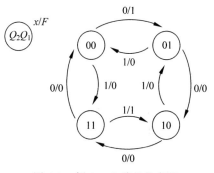

图 6-9　例 6.3 电路的状态图

例 6.3 电路的时序波形如图 6-10 所示。

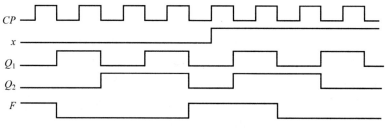

图 6-10　例 6.3 电路的时序波形

【例 6.4】　时序电路如图 6-11 所示,试分析其功能。

解：该电路为同步时序逻辑电路。电路的驱动方程为

$$D_1 = Q_3'; \quad D_2 = Q_1; \quad D_3 = Q_2 \tag{6-7}$$

电路的状态方程为

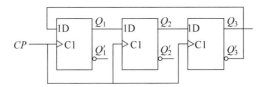

图 6-11　例 6.4 的时序逻辑电路

$$Q_1^* = Q_3'; \quad Q_2^* = Q_1; \quad Q_3^* = Q_2 \tag{6-8}$$

设电路的初始状态为 $Q_3Q_2Q_1 = 000$，代入式(6-8)求出电路的次态为 $Q_3^*Q_2^*Q_1^* = 001$，将这一结果作为新的现态，按同样方法代入式(6-8)求得电路新的次态，如此继续下去，直至次态 $Q_3^*Q_2^*Q_1^* = 000$，返回最初设定的初始状态为止。最后检查状态表是否包含了电路所有可能出现的状态。检查结果发现，根据上述计算过程列出的状态表中只有 6 种状态，缺少 $Q_3Q_2Q_1 = 010$ 和 $Q_3Q_2Q_1 = 101$ 两个状态。将这两个状态代入式(6-8)计算，将计算结果补充到状态表中，得到完整的状态表，如表 6-4 所示。

表 6-4　例 6.4 电路的状态表

Q_3	Q_2	Q_1	Q_3^*	Q_2^*	Q_1^*
0	0	0	0	0	1
0	0	1	0	1	1
0	1	1	1	1	1
1	1	1	1	1	0
1	1	0	1	0	0
1	0	0	0	0	0
0	1	0	1	0	1
1	0	1	0	1	0

画出电路状态图，如图 6-12 所示。

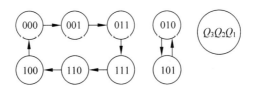

图 6-12　例 6.4 电路的状态图

由图 6-12 可以看出，若电路进入 $Q_3Q_2Q_1 = 010$ 或 $Q_3Q_2Q_1 = 101$ 状态时，它们自身成为一个无效的计数序列，经过若干节拍后无法自动返回正常计数序列，须通过复位才能正常工作，这种情况称电路无自启动能力。该电路为六进制计数器，又称为六分频电路。所谓分频电路是将输入的高频信号变为低频信号输出的电路。六分频是指输出信号的频率为输入信号频率的 1/6，如式(6-9)所示。其时序波形如图 6-13 所示。

$$f_{\text{out}} = \frac{1}{6} f_{\text{cp}} \tag{6-9}$$

6.2.2　异步时序逻辑电路的分析方法

异步时序逻辑电路的分析方法和同步时序逻辑电路的分析方法有所不同。在异步时序

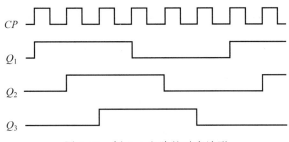

图 6-13 例 6.4 电路的时序波形

逻辑电路中,不同触发器的时钟脉冲不相同,触发器只有在它自己的 CP 脉冲的相应边沿才动作,而没有时钟信号的触发器将保持原来的状态不变。因此,异步时序逻辑电路的分析应写出每级的时钟方程,具体分析过程比同步时序逻辑电路复杂。

【例 6.5】 已知异步时序逻辑电路的逻辑图如图 6-14 所示,试分析其功能。

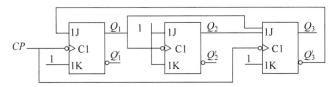

图 6-14 例 6.5 的异步时序逻辑电路

解:由图 6-14 可知,电路无输入控制变量,输出则是各级触发器状态变量的组合。第 1级和第 3 级触发器共用一个外部时钟脉冲;第 2 级触发器的时钟由第 1 级触发器的输出提供,因此电路为摩尔型异步时序逻辑电路。

各触发器的驱动方程为

$$\begin{cases} J_1 = Q'_3 \\ J_2 = 1 \\ J_3 = Q_1 Q_2 \end{cases} \quad \begin{cases} K_1 = 1 \\ K_2 = 1 \\ K_3 = 1 \end{cases} \tag{6-10}$$

列出电路的状态方程和时钟方程为

$$\begin{cases} Q_1^* = Q'_1 Q'_3 & (CP_1 = CP \downarrow) \\ Q_2^* = Q'_2 & (CP_2 = Q_1 \downarrow) \\ Q_3^* = Q_1 Q_2 Q'_3 & (CP_3 = CP \downarrow) \end{cases} \tag{6-11}$$

状态方程式(6-11)仅在括号内触发器时钟下降沿才成立,其余时刻均处于保持状态。在列写状态表时,须注意找出每次电路状态转换时各个触发器是否有式(6-11)括号内的触发器时钟的下降沿,再计算各触发器的次态。

当电路现态 $Q_3 Q_2 Q_1 = 000$ 时,代入 Q_1 和 Q_3 的次态方程,可得在 CP 作用下 $Q_1^* = 1$,$Q_3^* = 0$,此时 Q_1 由 $0 \to 1$ 产生一个上升沿,用符号"↑"表示,而 $CP_2 = Q_1$,因此 Q_2 处于保持状态,即 $Q_2^* = Q_2 = 0$。电路次态为 001。

当电路现态为 001 时,$Q_1^* = 0$,$Q_3^* = 0$,此时 Q_1 由 $1 \to 0$ 产生一个下降沿,用符号"↓"表示,Q_2 翻转,即 Q_2 由 $0 \to 1$,电路次态为 010,以此类推,列出电路状态表如表 6-5所示。

表 6-5　例 6.5 电路的状态表

现　　态			时　钟　脉　冲			次　　态		
Q_3	Q_2	Q_1	$CP_3 = CP$	$CP_2 = Q_1$	$CP_1 = CP$	Q_3^*	Q_2^*	Q_1^*
0	0	0	↓	↑	↓	0	0	1
0	0	1	↓	↓	↓	0	1	0
0	1	0	↓	↑	↓	0	1	1
0	1	1	↓	↓	↓	1	0	0
1	0	0	↓	↑	↓	0	0	0
1	0	1	↓	↓	↓	0	1	0
1	1	0	↓	0	↓	0	1	0
1	1	1	↓	↓	↓	0	0	0

　　根据表 6-5 所示的状态表画出其状态图,如图 6-15 所示。该电路是异步 3 位五进制加法计数器,且具有自启动能力。电路的时序波形如图 6-16 所示。

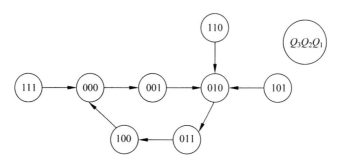

图 6-15　例 6.5 电路的状态图

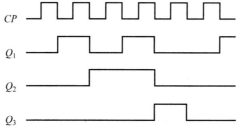

图 6-16　例 6.5 电路的时序波形

6.3　寄存器

　　寄存器用于存储数据,是由一组具有存储功能的触发器构成的。一个触发器可以存储 1 位二进制数,要存储 n 位二进制数需要 n 个触发器。无论是电平触发器还是边沿触发器都可以组成寄存器。

　　按照功能的不同,可将寄存器分为并行寄存器和移位寄存器两类。并行寄存器只能并行送入数据,需要时也只能并行输出。移位寄存器具有数据移位功能,在移位脉冲作用下,存储在寄存器中的数据可以依次逐位右移或左移。数据输入输出方式有并行输入并行输出、串行输入串行输出、并行输入串行输出、串行输入并行输出 4 种。

6.3.1 并行寄存器

并行寄存器中的触发器只具有置 1 和置 0 功能,因此,用基本触发器、同步触发器、主从触发器和边沿触发器实现均可。图 6-17 是用边沿 D 触发器组成的 4 位寄存器 74LS175。$D_0 \sim D_3$ 是并行数据输入端,$Q_0 \sim Q_3$ 是并行数据输出端,R_D' 是清 0 端,CP 是时钟控制端。

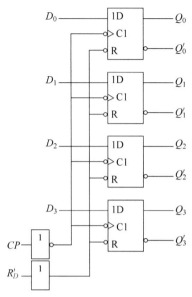

图 6-17　4 位寄存器 74LS175 电路

并行寄存器 74LS175 的逻辑功能如表 6-6 所示。由表 6-6 可知,当 $R_D'=0$,寄存器异步清 0;当 $R_D'=1$,在 CP 上升沿来时刻,$D_0 \sim D_3$ 被并行送入 4 个触发器中,寄存器的输出 $Q_3Q_2Q_1Q_0 = D_3D_2D_1D_0$,数据被锁存,直至下一个上升沿到来,故该寄存器又可称为并行输入、并行输出寄存器;当 $R_D'=1$,CP 上升沿以外的时间,寄存器内容保持不变。此时,输入端 $D_0 \sim D_3$ 输入数据不会影响寄存器输出,所以这种寄存器具有很强的抗干扰能力。

表 6-6　基本寄存器 74LS175 的逻辑功能表

R_D'	CP	$Q_3^* Q_2^* Q_1^* Q_0^*$	工 作 状 态
0	$\times$	0000	异步清 0
1	$\uparrow$	$D_3 D_2 D_1 D_0$	并行送数
1	$0/1/\downarrow$	$Q_3 Q_2 Q_1 Q_0$	保持

6.3.2 移位寄存器

移位寄存器不仅具有存储功能,而且存储的数据能够在时钟脉冲控制下逐位左移或者右移。根据移位方式的不同,移位寄存器分为单向移位寄存器和双向移位寄存器两大类。

1. 单向移位寄存器

单向移位寄存器分为左移寄存器和右移寄存器,左移寄存器如图 6-18 所示,右移寄存器如图 6-19 所示。

以图 6-19 所示的右移寄存器为例,当 CP 上升沿到来,串行输入端 D_i 将数据送入 FF_0 中,$FF_1 \sim FF_3$ 接受各自左边触发器的状态,即 $FF_0 \sim FF_2$ 的数据依次向右移动一位。经过 4 个时钟信号的作用,4 个数据被串行送入寄存器的 4 个触发器中,此后可从 $Q_0 \sim Q_3$ 获得 4 位并行输出,实现串并转换。再经过 4 个时钟信号的作用,存储在 $FF_0 \sim FF_3$ 的数据依次从串行输出端 Q_3 移出,实现并串转换。

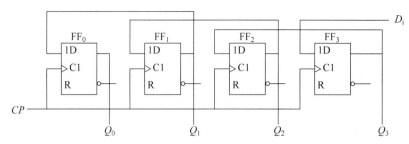

图 6-18 左移寄存器电路

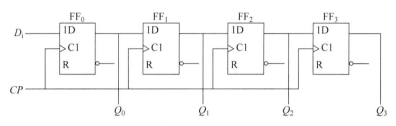

图 6-19 右移寄存器电路

如表 6-7 所示,在 4 个时钟周期内依次输入 4 个 1,经过 4 个 CP 脉冲,寄存器变成全 1 状态,再经过 4 个时钟脉冲连续输入 4 个 0,寄存器被清 0。

表 6-7　4 位右移寄存器的状态表

输　入		现　　态	次　　态	输　出
D_i	CP	$Q_0 Q_1 Q_2 Q_3$	$Q_0^* Q_1^* Q_2^* Q_3^*$	Q_3
1	↑	0　0　0　0	1　0　0　0	0
1	↑	1　0　0　0	1　1　0　0	0
1	↑	1　1　0　0	1　1　1　0	0
1	↑	1　1　1　0	1　1　1　1	1
0	↑	1　1　1　1	0　1　1　1	1
0	↑	0　1　1　1	0　0　1　1	1
0	↑	0　0　1　1	0　0　0　1	1
0	↑	0　0　0　1	0　0　0　0	0

单向移位寄存器的特点如下。

(1) 在时钟脉冲 CP 的作用下,单向移位寄存器中的数据可以依次左移或右移。

(2) n 位单向移位寄存器可以寄存 n 位二进制代码。n 个 CP 脉冲即可完成串行输入工作,并从 $Q_0 \sim Q_{n-1}$ 并行输出端获得的 n 位二进制代码,再经 n 个 CP 脉冲即可实现串行输出工作。

(3) 若串行输入端连续输入 n 个 0,在 n 个 CP 脉冲周期后,寄存器被清 0。

2. 双向移位寄存器

在单向移位寄存器的基础上,把右移寄存器和左移寄存器组合起来,加上移位方向控制信号和控制电路,即可构成双向移位寄存器。常用的中规模集成芯片有 74LS194,它除了具有左移、右移功能之外,还具有并行数据输入和在时钟信号到达时保持原来状态不变等功能。

74LS194 是由 4 个 SR 触发器和一些门电路构成的,每个触发器的输入都是由一个四选一数据选择器给出的。其逻辑图形符号如图 6-20 所示。

$D_0 \sim D_3$ 是并行数据输入端,$Q_0 \sim Q_3$ 是并行数据输出端,D_{IR} 是右移串行数据输入端,D_{IL} 是左移串行数据输入端,R'_D 是异步清 0 端,低电平有效。S_1、S_0 是工作方式选择端,其选择功能是:$S_1 S_0 = 00$ 为状态保持,$S_1 S_0 = 01$ 为右移,$S_1 S_0 = 10$ 为左移,$S_1 S_0 = 11$ 为并行送数。综上可列出 74LS194 的功能表,如表 6-8 所示。

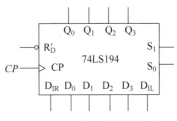

图 6-20 4 位双向移位寄存器 74LS194 的逻辑图形符号

表 6-8 双向移位寄存器 **74LS194** 的功能表

R'_D	$S_1 S_0$	CP	D_{IL}	D_{IR}	$D_0 D_1 D_2 D_3$	$Q_0^* Q_1^* Q_2^* Q_3^*$	说明
0	××	×	×	×	××××	0 0 0 0	异步清 0
1	××	0	×	×	××××	$Q_0 Q_1 Q_2 Q_3$	保持
1	1 1	↑	×	×	$D_0 D_1 D_2 D_3$	$D_0 D_1 D_2 D_3$	并行送数
1	0 1	↑	×	0	××××	$0 Q_0 Q_1 Q_2$	右移
1	0 1	↑	×	1	××××	$1 Q_0 Q_1 Q_2$	右移
1	1 0	↑	0	×	××××	$Q_1 Q_2 Q_3 0$	左移
1	1 0	↑	1	×	××××	$Q_1 Q_2 Q_3 1$	左移
1	0 0	×	×	×	××××	$Q_0 Q_1 Q_2 Q_3$	保持

【例 6.6】 用 74LS194 组成串行输入转换为并行输出的电路。

解:转换电路如图 6-21 所示,其转换过程如表 6-9 所示。具体过程如下:串行数据 $d_6 d_5 \cdots d_0$ 从 D_{IR} 端输入(d_0 先入),并行数据从 $Q_1 \sim Q_7$ 输出,表示转换结束的标志码 0 加在第(1)片的 D_0 端,其他并行输入端接 1。清 0 启动后,$Q_8 = 0$,因此第 1 个 CP 使 74LS194 完成预置操作,将并行输入的数据 01111111 送入 $Q_1 \sim Q_8$。此时,由于 $Q_8 = 1$,$S_1 S_0 = 01$,故以后的 CP 均实现右移操作,经过 7 次右移后,7 位串行码全部移入寄存器。此时 $Q_8 = 0$,表示转换结束,从寄存器读出并行数据 $Q_1 \sim Q_7 = d_6 \sim d_0$。由于 $Q_8 = 0$,$S_1 S_0$ 再次等于 11,第 9 个脉冲到来使移位寄存器置数,并重复上述过程。

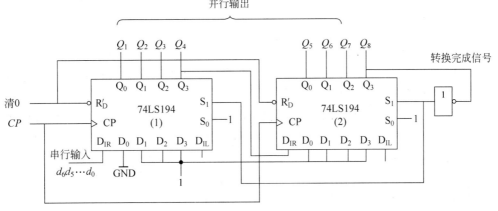

图 6-21 例 6.6 逻辑电路

表 6-9　例 6.6 状态表

CP	Q_1	Q_2	Q_3	Q_4	Q_5	Q_6	Q_7	Q_8	操作
0	0	0	0	0	0	0	0	0	清 0
1	0	1	1	1	1	1	1	1	送数
2	d_0	0	1	1	1	1	1	1	
3	d_1	d_0	0	1	1	1	1	1	
4	d_2	d_1	d_0	0	1	1	1	1	
5	d_3	d_2	d_1	d_0	0	1	1	1	右移 7 次
6	d_4	d_3	d_2	d_1	d_0	0	1	1	
7	d_5	d_4	d_3	d_2	d_1	d_0	0	1	
8	d_6	d_5	d_4	d_3	d_2	d_1	d_0	0	
9	0	1	1	1	1	1	1	1	送数

6.4　计数器

计数器是一种对输入脉冲进行计数的时序逻辑电路。计数器不仅可以计数,还可以实现分频、定时、产生脉冲和执行数字运算等功能,是数字系统中用途最广泛的基本部件之一。

计数器的种类很多,可以按照多种方式进行分类。

按计数器中进位模数分类,可以分为二进制计数器、十进制计数器和任意进制计数器。当输入计数脉冲到来时,按二进制规律进行计数的电路叫作二进制计数器;十进制计数器是按十进制数规律进行计数的电路;除了二进制和十进制计数器之外的其他进制的计数器都称为任意进制计数器。

按计数器中的触发器是否同步翻转分类,可以把计数器分为同步计数器和异步计数器。在同步计数器中,各个触发器的计数脉冲相同,即电路中有一个统一的计数脉冲。在异步计数器中,各个触发器的计数脉冲不同,即电路中没有统一的计数脉冲来控制电路状态的变化,电路状态改变时,电路中要更新状态的触发器的翻转有先有后,是异步进行的。

按计数增减趋势分类,可以把计数器分为加法计数器、减法计数器和可逆计数器。当输入计数脉冲到来时,按递增规律进行计数的电路叫作加法计数器;按递减规律进行计数的电路叫作减法计数器。在加减信号控制下,既可以递增计数又可以递减计数的叫作可逆计数器。

6.4.1　同步计数器

1. 二进制同步计数器

1) 二进制同步加法计数器

以 3 位二进制同步加法计数器为例,说明二进制同步加法计数器的组成规律。根据二进制递增计数规律,可画出 3 位二进制加法计数器的状态图,如图 6-22 所示。

选用 3 个 CP 下降沿触发的 JK 触发器,分别用 FF$_0$、FF$_1$、FF$_2$ 表示。写出时钟方程为

$$CP_0 = CP_1 = CP_2 \tag{6-12}$$

由于是同步计数器,所以式(6-12)可以省略。写出输出方程为

$$C = Q_2 Q_1 Q_0 \tag{6-13}$$

分别画出 Q_0^*、Q_1^*、Q_2^* 的卡诺图,如图 6-23 所示。

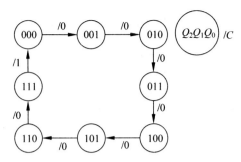

图 6-22　3 位二进制加法计数器的状态图

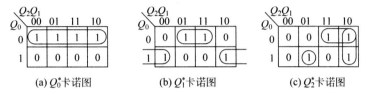

(a) Q_0^* 卡诺图　　　　(b) Q_1^* 卡诺图　　　　(c) Q_2^* 卡诺图

图 6-23　确定激励函数的次态卡诺图

根据卡诺图写出状态方程为

$$\begin{cases} Q_0^* = Q_0' \\ Q_1^* = Q_1 Q_0' + Q_1' Q_0 \\ Q_2^* = Q_2 Q_0' + Q_2 Q_1' + Q_2' Q_1 Q_0 \end{cases} \quad (6\text{-}14)$$

与 JK 触发器的特性方程比较，得到驱动方程为

$$\begin{cases} J_0 = K_0 = 1 \\ J_1 = K_1 = Q_0 \\ J_2 = K_2 = Q_1 Q_0 \end{cases} \quad (6\text{-}15)$$

根据所选触发器的时钟方程式(6-12)、输出方程式(6-13)和驱动方程式(6-15)，可得 3 位计数器的逻辑电路和时序图分别如图 6-24 和图 6-25 所示。

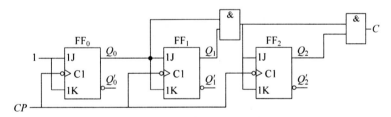

图 6-24　3 位二进制同步加法计数器电路

从图 6-25 可以看出，每当 CP 的下降沿到来时，FF_0 翻转一次；$Q_0 = 1$ 时，FF_1 在 CP 的下降沿翻转；$Q_0 = Q_1 = 1$ 时，FF_2 在 CP 的下降沿翻转。

用 JK 触发器实现 n 位同步加法计数器，其各级驱动方程为

$$\begin{cases} J_0 = K_0 = 1 \\ J_1 = K_1 = Q_0 \\ J_2 = K_2 = Q_1 Q_0 \\ J_3 = K_3 = Q_2 Q_1 Q_0 = J_2 Q_2 \\ \cdots \\ J_{n-1} = K_{n-1} = Q_{n-2} Q_{n-3} \cdots Q_1 Q_0 \end{cases} \quad (6\text{-}16)$$

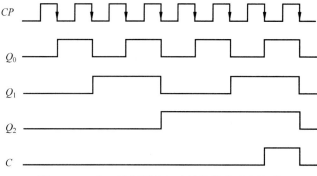

图 6-25　3 位二进制同步加法计数器的时序波形

输出方程为

$$C = Q_{n-1}Q_{n-2}\cdots Q_2Q_1Q_0 \tag{6-17}$$

如果把 JK 触发器换成 T 触发器,则式(6-16)可写为

$$\begin{cases} T_0 = 1 \\ T_1 = Q_0 \\ T_2 = Q_1Q_0 \\ \cdots \\ T_{n-1} = Q_{n-2}Q_{n-3}\cdots Q_1Q_0 \end{cases} \tag{6-18}$$

2) 二进制同步减法计数器

以 3 位二进制同步减法计数器为例,说明二进制同步减法计数器的组成规律。根据二进制递减计数规律,可画出 3 位二进制减法计数器的状态图,如图 6-26 所示。

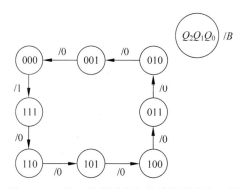

图 6-26　3 位二进制同步加法计数器的状态图

二进制同步减法计数器是按照二进制减法运算规则进行计数的,其工作原理为:在 n 位二进制减法计数器中,只有当第 i 位以下各位同时为 0,低位需向高位借位时,在时钟脉冲的作用下第 i 位状态应当翻转。最低位触发器每来一个时钟脉冲就翻转一次。

根据图 6-26 所示的状态图,可以画出 3 位二进制同步减法计数器的时序图,如图 6-27 所示。

从图 6-27 可以看出,每当 CP 的下降沿到来时,FF_0 翻转一次;当 $Q_0 = 0$ 时,CP 的下降沿到来,FF_1 翻转;当 $Q_0 = Q_1 = 0$ 时,CP 的下降沿到来,FF_2 翻转。

如果用 JK 触发器构成 n 位二进制同步减法计数器,则其各级触发器的驱动方程为

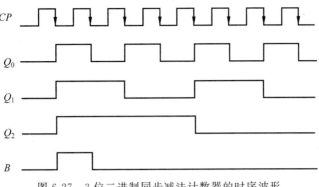

图 6-27 3 位二进制同步减法计数器的时序波形

$$\begin{cases} J_0 = K_0 = 1 \\ J_1 = K_1 = Q'_0 \\ J_2 = K_2 = Q'_1 Q'_0 \\ \cdots \\ J_{n-1} = K_{n-1} = Q'_{n-2} Q'_{n-3} \cdots Q'_1 Q'_0 \end{cases} \tag{6-19}$$

输出方程如为

$$B = Q'_{n-1} Q'_{n-2} \cdots Q'_2 Q'_1 Q'_0 \tag{6-20}$$

因此，只要将图 6-24 所示的二进制加法计数器的输出端由 Q 端改为 Q' 端，即可构成 3 位二进制同步减法计数器。其逻辑电路如图 6-28 所示。

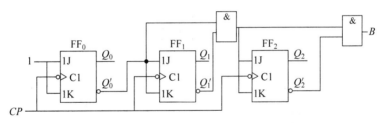

图 6-28 3 位二进制同步减法计数器电路

3）二进制同步可逆计数器

在实际应用中，通过加减控制信号，将二进制同步加法计数器和减法计数器合并，就可构成二进制同步可逆计数器。

设用 U'/D 表示加减控制信号，且 $U'/D = 0$ 时作加计数，$U'/D = 1$ 时作减计数，则把二进制同步加法计数器的驱动方程和 $(U'/D)'$ 相与，把减法计数器的驱动方程和 U'/D 相与，再把二者相加，便可得到 3 位二进制同步可逆计数器的驱动方程为

$$\begin{cases} J_0 = K_0 = 1 \\ J_1 = K_1 = (U'/D)' \cdot Q_0 + U'/D \cdot Q'_0 \\ J_2 = K_2 = (U'/D)' \cdot Q_1 Q_0 + U'/D \cdot Q'_1 Q'_0 \end{cases} \tag{6-21}$$

输出方程为

$$C/B = (U'/D)' \cdot Q_0 Q_1 Q_2 + U'/D \cdot Q'_0 Q'_1 Q'_2 \tag{6-22}$$

根据驱动方程式(6-21)和输出方程式(6-22)，可以画出 3 位二进制同步可逆计数器的

逻辑电路,如图 6-29 所示。

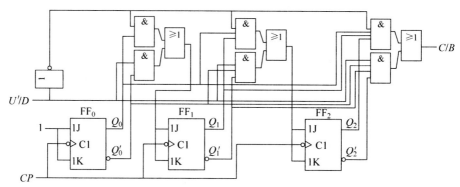

图 6-29　3 位二进制同步可逆计数器电路

2．十进制同步计数器

常见的十进制计数器是按照 8421BCD 码进行计数的电路。在十进制同步计数器中,使用最多的是十进制同步加法计数器,它是在 4 位二进制同步加法计数器的基础上修改而成的。当 CP 到来时,电路按照 8421BCD 码进行加法计数,可以画出其状态图,如图 6-30 所示。

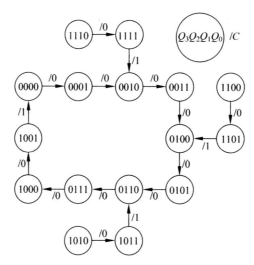

图 6-30　十进制同步加法计数器状态转换图

由状态图可以看出,从 0000 开始计数,CP 每到来一次,状态增 1,输入第 9 个脉冲,进入 1001 状态,输入第 10 个脉冲返回 0000,同时产生进位输出信号 C。

电路的状态方程为

$$\begin{cases} Q_0^* = Q_0' \\ Q_1^* = Q_0 Q_3' Q_1' + (Q_0 Q_3')' Q_1 \\ Q_2^* = Q_0 Q_1 Q_2' + (Q_0 Q_1)' Q_2 \\ Q_3^* = (Q_0 Q_1 Q_2 + Q_0 Q_3) Q_3' + (Q_0 Q_1 Q_2 + Q_0 Q_3)' Q_3 \end{cases} \qquad (6\text{-}23)$$

选用 4 个时钟脉冲下降沿触发的 JK 触发器，驱动方程为

$$\begin{cases} J_0 = K_0 = 1 \\ J_1 = K_1 = Q_0 Q'_3 \\ J_2 = K_2 = Q_0 Q_1 \\ J_3 = K_3 = Q_0 Q_1 Q_2 + Q_0 Q_3 \end{cases} \tag{6-24}$$

输出方程如为

$$C = Q_3 Q_0 \tag{6-25}$$

根据驱动方程式(6-24)和输出方程式(6-25)，按照选择的触发器，画出十进制同步加法计数器的逻辑电路图，如图 6-31 所示。

将无效状态 1010～1111 分别代入式(6-23)和式(6-25)进行计算，可以验证在 CP 脉冲作用下都能回到有效状态，电路能够自启动。

3. 同步集成计数器应用

集成计数器具有功能较完善、通用性强、功耗低、工作速率高且可以自扩展等优点，因而得到广泛应用。目前，由 TTL 和 CMOS 电路构成的 MSI 计数器都有许多品种，表 6-10 列出了几种常用 TTL 型 MSI 同步集成计数器的型号及工作特点。

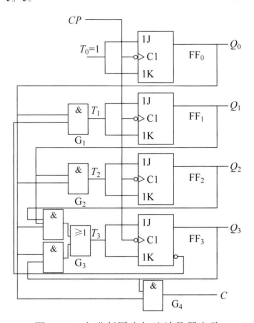

图 6-31 十进制同步加法计数器电路

表 6-10 常用 TTL 型 MSI 同步集成计数器

类型	名　称	型　号	预　置	清 0	工作频率/MHz
同步集成计数器	十进制计数器	74LS160	同步,低	异步,低	25
		74LS162	同步,低	同步,低	25
	十进制加/减计数器	74LS190	异步,低	无	20
		74LS168	同步,低	无	25
	十进制加/减计数器(双时钟)	74LS192	异步,低	异步,高	25
	四位二进制计数器	74LS161	同步,低	异步,低	25
		74LS163	同步,低	同步,低	25
	四位二进制加/减计数器	74LS169	同步,低	无	25
		74LS191	异步,低	无	20
	四位二进制加/减计数器(双时钟)	74LS193	异步,低	异步,高	25

下面介绍 3 种典型的同步集成计数器。

1) 4 位二进制同步计数器 74LS161

74LS161 是 4 位二进制(模 $16=2^4$)同步计数器,具有计数、保持、预置、清 0 功能,其传统逻辑图形符号如图 6-32 所示。它由 4 个 JK 触发器和一些控制门组成,CP 是输入计数脉冲,R_D' 是清 0 端,LD' 是预置端,EP 和 ET 是工作状态控制端,$D_0 \sim D_3$ 是并行输入数据端,CO 是进位信号输出端,$Q_0 \sim Q_3$ 是计数器状态输出端,其中 Q_3 为最高位,74LS161 的功能如表 6-11 所示。

表 6-11   4 位同步二进制计数器 74LS161 的功能表

CP	R_D'	LD'	EP	ET	工作状态
×	0	×	×	×	置 0
↑	1	0	×	×	预置数
×	1	1	0	1	保持
×	1	1	×	0	保持(但 $C=0$)
↑	1	1	1	1	计数

从表 6-11 中可知 74LS161 的功能如下。

(1) CP 为计数脉冲输入端,上升沿有效。

(2) R_D' 为异步清 0 端,低电平有效,只要 $R_D'=0$,立即有 $Q_3Q_2Q_1Q_0=0000$,与 CP 无关。

(3) LD' 为同步预置端,低电平有效,当 $R_D'=1$,$LD'=0$,当 CP 的上升沿到来时,并行输入数据 $D_0 \sim D_3$ 进入计数器,使 $Q_3Q_2Q_1Q_0=D_3D_2D_1D_0$。

(4) EP 和 ET 是工作状态控制端,高电平有效。

① 当 $R_D'=LD'=1$ 时,若 $EP \cdot ET=1$,则在 CP 作用下计数器进行加法计数。

② 当 $R_D'=LD'=1$ 时,若 $EP \cdot ET=0$,则计数器处于保持状态。EP 和 ET 的区别是 ET 影响进位输出 CO,而 EP 不影响进位输出 CO。

2) 4 位二进制可逆计数器 74LS169

常用的二进制可逆计数器有单时钟二进制同步可逆计数器 74LS191 和双时钟二进制同步可逆计数器 74LS169。下面以 74LS169 为例,介绍二进制同步可逆计数器的逻辑图形功能。74LS169 的逻辑图形符号如图 6-33 所示,功能表如表 6-12 所示。

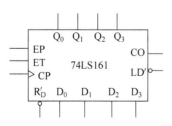

图 6-32   74LS161 逻辑图形符号

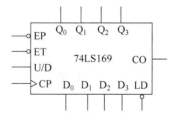

图 6-33   74LS169 逻辑图形符号

74LS169 的特点如下。

(1) 该器件为加减控制型的可逆计数器,当 $U/D=1$ 时进行加法计数,当 $U/D=0$ 时进行减法计数。模为 16,时钟上升沿触发。

(2) LD 为同步预置控制端,低电平有效。

（3）没有清 0 端,因此清 0 需要通过预置实现。

（4）进位和借位输出都从同一输出端 CO 输出。当加法计数进入 1111 后,CO 端有负脉冲输出;当减法计数进入 0000 后,CO 端有负脉冲输出。输出的负脉冲与时钟上升沿同步,宽度为一个时钟周期。

（5）EP、ET 为计数允许端,低电平有效。只有当 $LD=1$,$P=T=0$,在 CP 作用下计数器才能正常工作,否则保持原状态不变。

表 6-12　4 位二进制可逆计数器 74LS169 的功能表

CP	$EP+ET$	U/D	LD	工作状态
$\times$	1	$\times$	1	保持
$\uparrow$	0	$\times$	0	预置数
$\uparrow$	0	1	1	二进制加法计数
$\uparrow$	0	0	1	二进制减法计数

3）十进制同步计数器 74LS160

十进制同步计数器 74LS160 的逻辑图形符号如图 6-34 所示,和前面的 4 位二进制同步计数器 74LS161 类似,74LS160 也有清 0 和预置功能。

74LS160 的功能表如表 6-13 所示。比较表 6-13 和表 6-11,发现 74LS160 和 74LS161 两种芯片的逻辑功能几乎相同,并且两者的引脚排列图也相同。它们的区别在于：74LS161 是十六进制,而 74LS160 是十进制。

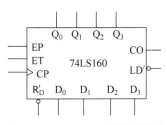

图 6-34　74LS160 逻辑图形符号

表 6-13　十进制同步计数器 74LS160 的功能表

CP	R'_D	LD'	EP	ET	工作状态
$\times$	0	$\times$	$\times$	$\times$	置 0
$\uparrow$	1	0	$\times$	$\times$	预置数
$\times$	1	1	0	1	保持
$\times$	1	1	$\times$	0	保持(但 $C=0$)
$\uparrow$	1	1	1	1	计数

【例 6.7】　用两片十进制同步计数器 74LS160 实现一百进制计数器。

解：将两片 74LS160 连接成一百进制计数器,有并行进位和串行进位两种方式。

如图 6-35 所示电路是并行进位方式的接法,以第(1)片的进位输出 CO 作为第(2)片的 EP 和 ET 输入,每当第(1)片状态为 1001 时,进位输出 $CO=1$。等到下个计数脉冲信号 CP 到达,第(2)片的 $EP=ET=1$,为计数状态,计入 1。由于第(1)片的 EP 和 ET 恒为 1,始终处于计数状态,故第(1)片状态返回 0000,此时进位输出 $CO=0$。

如图 6-36 所示电路是串行进位方式的接法。两片 74LS160 的 EP 和 ET 都接入 1,工作在计数状态。第(1)片每计为 1001 时,CO 端输出高电平,经反相器后,第(2)片的 CP 为低电平。下一个计数脉冲到来后,第(1)片变成 0000 状态,C 端返回低电平,经反相器给第(2)片的 CP 一个上升沿,于是第(2)片计入 1。

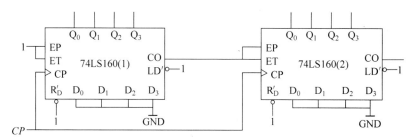

图 6-35　例 6.7 逻辑电路(并行进位)

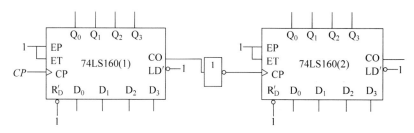

图 6-36　例 6.7 逻辑电路(串行进位)

6.4.2　异步计数器

1. 二进制异步计数器

1) 二进制异步加法计数器

以 3 位二进制异步加法计数器为例,说明二进制异步加法计数器的组成规律。

从图 6-25 可以看出,每当 CP 的下降沿到达时,Q_0 翻转;当 Q_0 由 1 变 0 时,Q_1 翻转;当 Q_1 由 1 变 0 时,Q_2 翻转。

选用 3 个 CP 下降沿触发的 JK 触发器,分别用 FF_0、FF_1、FF_2 表示。因为是异步工作方式,可得时钟方程为

$$\begin{cases} CP_0 = CP \\ CP_1 = Q_0 \\ CP_2 = Q_1 \end{cases} \tag{6-26}$$

当时钟脉冲到来时,FF_0、FF_1 和 FF_2 均实现翻转功能。由于选用的是时钟脉冲下降沿触发的边沿 JK 触发器,只要取 $J=K=1$ 即可。根据这个原理,可连接成如图 6-37 所示的 3 位二进制异步加法计数器。

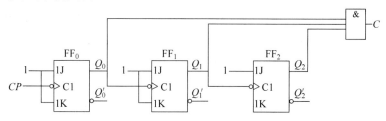

图 6-37　3 位二进制异步加法计数器电路

2）二进制异步减法计数器

根据二进制减法计数规则，若低位触发器已经为 0，当计数脉冲到来时，不仅该位应翻转成 1，同时还需向高位发出借位信号，使高位翻转。所以，将低位触发器的 Q' 端接到高位触发器的 CP 输入端，可构成异步二进制减法计数器，如图 6-38 所示。

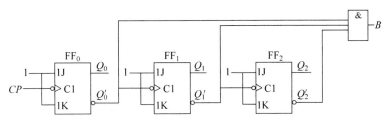

图 6-38 3 位二进制异步减法计数器电路

如果选用 T' 触发器构成 3 位二进制异步减法计数器，且是下降沿触发的触发器，则应取时钟方程为

$$\begin{cases} CP_0 = CP \\ CP_1 = Q'_0 \\ CP_2 = Q'_1 \end{cases} \tag{6-27}$$

若选用的是上升沿触发的触发器，则应取时钟方程为

$$\begin{cases} CP_0 = CP \\ CP_1 = Q_0 \\ CP_2 = Q_1 \end{cases} \tag{6-28}$$

画出由 T' 触发器构成的 3 位二进制异步减法计数器的逻辑电路，如图 6-39 所示。

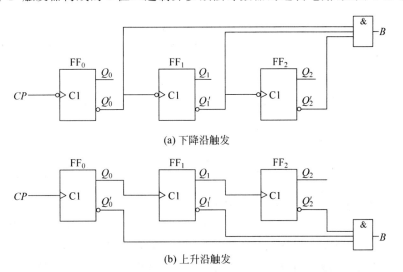

(a) 下降沿触发

(b) 上升沿触发

图 6-39 由 T' 触发器构成的 3 位二进制异步减法计数器的逻辑电路

归纳二进制异步加法计数器和减法计数器级间连接规律，如表 6-14 所示。

表 6-14　二进制异步计数器级间连接规律

连 接 规 律	T' 触发器的触发沿	
	上升沿触发	下降沿触发
加法计数	$CP_i = Q'_{i-1}$	$CP_i = Q_{i-1}$
减法计数	$CP_i = Q_{i-1}$	$CP_i = Q'_{i-1}$

2. 十进制异步计数器

十进制异步加法计数器是在 4 位异步二进制加法计数器的基础上改进得到的。它在计数过程中跳过了 1010 到 1111 这 6 个状态。十进制异步加法计数器的逻辑电路如图 6-40 所示。

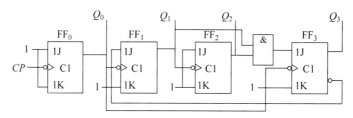

图 6-40　十进制异步加法计数器的逻辑电路

3. 异步集成计数器应用

目前,由 TTL 和 CMOS 电路构成的 MSI 计数器都有许多品种,表 6-10 列出了几种常用 TTL 型 MSI 同步集成计数器的型号及工作特点,常用的 TTL 型 MSI 异步集成计数器的型号及工作特点如表 6-15 所示。

表 6-15　常用 TTL 型 MSI 异步集成计数器

类型	名　　称	型　号	预　置	清 0	工作频率/MHz
异步集成计数器	二、五、十进制计数器	74LS90	异步置 9,高	异步,高	32
		74LS290	异步置 9,高	异步,高	32
		74LS196	异步,低	异步,低	30
	二、八、十六进制计数器	74LS293	无	异步,高	32
		74LS197	异步,低	异步,低	30
	双四位二进制计数器	74LS393	无	异步,高	35

下面介绍一种典型的十进制异步集成计数器 74LS90。

74LS90 是二-五-十进制异步计数器,其逻辑图形符号如图 6-41 所示。它包含两个独立的下降沿触发的计数器,即模 2(二进制)和模 5(五进制)计数器;异步清 0 端 R_{01}、R_{02} 和异步置 9 端 S_{91}、S_{92},均为高电平有效。74LS90 的简化结构框图如图 6-42 所示。

74LS90 的功能表如表 6-16 所示。从表 6-16 中看出,当 $R_{01} = R_{02} = 1$,$S_{91} = S_{92} = 0$ 时,无论时钟如何,输出全部清 0;而当 $S_{91} = S_{92} = 1$ 时,无论时钟和清 0 信号 R_{01}、R_{02} 如何,输出就置 9。这说明清 0、置 9 都是异步操作,而且置 9 是优先的。所以,R_{01}、R_{02} 为异步清 0 端,S_{91}、S_{92} 为异步置 9 端。

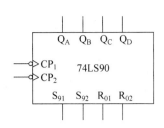

图 6-41 74LS90 逻辑图形符号

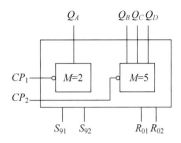

图 6-42 74LS90 的简化结构框图

表 6-16 十进制异步计数器 74LS90 功能表

输　　入			输　　出	功　　能
R_{01}　R_{02}	S_{91}　S_{92}	CP_1　CP_2	Q_D Q_C Q_B Q_A	
1　1	0　×	×　×	0 0 0 0	异步清 0
1　1	×　0	×　×	0 0 0 0	
×　×	1　1	×　×	1 0 0 1	异步置 9
$R_{01}=R_{02}=0$	$S_{91}=S_{92}=0$	↓　×	二进制	计数
		×　↓	五进制	
		↓　Q_A	8421BCD 码	
		Q_D　↓	5421BCD 码	

　　当满足 $R_{01}=R_{02}=0$、$S_{91}=S_{92}=0$ 时,电路才能执行计数操作,根据 CP_1、CP_2 的各种接法可以实现不同的计数功能。当计数脉冲从 CP_1 输入,CP_2 不加信号时,Q_A 端输出 2 分频信号,即实现二进制计数。当 CP_1 不加信号,计数脉冲从 CP_2 输入时,Q_D、Q_C、Q_B 实现五进制计数。实现十进制计数有两种接法,分别是 8421BCD 码接法和 5421BCD 码接法。图 6-43 是 8421BCD 码接法,先模 2 计数,后模 5 计数,由 Q_D、Q_C、Q_B、Q_A 输出 8421BCD 码,最高位 Q_D 作进位输出。图 6-44 是 5421BCD 码接法,先模 5 计数,后模 2 计数,由 Q_A、Q_D、Q_C、Q_B 输出 5421BCD 码,最高位 Q_A 作进位输出。

　　如果要求实现的模 M 超过单片计数器的计数范围,则必须将多片计数器级联,才能实现模 M 计数器。常用的方法有如下两种。

　　(1) 将模 M 分解为 $M=M_1 \times M_2 \times \cdots \times M_n$,用 n 片计数器分别组成模值为 M_1,M_2,$\cdots$,M_n 的计数器,然后再将它们异步级联组成模 M 计数器。

　　(2) 先将 n 片计数器级联组成最大计数值 $N > M$ 的计数器,然后采用整体清 0 或整体置数的方法实现模 M 计数器。

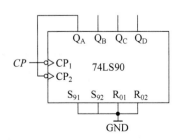

图 6-43 74LS90 构成十进制
计数器的 8421BCD 接法

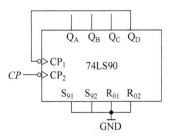

图 6-44 74LS90 构成十进制
计数器的 5421BCD 接法

【例 6.8】 用 74LS90 实现模 54 计数器。

解： 因一片 74LS90 的最大计数值为 10，故实现模 54 计数器需要用两片 74LS90。

（1）模分解法。

可将 M 分解为 $6 \times 9 = 54$，用两片 74LS90 分别组成 8421BCD 码模 6、模 9 计数器，然后级联组成 $M = 54$ 计数器，其逻辑图如图 6-45 所示。其中，模 6 计数器的进位信号应从 Q_C 输出。

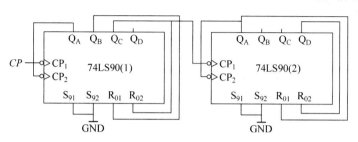

图 6-45　74LS90 实现模 54 计数器逻辑图（模分解法）

（2）整体清 0 法。

先将两片 74LS90 用 8421BCD 码接法构成模 100 计数器，然后加译码反馈电路构成模 54 计数器，逻辑图如图 6-46 所示。

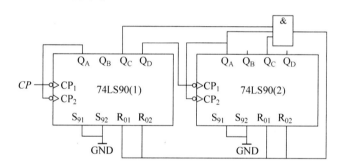

图 6-46　74LS90 实现模 54 计数器逻辑图（整体清 0 法）

6.4.3　任意进制计数器

任意进制的计数器可以用厂家定型的集成计数器产品外加适当的电路连接而成。用 M 进制集成计数器构成 N 进制计数器时，如果 $M > N$，则只需一个 M 进制集成计数器；如果 $M < N$，则要用多个 M 进制计数器构成。下面结合例题分别介绍这两种情况的实现方法。

【例 6.9】 用 74LS161 实现七进制计数器。

解： 七进制计数器应有 7 个状态，而 74LS161 在计数过程中有 16 个状态，因此属于 $M > N$ 的情况。由于 74LS161 有异步清 0 和同步置数功能，因此可以采用异步清 0 法和同步置数法实现任意进制计数器。

1. 异步清 0 法

七进制计数器的计数范围是 $0 \sim 6$，计到 7 时异步清 0。列出其状态表，如表 6-17 所示，逻辑图如图 6-47 所示。

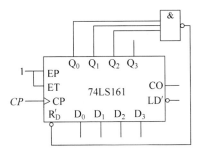

图 6-47 74LS161 异步清 0 法实现七进制计数器

表 6-17 七进制加法计数器状态表(异步清 0 法)

CP	Q_3	Q_2	Q_1	Q_0	
1	0	0	0	0	
2	0	0	0	1	
3	0	0	1	0	
4	0	0	1	1	$M=7$
5	0	1	0	0	
6	0	1	0	1	
7	0	1	1	0	
8	0	1	1	1	过渡态

计数器输出 $Q_3Q_2Q_1Q_0$ 的有效状态为 0000~0110,计到 0111 时异步清 0。清 0 端是低电平有效,故 $R'_D=(Q_2Q_1Q_0)'$,即当 $Q_2Q_1Q_0$ 全为高电平时,$R'_D=0$,使计数器复位到全 0 状态。

2．同步置数法

同步置数法通过控制同步置数端 LD' 和预置输入端 $D_3D_2D_1D_0$ 实现模 7 计数器。由于置数状态可在 16 个状态中任选,因此实现的方案很多,常用方法如下。

1)同步置 0 法(前 7 个状态计数)

选用 $S_0 \sim S_6$ 共 7 个状态计数,计到 S_6 时使 $LD'=0$,等下一个 CP 到来时置 0,即返回 S_0 状态。这种方法必须设置预置输入 $D_3D_2D_1D_0=0000$。本例中,$M=7$,故选用 0000~0110 共 7 个状态,计到 0110 时同步置 0,$LD'=(Q_2Q_1)'$。其状态表如表 6-18 所示,逻辑图如图 6-48 所示。

表 6-18 七进制加法计数器状态表(同步置 0 法)

CP	Q_3	Q_2	Q_1	Q_0	
1	0	0	0	0	
2	0	0	0	1	
3	0	0	1	0	
4	0	0	1	1	$M=7$
5	0	1	0	0	
6	0	1	0	1	
7	0	1	1	0	

2）CO 置数法（后 7 个状态计数）

选用 $S_9\sim S_{15}$ 共 7 个状态，当计到 S_{15} 状态并产生进位信号时，利用进位信号置数，使计数器返回初态 S_9。预置输入数的设置为 $D_3D_2D_1D_0=1001$，故选用 $1001\sim1111$ 共 7 个状态，计到 1111 时，$CO=1$，可利用 CO 同步置数，所以 $LD'=CO'$。其状态表如表 6-19 所示，逻辑图如图 6-49 所示。

表 6-19　七进制加法计数器状态表（CO 置数法）

CP	Q_3	Q_2	Q_1	Q_0
1	1	0	0	1
2	1	0	1	0
3	1	0	1	1
4	1	1	0	0
5	1	1	0	1
6	1	1	1	0
7	1	1	1	1

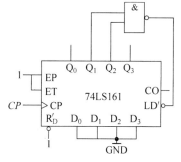

图 6-48　用 74LS161 实现
七进制计数器逻辑图（同步置 0 法）

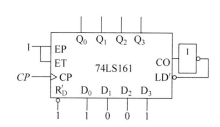

图 6-49　用 74LS161 实现
七进制计数器逻辑图（CO 置数法）

3）中间任意 7 个状态计数

随意选用 $S_i\sim S_{i+6}$ 共 7 个状态，计到 S_{i+6} 时使 $LD'=0$，等下一个计数脉冲来到时返回 S_i 状态。本例选用 $0010\sim1000$ 共 7 个状态，计到 1000 时同步置数，故 $LD'=Q'_3$，$D_3D_2D_1D_0=0010$。其状态表如表 6-20 所示，逻辑图如图 6-50 所示。

表 6-20　七进制加法计数器状态表（中间任意 7 个状态计数）

CP	Q_3	Q_2	Q_1	Q_0
1	0	0	1	0
2	0	0	1	1
3	0	1	0	0
4	0	1	0	1
5	0	1	1	0
6	0	1	1	1
7	1	0	0	0

【例 6.10】 用 74HCT390 构成二十四进制计数器。

解：运用反馈清 0 法实现。74HCT390 是双十进制计数器，因为 $M=10$，$N=24$，所以需要使用芯片中两组二-十进制计数器 C_0 和 C_1。先将两组计数器均接成 8421 码二-十进制计数器，然后将它们级联，接成一百进制计数器。在此基础上，借助与门译码和计数器异步清 0 功能，将 C_0 的 Q_2 与 C_1 的 Q_1 分别接至与门的输入端。工作时，在第 24 个计数脉冲作用后，计数器输出为 0010 0100 状态（十进制数 24），C_1 的 Q_1 与 C_0 的 Q_2 同时为 1，使与门输出高电平。它作用在计数器 C_0 和 C_1 的清 0 端 CR（高电平有效），使计数器立即返回 0000 0000 状态。状态 0010 0100 仅在瞬间出现。这样，就构成了二十四进制计数器，其逻辑电路如图 6-51 所示。

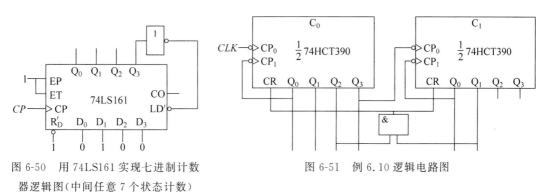

图 6-50　用 74LS161 实现七进制计数　　　　图 6-51　例 6.10 逻辑电路图
器逻辑图（中间任意 7 个状态计数）

这种连接方式可称为整体反馈清 0 法，其原理与 $M > N$ 时的反馈清 0 法相同。也可以用具有预置数据功能的集成计数器，采取整体反馈置数的方法构成二十四进制计数器，其原理与 $M > N$ 时的反馈置数法相似。读者可自行分析或设计。

6.5　顺序脉冲发生器

在数字电路中，能产生一组在时间上有一定先后顺序的脉冲信号的电路称为顺序脉冲发生器，也称节拍脉冲发生器。按电路结构不同，顺序脉冲发生器可以分为移位型和计数型两大类。

1. 移位型顺序脉冲发生器

顺序脉冲发生器可以由移位寄存器构成。如图 6-52 所示是由 4 位移位寄存器构成的 4 输出顺序脉冲发生器。由图 6-53 可见，当 CP 时钟脉冲不断到来时，$Q_0 \sim Q_3$ 端将依次输出正脉冲，顺序脉冲的宽度为 CP 的一个周期。

2. 计数型顺序脉冲发生器

如图 6-54 所示的电路是一个能循环输出 4 个脉冲的顺序脉冲发生器，其中的两个 JK 触发器组成 2 位二进制计数器，4 个与门组成 2 线-4 线译码器。R_D' 是异步清 0 端，CP 是输入计数脉冲，$Y_0 \sim Y_3$ 是 4 个顺序脉冲输出端。

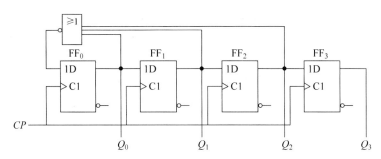

图 6-52　移位型顺序脉冲发生器电路

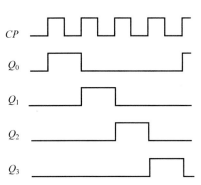

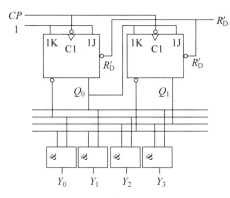

图 6-53　移位型顺序脉冲发生器波形　　　图 6-54　计数型顺序脉冲发生器的逻辑电路

根据图 6-54 所示的逻辑电路,可得输出方程如式(6-29)所示,状态方程如式(6-30)所示。

$$\begin{cases} Y_0 = Q'_1 Q'_0 \\ Y_1 = Q'_1 Q_0 \\ Y_2 = Q_1 Q'_0 \\ Y_3 = Q_1 Q_0 \end{cases} \tag{6-29}$$

$$\begin{cases} Q_0^* = Q'_0 \\ Q_1^* = Q'_1 Q_0 + Q_1 Q'_0 \end{cases} \tag{6-30}$$

只要在计数器的输入端 CP 加入固定频率的脉冲,便可在 $Y_0 \sim Y_3$ 端依次得到输出的脉冲信号,如图 6-55 所示。

由于使用了异步计数器,在电路状态转换时,两个触发器的翻转有先有后,因此当两个触发器同时改变状态(从 01→10)时,电路可能产生竞争-冒险现象,使顺序脉冲中出现尖峰脉冲。

3. 用 MSI 构成顺序脉冲发生器

将集成计数器 74LS161 和 3 线-8 线译码器 74LS138 结合起来,可以构成 8 输出的 MSI 顺序脉冲发生器电路,如图 6-56 所示。

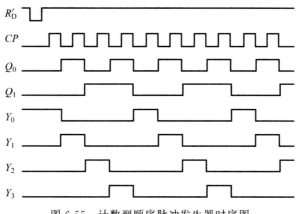

图 6-55 计数型顺序脉冲发生器时序图

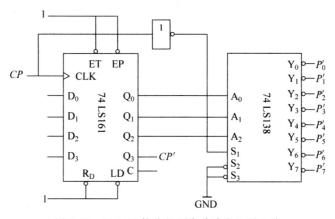

图 6-56 用 MSI 构成的顺序脉冲发生器电路

6.6 序列信号发生器

序列信号发生器是能够产生一组特定的串行数字信号的电路,它可以用移位寄存器或计数器实现。序列信号的种类很多,按照序列循环长度 M 和触发器数目 n 的关系一般可分为如下 3 种。

(1) 最大循环长度序列码,$M=2^n$。

(2) 最长线性序列码(m 序列码),$M=2^n-1$。

(3) 任意循环长度序列码,$M<2^n$。

常见的序列信号发生器使用计数器和数据选择器组成。例如,如果需要产生一个 8 位的序列信号 11010001,则可用一个八进制计数器和一个 8 选 1 数据选择器组成,其中八进制计数器用 74LS161 实现,其逻辑电路图如图 6-57 所示。

当 CP 时钟脉冲到来时,$Q_3Q_2Q_1Q_0$ 的状态按照表 6-21 所示的顺序不断循环。

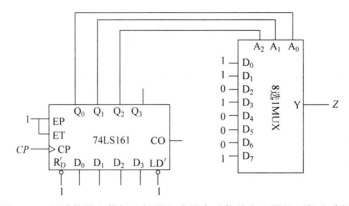

图 6-57　用计数器和数据选择器组成的序列信号发生器的逻辑电路图

表 6-21　图 6-57 的状态转换表

CP	Q_2	Q_1	Q_0	Z
0	0	0	0	1
1	0	0	1	1
2	0	1	0	0
3	0	1	1	1
4	1	0	0	0
5	1	0	1	0
6	1	1	0	0
7	1	1	1	1

　　构成序列信号发生器的另一种常见方法是采用带反馈逻辑电路的移位寄存器。它由移位寄存器和组合反馈网络组成,从移位寄存器的某一输出端可以得到周期性的序列码。其设计按以下步骤进行。

　　(1) 根据给定序列信号的循环长度 M,确定移位寄存器位数 n,$2^{n-1} < M \leqslant 2^n$。

　　(2) 确定移位寄存器的 M 个独立状态。将给定的序列码按照移位规律每 n 位一组,划分为 M 个状态。若 M 个状态中出现重复现象,则应增加移位寄存器位数。用 $n+1$ 位再重复上述过程,直到划分为 M 个独立状态为止。

　　(3) 根据 M 个不同状态列出移位寄存器的态序表和反馈函数表,求出反馈函数 F 的表达式。

　　(4) 检查自启动性能。

　　(5) 画逻辑图。

　　【例 6.11】　设计一个产生 100111 序列的反馈移位型序列信号发生器。

　　解:(1) 确定移位寄存器位数 n。因 $M=6$,故 $n \geqslant 3$。

　　(2) 确定移位寄存器的 6 个独立状态。将序列码 100111 按照移位规律每三位一组,划分 6 个状态为 100、001、011、111、111、110。其中,状态 111 重复出现,故取 $n=4$,并重新划分 6 个独立状态为 1001、0011、0111、1111、1110、1100。因此,确定 $n=4$,用一片 74LS194 即可。

　　(3) 列状态转换表和反馈激励函数表,求反馈函数 F 的表达式。首先列出态序表,然后根据每个状态所需要的移位输入即反馈输入信号，列出反馈激励函数表，如表 6-22 所示。从表 6-22 中可见，移位寄存器只需进行左移操作。

表 6-22　例 6.11 的反馈函数表

Q_0	Q_1	Q_2	Q_3	$F(D_{\mathrm{IL}})$
1	0	0	1	1
0	0	1	1	1
0	1	1	1	1
1	1	1	1	0
1	1	1	0	0
1	1	0	0	1

表 6-22 也表明了组合反馈网络的输出和输入之间的函数关系，因此可画出 F 的卡诺图和全状态图，如图 6-58 所示，并求得反馈激励函数表达式为

$$F(D_{\mathrm{IL}}) = Q'_0 + Q'_2 = (Q_0 Q_2)' \tag{6-31}$$

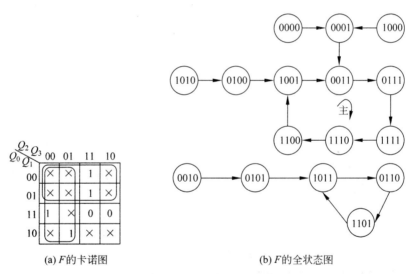

(a) F 的卡诺图　　　　(b) F 的全状态图

图 6-58　例 6.11 中 F 的卡诺图和全状态图

（4）检查自启动性能。观察 F 的全状态图，该电路不能自启动。适当去除无关项，缩小包围圈，可以得到修复后 F 的卡诺图和全状态图如图 6-59 所示，求得反馈激励函数表达式为

$$F(D_{\mathrm{IL}}) = Q'_0 Q_3 + Q'_2 = ((Q'_0 Q_3)' Q_2)' \tag{6-32}$$

观察修复后 F 的全状态图，修复后的电路可以自启动。

（5）画逻辑电路。移位寄存器用一片 74LS194，组合反馈网络可以用 SSI 门电路或 MSI 组合器件实现。如图 6-60 所示电路中 D_{IL} 连接 $((Q'_0 Q_3)' Q_2)'$，采用了门电路实现反馈函数。图 6-61 电路采用了 4 选 1 MUX 实现反馈函数。

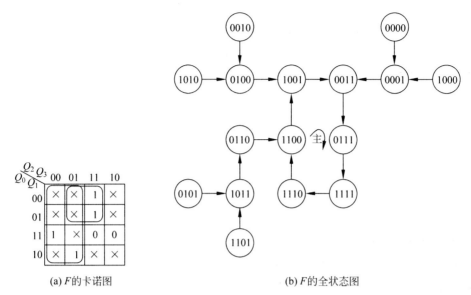

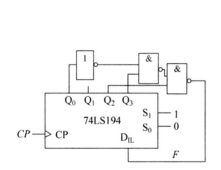

(a) F 的卡诺图

(b) F 的全状态图

图 6-59　例 6.11 修复后 F 的卡诺图和全状态图

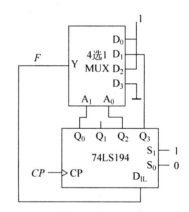

图 6-60　反馈网络采用 SSI 的逻辑电路

图 6-61　反馈网络采用 MSI 的逻辑电路

6.7　同步时序逻辑电路

6.7.1　同步时序逻辑电路的设计方法

时序逻辑电路的设计过程是分析的逆过程,就是要求设计者根据给出的具体逻辑功能,求出实现这一逻辑功能的逻辑电路。所得到的设计结果应力求最简,即电路所使用的触发器和门电路的数目及输入端数目最少,或集成电路数目、种类最少,且互相连线也较少。本节只讨论同步时序电路的设计。

一般时序电路的设计可按以下步骤进行。

(1) 根据逻辑问题的文字描述,建立原始状态表。进行这一步时,可借助原始状态图,再构成原始状态表。

建立原始状态图的具体做法是：首先分析给定的逻辑功能，确定输入变量和输出变量，确定有多少种输入信息需要"记忆"，并对每种需要"记忆"的输入信息规定一种状态来表示；其次分别以上述状态为现态，考察在每个可能的输入组合作用下，应转入哪个状态及相应的输出，便可求得符合题意的状态图。

这一步得到的状态图和状态表是原始的，其中可能包含多余的状态。

（2）采用状态化简方法，将原始状态表化为最简状态表。状态化简的规则是：若两个电路状态在相同输入下有相同的输出，并且转换到同一个次态去，则这两个状态为等价状态，两个状态可以合并为一个状态，而不改变输入输出的关系。通过合并等价状态可以达到状态简化的目的。

（3）在得到简化的状态图后，要对每个状态指定1组二进制代码，称为状态分配（或状态编码）。时序电路的状态是用触发器状态的不同组合来表示的。状态分配就是给这些触发器指定状态，每个触发器的状态组合都是一组二进制代码。如果编码方案得当，设计结果可以很简单。一般选用的状态编码都遵循一定的规律，如自然二进制码、移存码、循环码等。编码方案确定后，根据简化的状态图，画出编码形式的状态图及状态表。

（4）选定触发器类型。根据编码后的状态表及触发器的特性方程，求得电路的输出方程和各触发器的驱动方程。

（5）根据驱动方程和输出方程画出要求的逻辑图。

（6）检查电路能否自启动，如不能自启动，则需采取措施加以解决。

1. 建立原始状态表

建立原始状态表的方法可以先借助原始状态图，画出原始状态图以后再列出原始状态表。建立原始状态图至今尚没有一个系统的方法，目前多采用的方法仍然是经验法。对于一个时序电路应该考虑包括几个状态，状态间如何进行转换以及怎样产生输出等内容。

画原始状态图的一般过程是：根据文字描述的设计要求，先假定一个初始状态，从初始状态开始，每加入一个输入，就可以确定一个次态（该次态可能是现态本身，也可能是另一个状态，或者是新增加的一个状态）和输出。这个过程一直到每个现态向其次态的转换都已经考虑，并且不再增加新的状态为止。

【例 6.12】 试列出一个五进制的加1和加2计数器的状态表。

解：对于五进制计数器应有5个独立状态，用 $S_0 \sim S_4$ 分别表示十进制数的 $0 \sim 4$。计数器既可加1计数，又可加2计数，故要设置控制信号 x。设 $x=0$ 时，做加1计数；$x=1$ 时，做加2计数。y 为输出，表示计满5个计数脉冲。由此，可以直接画出如图6-62所示的状态图及如表6-23所示的状态表。

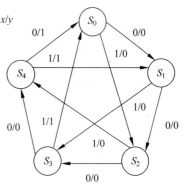

图 6-62　例 6.12 的状态图

表 6-23　例 6.12 的状态表

Q	x	
	0	1
S_0	$S_1/0$	$S_2/0$
S_1	$S_2/0$	$S_3/0$
S_2	$S_3/0$	$S_4/0$
S_3	$S_4/0$	$S_0/1$
S_4	$S_0/1$	$S_1/1$

【例 6.13】 设计一个串行数据检测器,该电路具有一个输入端 x 和一个输出端 y。输入为一连串随机信号,当出现连续 3 个或 3 个以上的 1 时,输出为 1,其他输入情况输出为 0。例如:

输入序列　1 0 1 1 0 0 1 1 1 0 1 1 1 1 0

输出序列　0 0 0 0 0 0 0 0 1 0 0 0 1 1 0

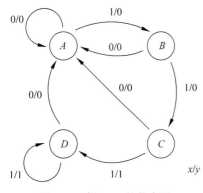

图 6-63　例 6.13 的状态图

解:设电路在没有输入 1 以前的初始状态为 A,当第 1 次输入 1 时,电路由状态 A 转入状态 B,输出 0;连续输入两个 1 时,电路由状态 B 转入 C,并输出 0;第 3 个信号继续输入 1 时,电路由状态 C 转入 D,并输出 1;此后若电路继续输入 1,电路仍停留在状态 D,并输出 1。当输入一个 0 时,不管当前电路处于何种状态,电路都将回到初始状态 A,电路重新记录连续输入 1 的个数。

根据上面的分析可得检测器的原始状态图如图 6-63 所示和状态表如表 6-24 所示。

表 6-24　例 6.13 的状态表

Q	x	
	0	1
A	$A/0$	$B/0$
B	$A/0$	$C/0$
C	$A/0$	$D/1$
D	$A/0$	$D/1$

2. 状态表的化简

根据设计要求建立的原始状态表,可能会引入多余的状态。因此,在得到原始状态表后,下一步工作就是进行状态表的化简。消去原始状态表中的多余状态,尽量减少所需状态的数目,使实现它的电路最简单。状态表可分为两类,一类是完全定义机(或完全描述时序机)状态表;另一类是不完全定义机(或不完全描述时序机)状态表。两类状态表的化简方法有所不同,本节将分别介绍完全定义机和不完全定义机两类状态表化简的具体步骤。

所谓完全定义机是指其状态表中的次态和输出都能完全确定。不完全定义机是指其状态表中的次态和输出不能完全确定,即存在不确定的次态和输出。不完全定义机在实际中会经常遇到。如基本 SR 触发器不允许同时输入 0 就是其中一例。有时,即使是完全定义机,往往在给其状态表的状态进行二进制编码时,也会使完全定义机变成不完全定义机。

1) 完全定义机状态表的化简

在介绍完全定义机状态表化简方法之前,先引入等价的几个概念。

(1) 等价的概念。

等价状态:设 q_a 和 q_b 是时序电路状态表的两个状态,如果从 q_a 和 q_b 开始,任何加到时序电路上的输入序列均产生相同的输出序列,则称状态 q_a 和 q_b 是等价状态或等价状态对,并记为 (q_a, q_b) 或 $\{q_a, q_b\}$。等价状态可以合并。

等价状态的传递性:若状态 q_a 和 q_b 等价,状态 q_b 和 q_c 等价,则状态 q_a 和 q_c 也等价,记为 $(q_a, q_b), (q_b, q_c) \rightarrow (q_a, q_c)$。

等价类:彼此等价状态的集合,称为等价类。如若有 (q_a, q_b) 和 (q_b, q_c),则有等价类 (q_a, q_b, q_c)。

最大等价类:若一个等价类不是任何别的等价类的子集,则称此等价类为最大等价类。

根据上述定义,可以把两个状态合并为一个状态的条件归纳为如下两点。

① 在各种输入取值下,它们的输出完全相同。

② 在满足条件①的前提下,它们的次态满足下列情况之一:两个次态完全相同;两个次态为其现态本身或交错;两个次态的某一后继状态可以合并;两个次态为状态对循环中的一个状态对。

上述两个条件必须同时满足,而条件①是状态合并的必要条件。

原始状态表化简的根本任务在于找出最大等价类,并且每个最大等价类用一个状态代替。下面介绍具体的化简方法。

(2) 化简方法——隐含表法。

隐含表法又称为表格法,它是一种有规律的方法。它的基本思想是:首先对原始状态表中的所有状态都进行两两比较,找出等价状态对;然后利用等价状态的传递性,得到等价类,最大等价类;最后建立最小化状态表。

① 画隐含表。隐含表是一个直角边格数相等的三角形矩阵。设原始状态表中有 n 个状态 $q_1 \sim q_n$,在隐含表的垂直方向从上到下排列 $q_2, q_3, \cdots, q_n$;水平方向自左向右排列 $q_1, q_2, \cdots, q_{n-1}$。简单地说,垂直方向"缺头",水平方向"少尾"。隐含表中每个小方格表示一个等价状态对。隐含表的格式如图 6-64 所示。

② 顺序比较。顺序比较隐含表中各状态之间的关系,并将比较结果填入小方格内。

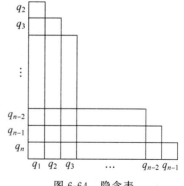

图 6-64 隐含表

如果两个状态的输出完全相同,次态也相同,或者为现态本身或交错,表示两个状态等价,则在隐含表相应小方格内打"√"。如果两个状态的输出不同,表示这两个状态不等价,则在隐含表相应小方格内打"×"。如果不能确定两个状态是否等价,需要进一步追踪比较,则在相应的小方格内填上两个状态的次态对。

③ 关联比较。关联比较可以确定步骤②中的待定状态对是否等价。这一步在隐含表上直接进行,以追踪后续状态对的情况。若后续状态对等价或出现循环,则这些状态对都是等价的;若后续状态对中出现不等价,则在它以前的状态对都是不等价的。

④ 找最大等价类,作最简状态表。关联比较后,根据等价状态的传递性,可确定最大等价类。每个最大等价类可以合并为一个状态,并用一个新符号表示。

注意:不与其他任何状态等价的单个状态也是一个最大等价类。

【例 6.14】 化简表 6-25 给出的原始状态表。

表 6-25　例 6.14 的原始状态表

Q	x	
	0	1
A	D/0	B/0
B	D/0	C/0
C	D/0	C/1
D	D/0	B/0

解:化简步骤如下。

① 画隐含表,如图 6-65 所示。

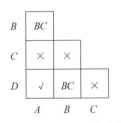

图 6-65　例 6.14 的隐含表

② 顺序比较。需要注意,每个状态都要与其他状态比较一次,将每次比较的结果填入隐含表内。例如,A 状态和 D 状态比较,在 $x=0$ 和 $x=1$ 时,它们的输出和次态均相同,因此 A 和 D 为等价状态对,在 A 和 D 交叉的方格上画"√"。再如,A 状态和 C 状态比较时,发现在 $x=1$ 时,输出不同,A 和 C 不可能等价,故在方格中打"×"。又如,A 状态和 B 状态比较时,在 $x=0$ 和 $x=1$ 时,它们的输出分别相同,且 $x=0$ 时次态相同,$x=1$ 时次态分别为 B 和 C,B 和 C 是否等价还不知道,所以将 B 和 C 作为待比较的条件填入,以此类推,比较结果如图 6-65 所示。

③ 关联比较,隐含表中考察状态对 AB,若要 AB 等价,则需要 BC 等价。但隐含表中 BC 不等价,因此 AB 也不等价。同理,BD 也不等价,即 AB→BC→×,BD→BC→×。

④ 列最大等价类。由关联比较结果可得,最大等价类为 (A,D),(B),(C)。令 $Q_1 = \{A,D\}$,$Q_2 = \{B\}$,$Q_3 = \{C\}$,得最简状态表如表 6-26 所示。

表 6-26　例 6.14 的最简状态表

Q	x	
	0	1
Q_1	$Q_1/0$	$Q_2/0$
Q_2	$Q_1/0$	$Q_3/0$
Q_3	$Q_1/0$	$Q_3/1$

【**例6.15**】 化简表 6-27 所给出的原始状态表。

表 6-27 例 6.15 的原始状态表

Q	$x_1 x_2$			
	00	01	11	10
A	D/0	D/0	F/0	A/0
B	C/1	D/0	E/1	F/0
C	C/1	D/0	E/1	A/0
D	D/0	B/0	A/0	F/0
E	C/1	F/0	E/1	A/0
F	D/0	D/0	A/0	F/0
G	D/0	G/0	A/0	A/0
H	B/1	D/0	E/1	A/0

解：① 画隐含表,如图 6-66 所示。

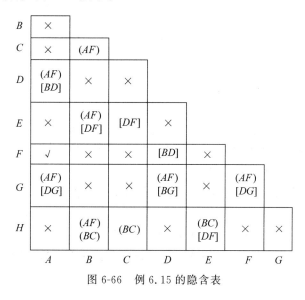

图 6-66 例 6.15 的隐含表

② 顺序比较。在比较两个状态时,必须在输入变量的 4 种组合对应的输出都分别相同时,两个状态才有可能等价。比较方法与例 6.14 相同。比较结果填入隐含表中,如图 6-66 所示。

③ 关联比较。根据图 6-66 中隐含表追踪的结果是：由于 AF 是等价状态对,导致 BC 是等价状态对；由于 BC 是等价状态对,导致 CH 也是等价状态对；AF 及 BC 都是等价状态对,导致 BH 是等价状态对。分析结果用图 6-67 所示的连锁关系来表示,圆括号内的状态表示等价状态对,方括号内的状态表示不等价状态对。

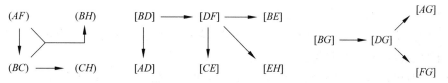

图 6-67 例 6.15 的等价和不等价状态对的连锁关系

④ 找最大等价类,作最简状态表。由隐含表查得等价状态对为

$$(A,F),(B,C),(B,H),(C,H)$$

根据等价状态的传递性,得最大等价类为

$$(A,F),(B,C,H),(D),(E),(G)$$

令 $Q_1=\{A,F\}$,$Q_2=\{B,C,H\}$,$Q_3=\{D\}$,$Q_4=\{E\}$,$Q_5=\{G\}$,得最简状态表如表 6-28 所示。

表 6-28　例 6.15 的最简状态表

Q	x_1x_2			
	00	01	11	10
Q_1	$Q_3/0$	$Q_3/0$	$Q_1/0$	$Q_1/0$
Q_2	$Q_2/1$	$Q_3/0$	$Q_4/1$	$Q_1/0$
Q_3	$Q_3/0$	$Q_2/0$	$Q_1/0$	$Q_1/0$
Q_4	$Q_2/1$	$Q_1/0$	$Q_4/1$	$Q_1/0$
Q_5	$Q_3/0$	$Q_5/0$	$Q_1/0$	$Q_1/0$

2) 不完全定义机状态表的化简

不完全定义机状态表的化简建立在状态相容的基础上。为此先引入相容的几个概念。

(1) 相容的概念。

相容状态:设 A 和 B 是时序电路状态表中的两个状态,如果从 A 和 B 开始,任何加到时序电路上的有效输入序列均产生相同的输出序列(除不确定的那些位外),则状态 A 和 B 是相容的,记作 (A,B)。相容状态可合并。

注意:相容没有传递性。例如,状态 A 和 B 相容,状态 B 和 C 相容,则状态 A 不一定和 C 相容。

相容类:所有状态之间都是两两相容的状态集合。

最大相容类:若一个相容类不是其他任何相容类的子集时,则称此相容类为最大相容类。

(2) 化简方法。

① 画隐含表,找相容状态对。

② 画合并图,找最大相容类。合并图就是在圆周上均匀标上代表状态的点,点与点之间的连线表示两个状态之间的相容关系,而所有点之间都有连线的多边形就构成一个最大相容类。

③ 作最简状态表。从步骤②求得的最大相容类(或相容类)中选出一组能覆盖原始状态表全部状态的个数最少的相容类,这一组相容类必须满足如下 3 个条件。

覆盖性。即该组相容类应能覆盖原始状态表的全部状态。

最小性。即该组相容类的数目应为最小。

闭合性。即该组相容类中的任一个相容类,它在原始状态表中任一输入下产生的次态应该属于该组内的某个相容类。

同时具有覆盖、最小、闭合 3 个条件的相容类集合,就组成了最简状态表。

【例 6.16】 化简表 6-29 所列的原始状态表。

表 6-29 例 6.16 的原始状态表

Q	x	
	0	1
q_1	q_4/d	q_1/d
q_2	$q_5/0$	q_1/d
q_3	$q_4/0$	q_2/d
q_4	q_3/d	q_3/d
q_5	$q_3/1$	q_2/d

解：① 画隐含表，找相容状态对。

隐含表如图 6-68 所示。由隐含表可得相容类有 q_1q_2、q_1q_3、q_1q_4、q_1q_5、q_2q_3、q_3q_4 和 q_4q_5。

② 画合并图，找最大相容类。

状态合并图如图 6-69 所示，由合并图可找出最大相容类有 $q_1q_2q_3$、$q_1q_3q_4$ 和 $q_1q_4q_5$。

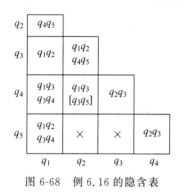

图 6-68 例 6.16 的隐含表

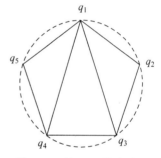

图 6-69 例 6.16 的合并图

③ 作最简状态表。根据所得的最大相容类和原始状态表 6-29 作覆盖闭合表，如表 6-30 所示。

表 6-30 覆盖闭合表（1）

相容状态集	覆 盖					闭 合	
	q_1	q_2	q_3	q_4	q_5	$x=0$	$x=1$
$q_1q_2q_3$	q_1	q_2	q_3			q_4q_5	q_1q_2
$q_1q_3q_4$	q_1		q_3	q_4		q_3q_4	$q_1q_2q_3$
$q_1q_4q_5$	q_1			q_4	q_5	q_3q_4	$q_1q_2q_3$

由覆盖表（1）查得，选取相容类 $q_1q_2q_3$ 和 $q_1q_4q_5$ 可满足覆盖性。再由闭合表（1）查看是否满足闭合关系，在 $x=0$ 时，相容类 $q_1q_4q_5$ 的次态是 q_3q_4，它既不是 $q_1q_4q_5$ 的部分状态集合，也不属于 $q_1q_2q_3$。可见，选取两个相容类不满足闭合性，需要 3 个最大相容类，才能满足闭合关系。这样化简后的状态要包括 3 个状态。

但是，用相容类 q_4q_5 代替最大相容类重新作出覆盖闭合表，如表 6-31 所列。从表中可以发现，当 $x=0$ 时，相容类的次态为 q_3，它是相容类 $q_1q_2q_3$ 的状态。如果选择相容类 $q_1q_2q_3$ 和 q_4q_5，会发现它是满足覆盖、闭合和最小这 3 个条件的。这是唯一的一组解。重新作覆盖闭合表，如表 6-32 所示。

表 6-31　覆盖闭合表（2）

相容状态集	覆　　盖					闭　　合	
	q_1	q_2	q_3	q_4	q_5	$x=0$	$x=1$
$q_1q_2q_3$	q_1	q_2	q_3			q_4q_5	q_1q_2
$q_1q_3q_4$	q_1		q_3	q_4		q_3q_4	$q_1q_2q_3$
q_4q_5				q_4	q_5	q_3	q_2q_3

表 6-32　覆盖闭合表（3）

相容状态集	覆　　盖					闭　　合	
	q_1	q_2	q_3	q_4	q_5	$x=0$	$x=1$
$q_1q_2q_3$	q_1	q_2	q_3			q_4q_5	q_1q_2
q_4q_5				q_4	q_5	q_3	q_2q_3

令 $Q_1=\{q_1,q_2,q_3\}$，$Q_2=\{q_4,q_5\}$，作出最简状态表如表 6-33 所列。

表 6-33　例 6.16 的最简状态表

Q	x	
	0	1
Q_1	$Q_2/0$	Q_1/d
Q_2	$Q_1/1$	Q_1/d

3. 状态分配

所谓状态分配，就是给最简状态表中的每个符号表示的状态指定一个二进制代码，形成二进制状态表。一般情况下，采用的状态编码方案不同，得到的输出方程和驱动方程也不同，从而设计出来的电路复杂程度也不同。因此，状态分配的主要任务如下。

（1）根据最简状态表给定的状态数确定所需触发器的数目。

（2）寻找一种最佳的或接近最佳状态的分配方案，使设计的时序电路最简单。

如果最简状态表中的状态数为 M，触发器的数目为 n，则 n 和 M 的关系为

$$2^{n-1} < M \leqslant 2^n \tag{6-33}$$

当 $M<2^n$ 时，从 2^n 个状态中取 M 个状态的组合可以有多种不同的方案，而每个方案中 M 个状态的排列顺序又有许多种。

当状态数目较少时，可以研究各种可能的状态方案。例如，当 $M=4$ 时，只有 3 种非等价的状态分配，所以可以对所有分配方案进行比较，从中选取一种最佳方案。但当状态数目稍增大时，分配方案数会急剧增大，以致无法研究所有可能的状态分配方案。例如，当 $M=5$ 时，有 140 种不同的分配方案，而当 $M=9$ 时，竟有高达 1000 多万种不同的分配方案。这种情况下，要想对全部状态分配方案进行比较，从中选出最佳方案，是十分困难的，同时也没

有必要将所有的分配方案研究一遍。在实际工作中,常采用经验的方法,按一定的原则进行分配,从而获得接近最佳的分配方案。

状态分配原则如下。

(1) 在相同输入条件下,次态相同,现态应给予相邻编码。

(2) 在不同输入条件下,同一现态,次态应相邻编码。

(3) 输出完全相同,两个现态应相邻编码。

以上 3 条原则中,第(1)条最重要,应优先考虑。下面举例说明。

【例 6.17】　对表 6-34 所示的最简状态表进行状态分配。

表 6-34　例 6.17 的最简状态表

Q	x	
	0	1
A	$C/0$	$D/0$
B	$C/0$	$A/0$
C	$B/0$	$D/0$
D	$A/1$	$B/1$

解:状态表中共有 4 个状态,选用两个触发器 Q_1 和 Q_0。

根据第(1)条状态分配原则:AB,AC 应相邻编码。

根据第(2)条状态分配原则:CD,AC,BD,AB 应相邻编码。

根据第(3)条状态分配原则:AB,AC,BC 应相邻编码。

综合上述要求,AB,AC 应给予相邻编码,这是 3 条状态分配原则都要求的。用卡诺图表示上述相邻要求的状态分配方案,如图 6-70 所示。由该图可得状态编码为 $A=00,B=01,C=10$,$D=11$。

$Q_0 \backslash Q_1$	0	1
0	A	C
1	B	D

图 6-70　例 6.17 的状态分配方案

将上述编码代入表 6-34 所示的最简状态表,得到表 6-35 所示的二进制状态表。当然,上述分配方案不是唯一的。

表 6-35　例 6.17 的二进制状态表

Q_1Q_0	x	
	0	1
00	10/0	11/0
01	10/0	00/0
10	01/0	11/0
11	00/1	01/1

4. 求驱动方程和输出方程

因为不同逻辑功能的触发器驱动方式不同,所以用不同类型触发器设计出的电路也不一样。为此,在设计具体的电路前必须选定触发器的类型。选择触发器类型时应考虑元器件的供应情况,并应力求减少系统中使用的触发器种类。具体步骤如下。

（1）根据二进制状态表（或状态图）写出电路的次态方程和输出方程。

（2）根据选定的触发器类型,转换电路次态方程,将其转换为与选定触发器特性方程相同的形式。

（3）将转换后的电路次态方程与触发器特性方程比较,即可得驱动方程。

【例 6.18】 进一步完成例 6.13 的"111…"串行数据检测器的设计。

解：例 6.13 中已经得到该检测器的原始状态表,现重列于表 6-36。

表 6-36 例 6.18 的原始状态表

Q	x	
	0	1
A	$A/0$	$B/0$
B	$A/0$	$C/0$
C	$A/0$	$D/1$
D	$A/0$	$D/1$

表 6-36 中,状态 C 和 D 为等价状态对,将状态 C 和 D 合并,用状态 C 表示,将原始状态表化简,得最简状态表,如表 6-37 所示。

表 6-37 例 6.18 的最简状态表

Q	x	
	0	1
A	$A/0$	$B/0$
B	$A/0$	$C/0$
C	$A/0$	$C/1$

表 6-37 中有 3 个状态,根据式（6-33）可知,应选两位触发器 Q_1 和 Q_0。根据状态分配方案,A 为 00,B 为 01,C 为 10,分配方案如图 6-71 所示。

选定 JK 触发器组成这个检测电路,则可从最简状态表和状态分配方案画出电路的次态和输出卡诺图,如图 6-72 所示。

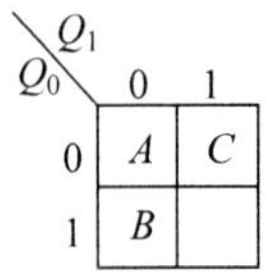

Q_1	0	1
Q_0		
0	A	C
1	B	

x \ Q_1Q_0	00	01	11	10
0	00/0	00/0	××/×	00/0
1	01/0	10/0	××/×	10/1

图 6-71 例 6.18 的状态分配方案 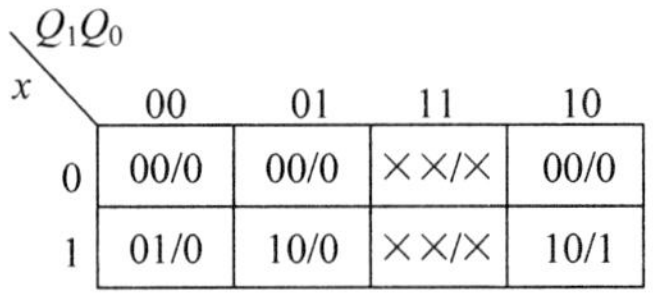　　　图 6-72 例 6.18 电路次态/输出的卡诺图

将图 6-72 所示的卡诺图分解为图 6-73 中分别表示 Q_1^*、Q_0^* 和输出 y 的 3 个卡诺图。利用卡诺图求得各触发器的次态方程,再与触发器的特性方程比较,即可求得各触发器的驱动方程。

在求每级触发器次态方程时,应与 JK 触发器的特性方程一致,这样才能获得驱动方程。JK 触发器的特性方程为

$$Q^* = JQ' + K'Q \qquad\qquad (6-34)$$

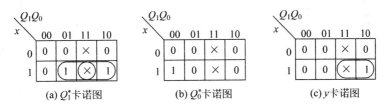

图 6-73 例 6.18 卡诺图的分解

由图 6-73 的卡诺图求得

$$\begin{cases} Q_1^* = xQ_1 + xQ_0 = xQ_1 + xQ_0(Q_1 + Q_1') = (xQ_0)Q_1' + xQ_1 \\ Q_0^* = xQ_1'Q_0' = (xQ_1')Q_0' + 1'Q_0 \end{cases} \qquad (6\text{-}35)$$

将式(6-35)与 JK 触发器的特性方程(6-34)相比较得驱动方程为

$$\begin{cases} J_1 = xQ_0 \\ J_0 = xQ_1' \end{cases} \begin{cases} K_1 = x' \\ K_0 = 1 \end{cases} \qquad (6\text{-}36)$$

由卡诺图得输出方程为

$$y = xQ_1 \qquad (6\text{-}37)$$

根据驱动方程和输出方程画出的电路逻辑如图 6-74 所示。

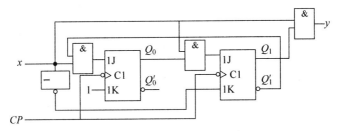

图 6-74 例 6.18 的逻辑电路

当电路进入无效状态 11 后,若 $x=0$ 则电路次态转入 00;若 $x=1$ 则次态转入 10,因此这个电路能够自启动。电路状态图如图 6-75 所示。

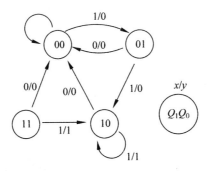

图 6-75 例 6.18 的状态图

6.7.2 设计举例

【例 6.19】 设计一个自动饮料售卖机的逻辑电路,它的投币口每次只能投入一枚五角或一元的硬币。投入一元五角硬币后机器自动给出一杯饮料;投入两元(两枚一元)硬币后，在给出饮料的同时找回一枚五角的硬币。

解：设投币信号为输入逻辑变量。投入一枚一元硬币用 $A=1$ 表示，未投入时 $A=0$；投入一枚五角硬币用 $B=1$ 表示，未投入时 $B=0$。给出饮料和找钱为两个输出变量，分别以 Y、Z 表示。给出饮料时 $Y=1$，不给时 $Y=0$；找回一枚五角硬币时 $Z=1$，不找时 $Z=0$。

假定通过传感器产生的投币信号（$A=1$ 或 $B=1$）在电路转入新状态的同时也随之消失，否则将被误认作又一次投币信号。

设未投币前电路的初始状态为 S_0，投入五角硬币后状态为 S_1，投入一元硬币（包括投入一枚一元硬币和投入两枚五角硬币的情况）后状态为 S_2。再投入一枚五角硬币后电路返回 S_0，同时输出为 $Y=1,Z=0$；如果投入的是一枚一元硬币，则电路也应该返回 S_0，同时输出为 $Y=1,Z=1$。因此，电路的状态数 $M=3$ 已足够。根据以上分析，可得自动饮料售卖机的逻辑电路的状态如图 6-76 所示。

根据图 6-76 可得表 6-38 所列的状态表。因为正常工作中不会出现 $AB=11$ 的情况，所以这时的次态和输出均作为无关项处理。又因该状态表已为最简形式，所以不必再进行化简过程。

表 6-38　例 6.19 的状态表

状　　态	AB			
	00	01	11	10
S_0	S_0/00	S_1/00	×/××	S_2/00
S_1	S_1/00	S_2/00	×/××	S_0/10
S_2	S_2/00	S_0/10	×/××	S_0/11

由于表 6-38 中有 3 个状态，取触发器的位数 $n=2$，即 Q_1Q_0 就满足要求。令 Q_1Q_0 的 00、01、10 分别代表 S_0、S_1、S_2，$Q_1Q_0=11$ 作为无关状态，则从状态图和状态表即可画出表示电路次态/输出（$Q_1^*Q_0^*/YZ$）的卡诺图，如图 6-77 所示。

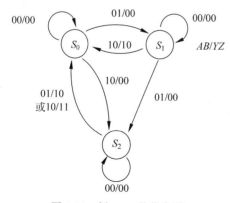

图 6-76　例 6.19 的状态图

Q_1Q_0 \ AB	00	01	11	10
00	00/00	01/00	××/××	10/00
01	01/00	10/00	××/××	00/10
11	××/××	××/××	××/××	××/××
10	10/00	00/10	××/××	00/11

图 6-77　例 6.19 电路次态/输出的卡诺图

将图 6-77 中的卡诺图分解，分别画出表示 Q_1^*、Q_0^*、Y 和 Z 的卡诺图，如图 6-78 所示。

若电路选用 D 触发器，则从图 6-78 所示的卡诺图可写出电路的状态方程如式(6-38)所示，驱动方程如式(6-39)所示，输出方程如式(6-40)所示。

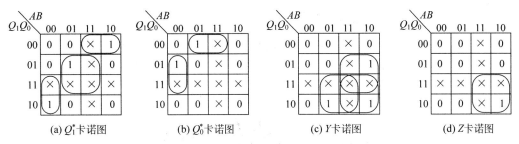

图 6-78 例 6.19 卡诺图的分解

$$\begin{cases} Q_1^* = Q_1 A'B' + Q'_1 Q'_0 A + Q_0 B \\ Q_0^* = Q'_1 Q'_0 B + Q_0 A'B' \end{cases} \tag{6-38}$$

$$\begin{cases} D_1 = Q_1^* = Q_1 A'B' + Q'_1 Q'_0 A + Q_0 B \\ D_0 = Q_0^* = Q'_1 Q'_0 B + Q_0 A'B' \end{cases} \tag{6-39}$$

$$\begin{cases} Y = Q_1 B + Q_1 A + Q_0 A \\ Z = Q_1 A \end{cases} \tag{6-40}$$

根据驱动方程式(6-39)和输出方程式(6-40)可得如图 6-79 所示的逻辑电路图,该逻辑电路图的实际状态图如图 6-80 所示。

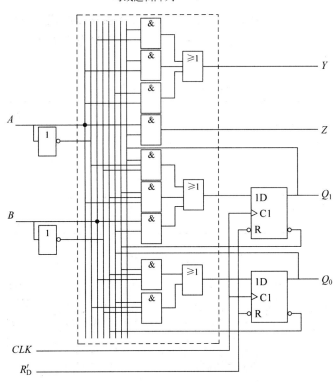

图 6-79 例 6.19 的逻辑电路

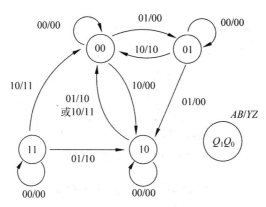

图 6-80　例 6.19 的状态图

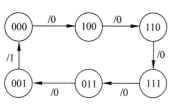

图 6-81　例 6.20 的状态图

从图 6-80 可看出,当电路进入无效状态 11 后,在无输入信号的情况下(即 $AB=00$)不能自行返回有效循环,所以不能自启动。当 $AB=01$ 或 $AB=10$ 时,电路在时钟信号作用下虽然能返回有效循环中,但收费结果是错误的。因此,在开始工作时,应在异步置 0 端 R'_D 上加入低电平信号,将电路置为 00 状态。

【例 6.20】　用 JK 触发器设计模 6 计数器。

解:由于 $2^2<6<2^3$,因此模 6 计数器应该由三级触发器组成。三级触发器有 8 种状态,从中选 6 种状态,方案很多。按图 6-81 方案选取,其状态表如表 6-39 所示,其中 C 为进位。

表 6-39　例 6.20 的状态表

Q_3	Q_2	Q_1	Q_3^*	Q_2^*	Q_1^*	C
0	0	0	1	0	0	0
1	0	0	1	1	0	0
1	1	0	1	1	1	0
1	1	1	0	1	1	0
0	1	1	0	0	1	0
0	0	1	0	0	0	1

按上述状态关系画出各级触发器的卡诺图,如图 6-82 所示。

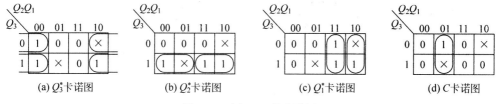

(a) Q_3^* 卡诺图　　(b) Q_2^* 卡诺图　　(c) Q_1^* 卡诺图　　(d) C 卡诺图

图 6-82　例 6.20 的卡诺图

选用 JK 触发器,得到各级触发器的状态方程如式(6-41)所示,驱动方程如式(6-42)所示,进位输出方程如式(6-43)所示。

$$\begin{cases} Q_3^* = Q'_1 Q'_3 + Q'_1 Q_3 \\ Q_2^* = Q'_2 Q_3 + Q_2 Q_3 \\ Q_1^* = Q'_1 Q_2 + Q_1 Q_2 \end{cases} \tag{6-41}$$

$$C = Q_1 Q'_2 \tag{6-42}$$

$$\begin{cases} J_3 = Q'_1 & K_3 = Q_1 \\ J_2 = Q_3 & K_2 = Q'_3 \\ J_1 = Q_2 & K_1 = Q'_2 \end{cases} \tag{6-43}$$

根据驱动方程和输出方程可得如图 6-83 所示的逻辑电路图。

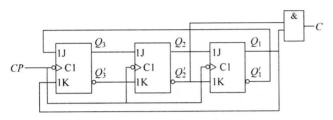

图 6-83 例 6.20 的逻辑电路图

检查自启动能力,把未用状态 010 和 101 分别代入式(6-41)求出次态,即可得如图 6-84 所示的状态转换关系。显然,电路无自启动能力。

为了使电路具有自启动能力,可以修改状态转换关系,即切断无效循环,引入有效的计数循环序列。切断 101→010 的转换关系,强迫它进入 110 状态。根据新的状态转换关系,重新设计。由于 Q_2^* 和 Q_1^* 的转换关系没变,只有 Q_3^* 改变了,故只要重新设计 Q_3 级即可。如图 6-85 所示为重画 Q_3^* 的卡诺图,得 Q_3 级的状态方程如式(6-44)所示,驱动方程如式(6-45)所示。

$$Q_3^* = Q'_2 Q_3 + Q'_1 Q_3 + Q'_1 Q'_3 = Q'_1 Q'_3 + (Q_1 Q_2)' Q_3 \tag{6-44}$$

$$\begin{cases} J_3 = Q'_1 \\ K_3 = Q_1 Q_2 \end{cases} \tag{6-45}$$

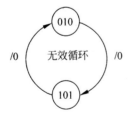

图 6-84 例 6.20 的自启动能力检查

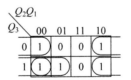

图 6-85 重画 Q_3^* 的卡诺图

修改后具有自启动能力的模 6 计数器的状态图如图 6-86 所示,其逻辑电路图如图 6-87 所示。

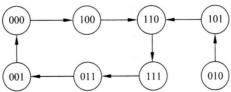

图 6-86 例 6.20 具有自启动能力的状态图

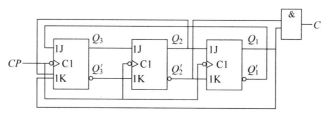

图 6-87 例 6.20 具有自启动能力的逻辑电路

习题

习题 6.1 电路如图 6-88 所示,试分析其功能。

(1) 写出驱动方程、次态方程和输出方程。

(2) 列出状态表,并画出状态图和时序波形。

习题 6.2 时序电路如图 6-89 所示。

(1) 写出该电路的状态方程、输出方程。

(2) 列出状态表,画出状态图。

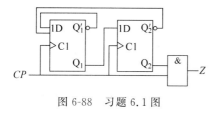

图 6-88 习题 6.1 图

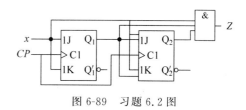

图 6-89 习题 6.2 图

习题 6.3 某计数器的输出波形如图 6-90 所示,试确定该计数器是模几计数器,并画出状态图。

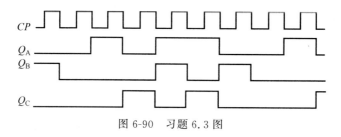

图 6-90 习题 6.3 图

习题 6.4 分析如图 6-91 所示的同步时序电路。

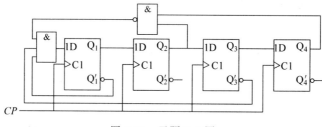

图 6-91 习题 6.4 图

习题 6.5 异步时序逻辑电路如图 6-92 所示,设各触发器初态为 0,试分析其逻辑功能。要求写出驱动方程、状态方程,画出状态图和时序图。

习题 6.6 已知某计数器电路如图 6-93 所示。试分析该计数器性质,并画出时序波形。设电路的初始状态为 0。

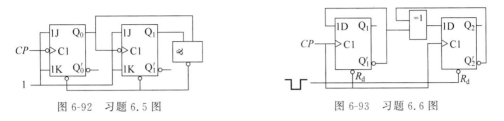

图 6-92 习题 6.5 图　　　　　　　图 6-93 习题 6.6 图

习题 6.7 分析图 6-94 所示电路的计数器,判断它是几进制计数器,有无自启动能力。

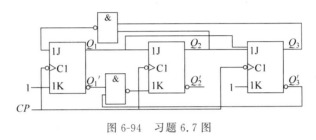

图 6-94 习题 6.7 图

习题 6.8 化简如表 6-40 所示的原始状态表。

表 6-40　原始状态表

现　　态	次态/输出	
	$x=0$	$x=1$
A	$B/0$	$C/0$
B	$A/0$	$F/0$
C	$F/0$	$G/0$
D	$A/0$	$C/0$
E	$A/0$	$A/1$
F	$C/0$	$E/0$
G	$A/0$	$B/1$

习题 6.9 化简表 6-41 所示不完全定义机的原始状态表。

表 6-41　不完全定义机原始状态表

现　　态	次态/输出	
	$x=0$	$x=1$
A	D/d	$C/0$
B	$A/1$	E/d
C	d/d	$E/1$
D	$A/0$	$C/0$
E	$B/1$	C/d

习题 6.10　分析图 6-95 所示电路,写出方程,列出状态表,判断是几进制计数器,有无自启动能力。

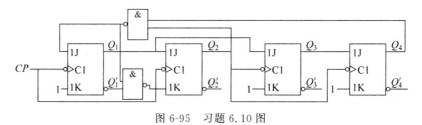

图 6-95　习题 6.10 图

习题 6.11　某同步时序电路状态图如图 6-96 所示。

(1) 列出状态表。

(2) 用 JK 触发器实现,确定每级触发器的状态方程、驱动方程和输出方程。

(3) 画出逻辑图。

习题 6.12　试设计一满足图 6-97 所示时序波形要求的同步时序电路,要求电路最简且具有自启动功能。

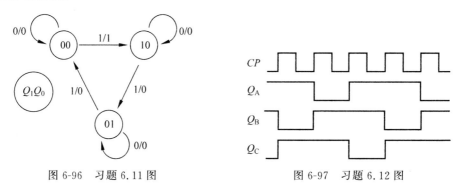

图 6-96　习题 6.11 图　　　　　　　　图 6-97　习题 6.12 图

习题 6.13　试用 JK 触发器设计一个 1011 序列检测器(不可重叠)。

习题 6.14　用 74LS161 组成起始状态为 0011 的十进制计数器。

习题 6.15　用 74LS161 组成起始状态为全 0 的五十七进制计数器。

习题 6.16　74LS161 电路如图 6-98 所示。

(1) 列出状态迁移关系。

(2) 指出其进位模。

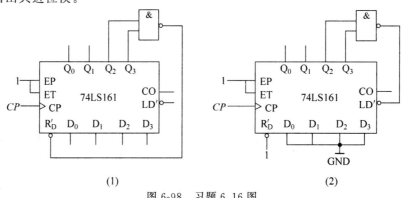

(1)　　　　　　　　　　　　　　　　(2)

图 6-98　习题 6.16 图

习题 6.17 用 74LS161 组成的电路如图 6-99
所示,列出状态迁移关系,指出进位模。

习题 6.18 用同步十进制计数器 74160 接成
五进制计数器,并注明计数器输入端和进位输出
端。允许附加必要的门电路。

习题 6.19 两个同步十进制计数器 74160 组
成的计数电路如图 6-100 所示。试说明这个电路
是几进制计数电路。进位输出脉冲的宽度是时钟
信号周期的几倍?

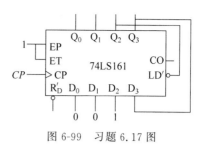

图 6-99 习题 6.17 图

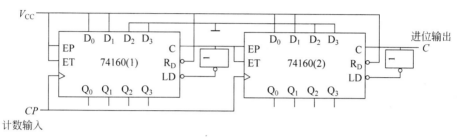

图 6-100 习题 6.19 图

习题 6.20 用 74LS90 组成 8421BCD 七进制计数器。

习题 6.21 用 74LS90 组成 5421BCD 一百进制计数器。

习题 6.22 图 6-101 是用移位寄存器接成的扭环形计数器。若初始状态为 $Q_3Q_2Q_1Q_0=$
0000,试画出电路的状态转换图,并说明这是几进制计数器,电路能否自启动。

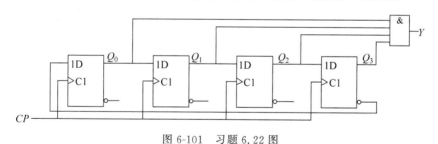

图 6-101 习题 6.22 图

习题 6.23 分析图 6-102 用移位寄存器接成的计数器电路,画出电路的状态转换图,指
出这是几进制计数器,电路能否自启动。

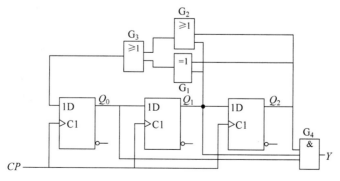

图 6-102 习题 6.23 图

习题 **6.24**　用 74LS194 构成四位扭环型计数器。

习题 **6.25**　74LS194 电路如图 6-103 所示,列出该电路的状态迁移关系,并指出其功能。

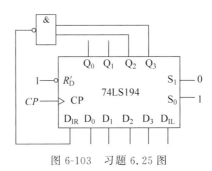

图 6-103　习题 6.25 图

第7章 半导体存储器

本章学习目标

- 了解半导体存储器的工作原理。
- 了解只读存储器(ROM)和随机存取存储器(RAM)的工作特点和不同类型。
- 掌握存储器扩展存储容量的电路连接方法。

本章系统介绍各种半导体存储器的工作原理、特点和使用方法。用户实际使用时更需要关注存储器的读写控制时序和容量扩展等内容,本章对此也做了介绍。

7.1 概述

半导体存储器能够存储大量二值信息(或称为二值数据),被广泛应用于电子计算机等大型数字系统以及众多小型便携式数码产品中,如数码相机、手机、媒体播放器、智能音箱等,是这些数字系统不可或缺的组成部分。

随着以计算机为代表的众多数字系统处理的数据量越来越大,处理速度越来越快,这就要求存储器要有更大的存储容量和更快的存取速度。因此,通常把存储容量和存取速度作为衡量存储器性能的重要指标。

半导体存储器的存储单元数目十分庞大,是集成度非常高的大规模集成电路。从制造工艺上分类,集成电路分为双极型集成电路和 MOS 集成电路。目前,大容量半导体存储器都是 MOS 集成电路。集成电路的引脚数量有限,不可能像寄存器那样把每个存储单元的输入和输出直接引出,因此在存储器中给每个存储单元编制了一个地址,只有被输入地址代码选中的存储单元才能接通公用的输入引脚和输出引脚,进行数据的写入和读出。

半导体存储器基本上可以分为两大类,只读存储器(read-only memory,ROM)和随机存取存储器(random access memory,RAM)。两类存储器最主要的区别是:在正常工作状态下,ROM 只能从中读出数据,不能随时修改或重新写入数据;而 RAM 则可以随时方便地读出数据或写入数据。另外,ROM 在断电以后数据不会丢失;而 RAM 在断电以后所存的数据将全部丢失。

ROM 具有掩模 ROM、可编程 ROM(programmable read-only memory,PROM)、可擦可编程 ROM(erasable programmable read-only memory,EPROM)等不同的类型。掩模 ROM 中的数据在制作 ROM 时已经确定,不能更改。PROM 中的数据可以由用户根据自己的需要写入,但写入之后不能再做修改。EPROM 中的数据不仅可以由用户根据自己的需要写入,还能擦除重写。

根据所采用的存储单元的工作原理不同,RAM 可分为静态 RAM(static random access memory,SRAM)和动态 RAM(dynamic random access memory,DRAM)两种类型。SRAM 中的存储单元近似于一个锁存器,有 0 和 1 两个稳态;DRAM 则是利用电容器存储电荷来表示 0 或 1,需要定时对其进行刷新,否则随着时间推移,电容器中存储的电荷将逐渐消散。由于 DRAM 存储单元的结构非常简单,因此 DRAM 的集成度远高于 SRAM,但其存取速度不如 SRAM 快。

RAM 一般用在需要频繁读写数据的场合,如计算机系统中的数据缓存。ROM 常用于存储固定数据的场合,如存放系统程序、数据表、字符代码等。

7.2   ROM

7.2.1   ROM 的基本结构

ROM 的电路结构包含存储阵列、地址译码器和输出缓冲器 3 个组成部分,如图 7-1 所示。

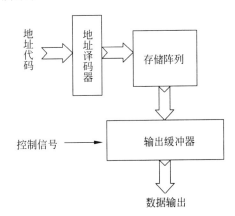

图 7-1   ROM 的电路结构框图

存储阵列由许多存储单元排列组成,每个存储单元存放 1 位二值数据。存储单元可以用二极管、双极型三极管或 MOS 管构成。通常存储单元排列成矩阵形式,且按一定位数进行编组,每次读出一组数据,这里的组称为字。一个字中所含的位数称为字长。为了区别各个不同的字,给每个字赋予一个编号,称为地址。构成字的存储单元也称为地址单元。

地址译码器将输入的地址代码译成相应的地址信号,从存储矩阵中选出相应的存储单元,并将其中的数据送到输出缓冲器。地址单元的个数 N 与二进制地址码的位数 n 满足关系式 $N=2^n$。

输出缓冲器为三态缓冲器,实现对输出的三态控制,以便与系统的数据总线连接。当有数据读出时,三态缓冲器为数据总线提供足够的驱动能力;当没有数据输出时,输出高阻态,避免对数据总线产生影响。

图 7-2 是一个有 2 位地址输入码和 4 位数据输出的 ROM 电路,其中存储阵列由字线和位线交叉处的二极管构成。

2 位地址代码 A_1A_0 能给出 4 个地址,地址译码器将这 4 个地址代码分别译成 $Y_0'\sim Y_3'$ 这 4 根字线上的低电平。当每根字线上给出低电平时,都会在 $d_3\sim d_0$ 这 4 根位线上输出一个 4 位的二值代码,即一个字。例如,给定地址代码为 $A_1A_0=10$,地址译码器输出 Y_2' 为低电平,则 Y_2' 字线与所有位线交叉处的二极管导通,使相应的位线变为低电平,而交叉处没有二极管的位线仍保持高电平,即位线 $d_3\sim d_0$ 分别为高电平、低电平、高电平、高电平。此时,若输出使能控制信号有效,即 $OE'=0$,则位线电平经输出缓冲器反相后输出,使

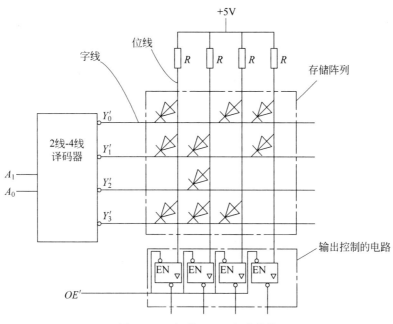

图 7.2　二极管 ROM 电路结构

$D_3D_2D_1D_0=0100$。该 ROM 全部 4 个地址内所存储的数据如表 7-1 所示。

表 7-1　二极管 ROM 存储的数据

地　　址		数　　据			
A_1	A_0	D_3	D_2	D_1	D_0
0	0	1	0	1	1
0	1	1	1	0	1
1	0	0	1	0	0
1	1	1	1	1	0

　　根据上述分析,字线与位线交叉处相当于一个存储单元,此处若有二极管存在,则表示存储单元存储 1,否则存储 0。存储阵列交叉点的数目也就是存储单元数。习惯上用存储单元的数目表示存储器的存储容量,一般表示为字数与字长的乘积,即(字数)×(字长)。例如,如图 7-2 所示 ROM 的存储容量应表示为 4×4 位。存储器的容量越大,意味着能存储的数据越多。例如,一个容量为 256×4 位的存储器,有 256 个字,字长为 4 位,总共有 1024 个存储单元。存储容量较大时,字数通常采用 K、M 或 G 为单位,$1K=2^{10}=1024$、$1M=2^{20}=1024K$、$1G=2^{30}=1024M$。

　　采用 MOS 工艺制作 ROM 时,地址译码器、存储阵列、输出缓冲器均由 MOS 管构成。图 7-3 给出了 MOS 管存储阵列的结构图。其中,字线与位线交叉处的存储单元如果接有 MOS 管表示存储 1,如果没有接 MOS 管则表示存储 0。

7.2.2　ROM 的类型

ROM 分为掩模 ROM、可编程 ROM(PROM)、可擦除的可编程 ROM(EPROM)等不

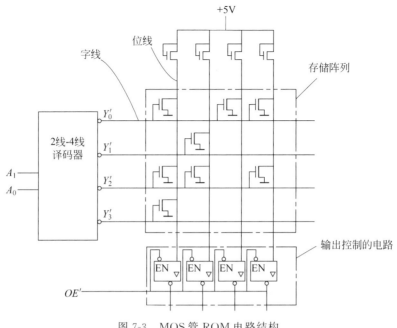

图 7-3　MOS 管 ROM 电路结构

同的类型。

1. 掩模 ROM

掩模 ROM 是采用掩模工艺制作的 ROM,其存储的数据是由制作过程中使用的掩模板决定的。这种掩模板是按照用户的要求专门制作的。如图 7-2 和图 7-3 所示的 ROM,其存储阵列中字线与位线的交叉点是否有二极管或 MOS 管是由掩模板决定的。ROM 在制作时已经将要存储的数据"固化"在存储器内部了。因此,掩模 ROM 存储的数据只能被读出,不可被更改;如需调整存储器中存储的数据,需要重新制作掩模板,重新制作 ROM。

2. 可编程 ROM

可编程 ROM(PROM)的总体结构与掩模 ROM 一样,只是制作存储阵列时在每个字线与位线的交叉点上都制作了存储单元,即连接二极管、双极型三极管或 MOS 管,相当于在所有的存储单元都存储了 1。同时,在每个存储单元都串接了一个快速熔丝。在写入数据时,设法将需要存储 0 的那些存储单元上的熔丝烧断就行了。还有一种采用反熔丝结构的 PROM,是在需要存储 1 的存储单元上将反熔丝击穿形成通路。

对于 PROM,可以在产品出厂后再写入数据,写入数据需要用到特殊的写入设备。而一经写入,PROM 中的数据就固定了,不能再做修改,即 PROM 只能写入一次。

3. 可擦可编程 ROM

可擦可编程 ROM(EPROM)是在 PROM 基础上,通过采用特殊的半导体结构,支持对存储数据的擦除和重写。早期的 EPROM 采用叠栅注入 MOS 管制作存储单元,利用紫外线照射擦除存储的数据,通过编程器写入数据。后来又出现了可以用电信号进行擦除的

EPROM,即电擦除可编程 ROM(electrical erasable programmable read-only memory, EEPROM)。EEPROM 采用了浮栅隧道氧化层 MOS 管制作存储单元,通过一个特殊的高电压脉冲擦除存储的数据和写入新数据。

现在,得到广泛应用的用电信号擦除的可编程 ROM 是闪速存储器(flash memory),简称闪存。闪存采用快闪叠栅 MOS 管制作存储单元,既吸收了 EPROM 结构简单、编程可靠的优点,又保留了 EEPROM 用隧道效应擦除的快捷特性,而且集成度可以做到很高。闪存的编程和擦除操作不需要使用编程器,写入和擦除的控制电路集成于存储器芯片中,工作时只需要 5V 的低压电源,使用极其方便。日常生活中用到的 U 盘就是闪速存储器。

7.3 RAM

7.3.1 SRAM

1. SRAM 的结构和工作原理

SRAM 的电路结构通常包含存储阵列、地址译码器和输入/输出电路(也称为读/写控制电路)3 个组成部分,如图 7-4 所示。

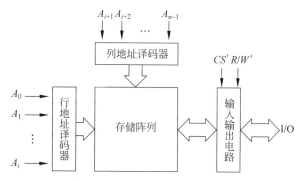

图 7-4 SRAM 的电路结构框图

存储阵列由许多存储单元排列而成,每个存储单元能存储 1 位二值数据(1 或 0),在译码器和输入/输出电路的控制下,即可写入 1 或 0,又可读出存储的数据。

地址译码器一般分为行地址译码器和列地址译码器两部分。行地址译码器将输入的地址代码的若干位译成某一条行线的高、低电平信号,在存储阵列中选中一行存储单元;列地址译码器将输入的地址代码的其余几位译成某一条列线的高、低电平信号,在存储阵列中选中一列存储单元;被选中的行、列交叉点的存储单元即为该地址代码对应的存储单元。被选中的存储单元可能是 1 位,也可能是 1 组(若干位),称为 1 个字。这些被选中的存储单元经输入/输出电路实现读、写操作。

输入/输出电路通常由读/写控制信号 R/W'、片选信号 CS' 和输入/输出接口 I/O 组成。

读/写控制信号决定存储器是读出数据还是写入数据。当读/写控制信号 $R/W'=1$ 时,读存储器,存储单元中存储的数据被送到 I/O 端;当 $R/W'=0$ 时,写存储器,I/O 端的数据被写入存储单元中。在个别 RAM 集成电路中，存储器的读/写控制由两个独立的信号完成，分别是读使能信号 OE'（也称为输出使能信号）和写使能信号 WE'。

片选信号 CS' 控制存储器是否正常工作。当 $CS'=0$ 时，存储器正常工作；当 $CS'=1$ 时，所有的输入/输出端均为高阻态，不能对存储器进行读/写操作。

I/O 是数据写入和读出的通道，可以看作一组可以双向传输数据的导线，I/O 数目等于每组存储单元存储数据的位数（一般称为存储器的字长）。

RAM 的容量用存储单元的数量表示，一般写成（字数）×（字长）的形式。例如，一个 1024×4 位的 SRAM，其包含的存储单元数量是 4096，按照 64 行×64 列的形式排列成存储阵列。每行的 64 个存储单元按字进行分组，字长为 4，即每 4 位一组，共分为 16 组，即 16 个字。存储器的字数为 1024，即地址数量为 1024，对应的 10 位地址代码为 $A_9A_8 \cdots A_1A_0$。将这 10 位地址代码分成两组译码，$A_9 \sim A_4$ 这 6 位地址码作为行译码，译码输出选中存储阵列 64 行中指定的一行；$A_3 \sim A_0$ 这 4 位地址码作为列译码，译码输出选中该行 16 个字中指定的一个字。

2. SRAM 的存储单元

SRAM 的存储单元是由锁存器及附加的门控管构成的，利用锁存器的锁定保持功能存储数据。如图 7-5 所示为存储阵列中第 i 行、第 j 列存储单元的结构示意图。

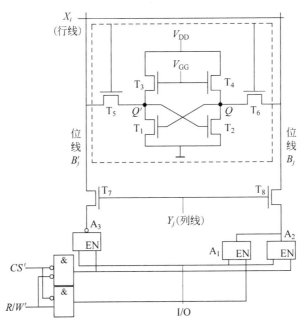

图 7-5　SRAM 存储单元的结构示意图

图 7-5 虚线框中是用 6 只 MOS 管组成的 CMOS 静态存储单元。其中，$T_1 \sim T_4$ 组成一个 SR 锁存器，用来存储 1 位二值数据；T_5 和 T_6 是门控管，作模拟开关使用，用以控制锁存器的输出 Q、Q' 和位线 B_j、B_j' 之间的联系。Q、Q' 既是锁存器的数据输出端，又是锁存器的数据输入端。T_5、T_6 的开关状态由行线 X_i 决定，X_i 是行译码器的输出，当 $X_i=1$ 时，T_5、T_6 导通，锁存器输出 Q、Q' 和位线 B_j、B_j' 接通；当 $X_i=0$ 时，T_5、T_6 截止，锁存器和位

线之间的联系被切断。

T_7 和 T_8 是一列存储单元公用的两个控制门,用于控制位线与输入/输出线之间的连接状态。T_7、T_8 的开关状态由列线 Y_j 决定,Y_j 是列译码器的输出。当 $Y_j=1$ 时,T_7、T_8 导通,位线与输入/输出线接通;当 $Y_j=0$ 时,T_7、T_8 截止,位线与输入/输出线隔离。

存储单元对应的行线和列线均为高电平时,即 $X_i=1$ 且 $Y_j=1$,T_5、T_6、T_7 和 T_8 都导通,锁存器的输出 Q 与输入/输出缓冲门 A_1、A_2 连通,输出 Q' 与输入/输出缓冲门 A_3 连通。如果这时 $CS'=0$、$R/W'=1$,则缓冲门 A_1 导通,A_2 和 A_3 截止,Q 经 A_1 送到 I/O 端,实现数据读出;如果这时 $CS'=0$、$R/W'=0$,则缓冲门 A_1 截止,A_2 和 A_3 导通,I/O 端数据经 A_2 送到 Q 端、经 A_3 送到 Q' 端,实现数据的写入。

7.3.2 DRAM

1. DRAM 的存储单元

SRAM 存储单元由 6 个 MOS 管构成,所用的管子数目多、功耗大,集成度受到限制。而 DRAM 克服了这些缺点,其动态存储单元由一个 MOS 管和一个容量较小的电容器构成,如图 7-6 所示。

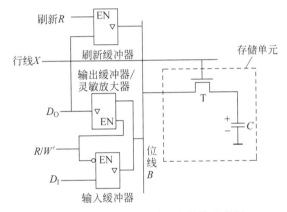

图 7-6　DRAM 存储单元的结构示意图

DRAM 的动态存储单元利用 MOS 电容器的电荷存储效应来存储二值数据 0 或 1。当电容 C 充有电荷、呈现高电压时,相当于存储数据 1;反之相当于存储数据 0。MOS 管 T 相当于一个开关,当行线为高电平时,T 导通,电容 C 与位线连通;当行线为低电平时,T 截止,电容 C 与位线断开。

由于电路中漏电流的存在,电容 C 上存储的数据(电荷)不能长久保存,需要定期给电容补充电荷,以免存储数据丢失,这种操作称为刷新(refresh)或再生。

写数据时,行线 X 为高电平,T 导通,电容 C 与位线 B 连通,同时读/写控制信号 $R/W'=0$,D_I 端的数据经输入缓冲器和位线 B 写入存储单元。如果 $D_I=1$,则向电容充电;如果 $D_I=0$,则电容放电。

读数据时,行线 X 为高电平,T 导通,电容 C 与位线 B 连通,同时读/写控制信号 $R/W'=1$,电容 C 中存储的数据通过位线 B 和输出缓冲器送到 D_O 端。读出时会消耗电容 C 中的电荷,是一种破坏性读出。在最坏情况下,电容 C 中存储的电荷(电容 C 存储数据 1 时)可

能还未将位线 B 拉至高电平时便耗尽了。因此,需要在 DRAM 中设置灵敏的检测放大器,一方面将从位线 B 上读出的信号放大得到正确的读出数据;另一方面灵敏放大器的输出经刷新缓冲器对读出单元进行刷新,恢复该单元原来存储的数据。

2. DRAM 的总体结构

DRAM 的存储单元结构非常简单,因此在大容量、高集成度的 RAM 中得到了普遍应用。为了在提高集成度的同时减少器件的引脚数目,目前的大容量 DRAM 多半采用了行、列地址分时输入(也称为地址多路复用)的方法。例如,对于一个 1M 字的 DRAM 存储器,有 2^{20} 个地址,正常情况需要有 20 根地址线,而采用行、列地址分时输入的方法,则只需要 10 根地址线即可实现对 2^{20} 个地址的访问。

如图 7-7 所示是 DRAM 的总体结构框图,其内部除了包含存储阵列、地址译码器、输入/输出电路这 3 个组成部分以外,还增加了行、列地址分时输入控制电路和刷新控制电路。

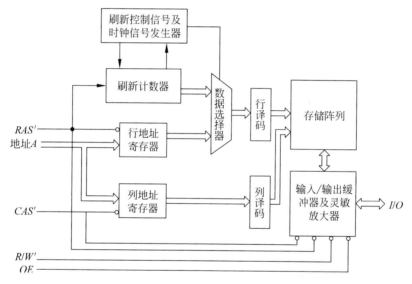

图 7-7　DRAM 的电路结构框图

　行、列地址分时输入控制电路由行地址寄存器、行地址选通信号 RAS'、列地址寄存器、列地址选通信号 CAS' 组成。在对 DRAM 进行数据读/写操作时,地址代码分两次从同一组引脚分时输入,分时操作由 RAS' 和 CAS' 两个时钟信号控制。首先令 $RAS'=0$、$CAS'=1$,输入地址代码的 $A_0 \sim A_9$ 位,这 10 位地址代码被送入行地址寄存器;然后令 $RAS'=1$、$CAS'=0$,输入地址代码的 $A_{10} \sim A_{19}$ 位,这 10 位地址代码被送入列地址寄存器。行地址寄存器和列地址寄存器中的地址代码分别经行地址译码器、列地址译码器选中存储阵列的指定行和指定列,从而选中地址代码对应的存储单元。

刷新控制电路包括刷新控制信号及时钟信号发生器、刷新计数器、行地址数据选择器等组成部分。对存储单元刷新操作的基本形式是以行为单位逐行进行的。启动刷新操作后,刷新计数器从 0 开始计数。计数器输出的 10 位二进制代码,经过行地址数据选择器进入行地址译码器,行地址译码器依次输出 1024 个行地址。在刷新控制信号的操作下,被选中的一行存储单元的数据将被重新写回原来的单元中,完成刷新。刷新操作是自动进行的,每隔

10ms 左右必须进行一次刷新,以确保存储单元里的数据不会丢失。在刷新操作过程中不能进行正常的数据读/写。一般的 DRAM 每行刷新的间隔时间为 $15.6\mu s$(目前也有 $7.8\mu s$ 的),典型的刷新操作时间小于 100ns,刷新时间只占刷新周期的 0.64%,所以 DRAM 可用于读/写操作的时间实际上超过 99%。为了提高刷新操作的效率,还有很多改进的刷新操作形式,这里就不做具体介绍了。

7.4　存储器的应用

7.4.1　存储器容量的扩展

当只用单个 ROM 或 RAM 芯片不能满足对存储容量的要求时,就需要将若干片 ROM 或 RAM 组合起来,扩展成一个更大容量的存储器。例如,个人计算机的内存条就是将多个芯片焊接在一块印制电路板上形成大容量的存储器。扩展存储容量的方法包括增加字长(位扩展方式)和增加字数(字扩展方式)。

1. 位扩展方式

如果存储器的字数够用而每个字的位数不够用时,则应采用位扩展方式将多片 ROM 或 RAM 组合成位数更多的存储器。

RAM 的位扩展连接方法是将多个 RAM 芯片并联起来,即将地址线、读/写控制端、片选信号对应的并联在一起,各芯片的输入/输出端排列成字的各个位线。例如,用 4 片 1024×4 位的 RAM 芯片扩展成 1024×16 位的 RAM,其连接方法如图 7-8 所示。

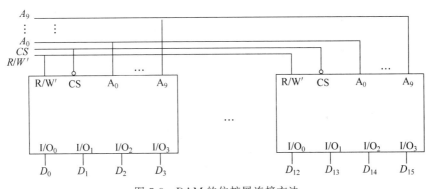

图 7-8　RAM 的位扩展连接方法

ROM 芯片没有读/写控制端,在进行位扩展时其余引脚的连接方法与 RAM 的位扩展连接方法完全相同。

2. 字扩展方式

如果每片存储器的数据位数够用而字数不够用时,则应采用字扩展方式将多片 ROM 或 RAM 组合成字数更多的存储器。

存储器字数的扩展可以利用外加译码器控制存储器芯片的片选使能端来实现。例如,用 4 片 256×8 位的 RAM 芯片扩展成 1024×8 位的 RAM,其连接方法如图 7-9 所示。

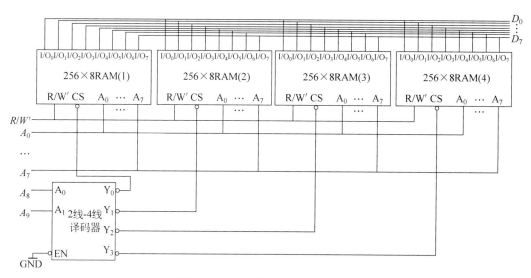

图 7-9   RAM 的字扩展连接方法

要扩展成 1024×8 位的 RAM,即需要有 1024 个不同的地址来对应存储器的 1024 个字。4 个 RAM 芯片的地址总和是 1024,然而每片芯片的 8 个地址输入端(即 $A_0 \sim A_7$)对应的地址范围 $0 \sim 255$ 是重叠的,需要设法将它们区分开。通过增加两位地址代码 A_8、A_9 将 4 个芯片区分开,当 $A_9 A_8 = 00$ 时,选择第 1 片的 256 个地址;当 $A_9 A_8 = 01$ 时,选择第 2 片的 256 个地址;当 $A_9 A_8 = 10$ 时,选择第 3 片的 256 个地址;当 $A_9 A_8 = 11$ 时,选择第 4 片的 256 个地址。那么,扩展的 1024×8 位 RAM 的 10 位地址码为 $A_9 \sim A_0$,$A_9 A_8$ 经过译码器分别控制 4 片 RAM 芯片的片选信号 CS';$A_0 \sim A_7$ 对应 RAM 的 8 位地址输入端,即 4 片 RAM 芯片的地址输入端并联起来作为扩展的 1024×8 位 RAM 的低 8 位地址输入端。

每片 RAM 的输入/输出端口都是由片选信号 CS' 控制的三态输出缓冲器,当芯片的片选信号 $CS' = 1$ 时,该芯片的输入/输出端口呈现高阻态。在地址码 $A_9 A_8$ 的控制下,任何时候 4 个芯片的片选信号 CS' 只有一个为低电平,所以直接将 4 个芯片的输入/输出端口并联起来作为扩展的 1024×8 位 RAM 的输入/输出。

ROM 的字扩展连接方法与 RAM 相同。

如果一片 RAM 或 ROM 的位数和字数都不够用,则需要同时采用位扩展和字扩展方法,用多片芯片组成一个大的存储系统,以满足对存储容量的要求。

7.4.2   用存储器实现组合逻辑函数

表 7-2 是一个存储器的数据表。如果将输入地址 A_1 和 A_0 看作组合逻辑函数的两个输入逻辑变量,将存储的数据 $D_0 \sim D_3$ 看作一组逻辑函数值,那么 $D_0 \sim D_3$ 就是一组以 A_1 和 A_0 为输入变量的逻辑函数,表 7-2 就是这组逻辑函数的真值表。

表 7-2 ROM 存储数据真值表

A_1	A_0	D_3	D_2	D_1	D_0
0	0	0	1	0	1
0	1	1	0	1	1
1	0	0	1	0	0
1	1	1	1	1	0

用具有 n 位输入地址、m 位数据输出的存储器可以获得最多 m 个任何形式的 n 变量组合逻辑函数，只需要根据组合逻辑函数向存储器中写入相应的数据即可。用存储器实现组合逻辑函数，ROM 和 RAM 都适用。

【**例 7.1**】 用 ROM 实现如下一组多输出逻辑函数。

$$\begin{cases} Y_1 = A'BC + A'B'C \\ Y_2 = A'BCD + AB'CD' + BCD' \\ Y_3 = ABCD' + A'B'CD \\ Y_4 = A'B'CD' + ABCD \end{cases}$$

解：将逻辑函数转换为最小项之和的形式，得

$$\begin{cases} Y_1 = A'BCD + A'BCD' + A'B'CD + A'B'CD' \\ Y_2 = A'BCD + AB'CD' + ABCD' + A'BCD' \\ Y_3 = ABCD' + A'B'CD \\ Y_4 = A'B'CD' + ABCD \end{cases}$$

列真值表，如表 7-3 所示。

表 7-3 例 7.1 的真值表

A	B	C	D	Y_1	Y_2	Y_3	Y_4
A_3	A_2	A_1	A_0	D_3	D_2	D_1	D_0
0	0	0	0	0	0	0	0
0	0	0	1	0	0	0	0
0	0	1	0	1	0	0	1
0	0	1	1	1	0	1	0
0	1	0	0	0	0	0	0
0	1	0	1	0	0	0	0
0	1	1	0	1	1	0	0
0	1	1	1	1	1	0	0
1	0	0	0	0	0	0	0
1	0	0	1	0	0	0	0
1	0	1	0	0	1	0	0
1	0	1	1	0	0	0	0
1	1	0	0	0	0	0	0
1	1	0	1	0	0	0	0
1	1	1	0	0	1	1	0
1	1	1	1	0	0	0	1

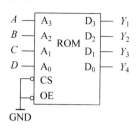

图 7.10　例 7.1 的电路

采用有 4 位地址输入、4 位数据输出的 ROM,将 A、B、C、D 这 4 个输入变量分别接到地址输入端的 A_3、A_2、A_1 和 A_0,按照逻辑函数真值表将相应的函数值存入对应的存储器地址,数据输出端 D_3、D_2、D_1、D_0 分别对应逻辑函数 Y_1、Y_2、Y_3、Y_4。其电路如图 7-10 所示。

【例 7.2】　用 ROM 实现 4 位自然二进制码与格雷码的相互转换。

解:实现 4 位自然二进制码和 4 位格雷码相互转换,需要 4 位输入和 4 位输出,还需要 1 位转换方向控制位 C。当 $C=0$ 时,进行二进制码到格雷码的转换;当 $C=1$ 时,进行格雷码到二进制码的转换。其转换真值表如表 7-4 所示。

表 7-4　例 7.2 的真值表

| C | I_3 | I_2 | I_1 | I_0 | O_3 | O_2 | O_1 | O_0 | C | I_3 | I_2 | I_1 | I_0 | O_3 | O_2 | O_1 | O_0 |
A_4	A_3	A_2	A_1	A_0	D_3	D_2	D_1	D_0	A_4	A_3	A_2	A_1	A_0	D_3	D_2	D_1	D_0
0	0	0	0	0	0	0	0	0	1	0	0	0	0	0	0	0	0
0	0	0	0	1	0	0	0	1	1	0	0	0	1	0	0	0	1
0	0	0	1	0	0	0	1	1	1	0	0	1	0	0	0	1	1
0	0	0	1	1	0	0	1	0	1	0	0	1	1	0	0	1	0
0	0	1	0	0	0	1	1	0	1	0	1	0	0	0	1	1	1
0	0	1	0	1	0	1	1	1	1	0	1	0	1	0	1	1	0
0	0	1	1	0	0	1	0	1	1	0	1	1	0	0	1	0	0
0	0	1	1	1	0	1	0	0	1	0	1	1	1	0	1	0	1
0	1	0	0	0	1	1	0	0	1	1	0	0	0	1	1	1	1
0	1	0	0	1	1	1	0	1	1	1	0	0	1	1	1	1	0
0	1	0	1	0	1	1	1	1	1	1	0	1	0	1	1	0	0
0	1	0	1	1	1	1	1	0	1	1	0	1	1	1	1	0	1
0	1	1	0	0	1	0	1	0	1	1	1	0	0	1	0	0	0
0	1	1	0	1	1	0	1	1	1	1	1	0	1	1	0	0	1
0	1	1	1	0	1	0	0	1	1	1	1	1	0	1	0	1	1
0	1	1	1	1	1	0	0	0	1	1	1	1	1	1	0	1	0

转换电路如图 7-11 所示,转换方向控制位 C 接 A_4,4 位代码的输入位从高位到低位依次接 $A_3 \sim A_0$,4 位代码的输出位从高位到低位依次接 $D_3 \sim D_0$,ROM 中存储的数据按照表 7-4 依次填入。

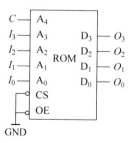

图 7-11　例 7.2 的电路

习题

习题 7.1 试用 4 片 256×4 位的 RAM 组成 256×16 位的存储器。

习题 7.2 试用 4 片 256×4 位的 ROM 组成 512×8 位的存储器。

习题 7.3 试用 16×4 位的 ROM 设计一个 2 位二进制乘法器,写出 ROM 存储数据表。

习题 7.4 试用 ROM 实现逻辑函数 $Y=A'C+B'D+ABC'D'$,写出 ROM 存储数据表。

第8章

可编程逻辑器件

本章学习目标

- 了解可编程逻辑器件的发展历程。
- 了解早期典型可编程逻辑器件的工作原理。
- 了解 CPLD 和 FPGA 的工作原理。

本章首先介绍可编程逻辑器件的发展历程,然后介绍早期典型可编程逻辑器件 PLA、PAL、GAL 的结构和工作原理,最后分别介绍 CPLD 和 FPGA 的组成结构和工作原理。

8.1 概述

构成复杂的数字逻辑系统可以采用通用型的中、小规模数字集成电路,如 74 系列、4000 系列芯片,但这样构成的数字系统体积、质量、功耗会比较大,而且由于线路连接复杂,可靠性不好保证。也可以采用专门订制的专用集成电路(application specific integrated circuit,ASIC),降低系统的体积、质量、功耗,提高系统的可靠性,但设计和制造成本高、周期长,不适合小规模应用。另外一种方式就是采用可编程逻辑器件(programmable logic device,PLD)。

PLD 是 20 世纪 70 年代发展起来的一种新型的集成器件,既作为通用型器件生产,其逻辑功能又可由用户通过对器件编程来订制。PLD 结合 EDA 技术可以快速、方便地构建各种数字系统。

历史上,可编程逻辑器件经历了从 PROM、PLA(programmable logic array,可编程逻辑阵列)、PAL(programmable array logic,可编程阵列逻辑)、可重复编程的 GAL(generic array logic,通用阵列逻辑),到采用大规模集成电路技术的 EPLD(erasable PLD,可擦可编程逻辑器件)、CPLD(complex PLD,复杂可编程逻辑器件)和 FPGA(field programmable gate array,现场可编程门阵列)的发展过程,在结构、工艺、集成度、功能、速度和灵活性方面都有很大的改进和提高。

PLD 的可编程结构总体上分为两种:一种是由与门阵列和或门阵列为主体构成的乘积项可编程逻辑结构;另一种是基于查找表的可编程逻辑结构。

基于乘积项可编程逻辑结构的 PLD 主要有早期的 PLD,如 PROM、PLA、PAL、GAL 等和 CPLD。

查找表可编程结构来源于存储器的工作原理,将地址信号与存储数据分别映射为逻辑输入和逻辑输出,利用对地址信号的查找实现组合逻辑函数功能。基于 SRAM 的查找表采用了 ASIC 的门阵列方法,使用多个查找表构成一个查找表阵列,称为可编程门阵列,采用这种可编程结构的器件主要是现场可编程门阵列 FPGA。

早期的 PLD 器件采用熔丝、反熔丝、EPROM 等结构,只能进行单次编程或需要用紫外线照射擦除数据,使用不方便。CPLD 则采用 EEPROM 或 Flash 结构,便于进行多次编程,且掉电以后编程信息不丢失。大部分 FPGA 器件采用了 SRAM 结构,编程方便,但掉电以后编程信息将丢失,需要配备专用的配置芯片存储编程信息。也有一些 FPGA 采用了闪存结构,掉电后编程信息不丢失。

8.2　早期 PLD 原理

早期 PLD 逻辑规模比较小,一般只能实现通用数字逻辑电路的一些简单功能,在结构上简单地由与阵列、或阵列和输入/输出单元组成。常见的早期 PLD 有 PROM、PLA、PAL、GAL 等。

8.2.1　PLD 的表示方法

由于 PLD 的阵列连接规模十分庞大,为了便于了解 PLD 的逻辑关系,PLD 的逻辑图中使用的是一种简化表示方法。PLD 阵列交点处的 3 种连接方式如图 8-1 所示。连线交叉处有实点的,表示固定连接;连线交叉处有符号"×"的,表示可编程连接;连线交叉处无任何符号的,表示不连接或是擦除单元。

固定连接　　　　编程连接　　　　擦除单元

图 8-1　PLD 连接方式的表示方法

图 8-2 是可编程"与"阵列和"或"阵列中常用到的与门、或门、输入缓冲器、三态输出缓冲器及非门的表示方法。图 8-2(a)表示一个 3 输入的与门,其中 3 条竖线 A、B、C 均为输入项,输入与门的一条横线称为乘积项线,输入线与乘积项线的交叉点和"与"阵列中的交叉点相对应,这些交叉点都是编程点。其中,输入 A 与乘积项线是固定连接的,输入 B 与乘积项线不相连,输入 C 与乘积项线是编程连接的,所以该与门的乘积项输出是 $P=AC$。同理,图 8-2(b)表示一个 3 输入的或门,它的输出是 $Y=P_1+P_2$。图 8-2(c)表示输入缓冲器,它有两个互补输出,一个是 A,另一个是 A'。PLD 的输入往往要驱动若干乘积项。也就是说,一个输入量的输出同时要接到几个晶体管的栅极(或基极)上,为了增加其驱动能力,就必须通过一个缓冲器。不但如此,在与阵列中往往还要用到输入变量的补项,这一功能也同时由驱动电路来完成。因此,在 PLD 中的每个输入变量均通过一个具有互补输出的缓冲器。当 I/O 作为输出端时,常常用到具有一定驱动能力的三态控制输出电路。在 PLD 的逻辑电路中的三态控制输出电路有如图 8-2(d)表示的两种形式,一种是控制信号为高电平且反相输出;另一种是控制信号为低电平且反相输出。

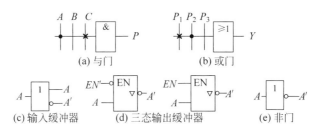

图 8-2　常用门电路在 PLD 中的表示方法

如果当所有输入的原码和反码在乘积项处都打"×",即表示所有的连接点都是编程连接的,如图 8-3 所示,那么就有 $P = AA'BB'$。

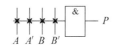

图 8-3　PLD 的默认表示方法

图 8-4 是一个简单的组合逻辑 $Y = I_1 I_2' + I_1' I_2$ 的逻辑图和在 PLD 中的逻辑表示实例。图 8-4(a)所示的组合逻辑电路,它的 PLD 表示法如图 8-4(b)所示。

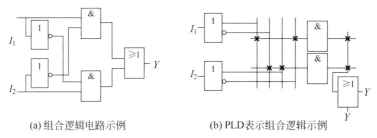

(a)组合逻辑电路示例　　　　　　(b)PLD表示组合逻辑示例

图 8-4　组合逻辑电路在 PLD 中的逻辑表示方法

8.2.2　PLA

可编程逻辑阵列(PLA)由可编程的与阵列和可编程的或阵列构成,其结构如图 8-5 所示。

任何组合函数都可以采用 PLA 来实现。应用 PLA 时,先将逻辑函数化为最简的"与或"表达式,然后用可编程的与阵列构成与项,用可编程的或阵列实现或运算。在有多个输出时,要尽量利用公共的与项,以提高阵列的利用率。

虽然 PLA 的利用率较高,可是需要有逻辑函数的与或最简表达式,对于多输入函数需要提取、利用公共的与项,涉及的软件算法比较复杂,尤其是多输入变量和多输出的逻辑函数,处理起来更加困难。此外,PLA 的使用受到了限制,只应用在小规模数字逻辑上。

8.2.3　PAL

可编程阵列逻辑(PAL)的结构与 PLA 相似,也包含与阵列、或阵列,但是或阵列是固定的,只有与阵列可编程。PAL 的结构如图 8-6 所示。PAL 不必考虑公共的乘积项,送到或门的乘积项数目是固定的,大大化简了设计算法。由于单个或阵列输出的乘积颇为有限,对于需要多个乘积项的应用场合,PAL 通过输出反馈和互连的方式解决,即允许输出端的信号再馈入下一个与阵列。

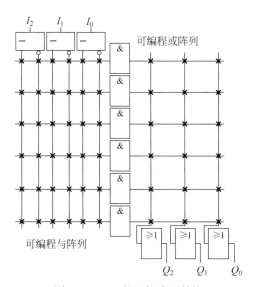

图 8-5　PLA 的逻辑阵列结构

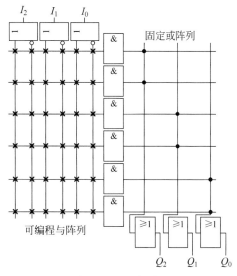

图 8-6　PAL 的逻辑阵列结构

上述的可编程结构只能解决组合逻辑的可编程问题,而对时序电路却无能为力。由于时序电路是由组合电路及存储单元(锁存器、触发器、RAM)构成的,要在实现组合电路部分可编程的基础上,引入锁存器、触发器等存储单元,才能实现时序逻辑电路。因此,PAL 在输出结构中可以引入寄存器,用以实现时序电路的可编程。

PAL 器件具有多种输出结构,比较典型的输出结构有两大类:组合型输出和寄存器型输出。

组合型输出结构适用于组合电路。如图 8-7 所示是一种可编程的组合型输入/输出结

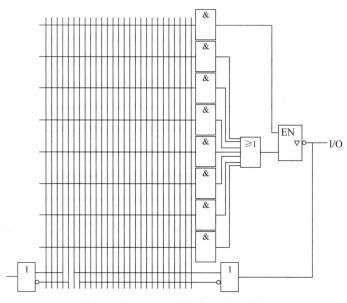

图 8-7　PAL 的可编程输入/输出结构

构,这种输出结构在或门之后增加了一个三态门。三态门的控制端由与阵列中第 1 行的与门输出控制,各与门的输出结果由连接到该乘积项线上的输入信号确定。

寄存器型输出结构适用于组成时序电路。这种输出结构是在或门之后增加了一个由时钟上升沿触发的 D 触发器和一个三态门,并且 D 触发器的输出还反馈到可编程的与阵列中进行时序控制。寄存器型输出结构中包含寄存器输出、异或加寄存器输出和算术运算反馈 3 种结构。寄存器输出结构如图 8-8 所示。

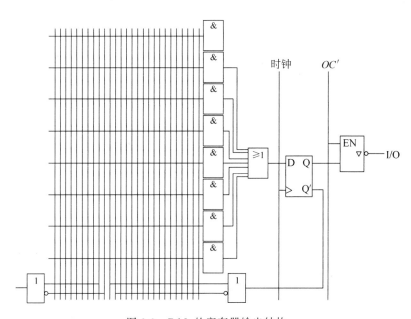

图 8-8　PAL 的寄存器输出结构

PAL 器件的生产和应用始于 20 世纪 70 年代,它采用双极型 TTL 制作工艺和熔丝编程方式,只能实现一次可编程。现在,PAL 已被淘汰,PAL 器件在市场上已不多见。

8.2.4　GAL

通用阵列逻辑(GAL)是在 PAL 的基础上设计出来的,采用了 EEPROM 工艺,具有电可擦除重复编程的特点。与 PAL 器件相比,GAL 在"与-或"阵列结构上沿用了 PAL 的与阵列可编程和或阵列固定的结构,但在 I/O 结构上进行了较大的改进,GAL 的输出部分采用了输出逻辑宏单元(output logic macro cell,OLMC)。GAL 的结构如图 8-9 所示。

OLMC 是 GAL 比其他 PLD 更加灵活方便的关键,GAL 的 OLMC 单元设有多种组态,可配置成专用组合输出、专用输入、组合输出双向口、寄存器输出、寄存器输出双向口等,为逻辑电路设计提供了极大的灵活性。图 8-10 是一个典型 OLMC 单元的结构图。

由图 8-10 可知,OLMC 包含 4 个数据选择器,即输出数据选择器(OMUX)、乘积项数据选择器(PTMUX)、三态数据选择器(TSMUX)以及反馈数据选择器(FMUX),一个异或门、一个或门、一个 D 触发器及一些门电路组成的控制电路。

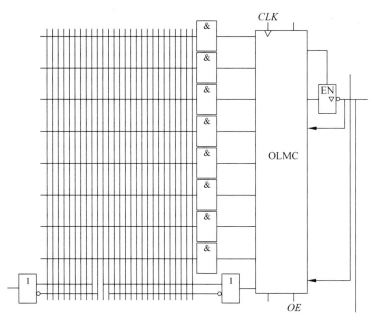

图 8-9　GAL 器件的基本结构

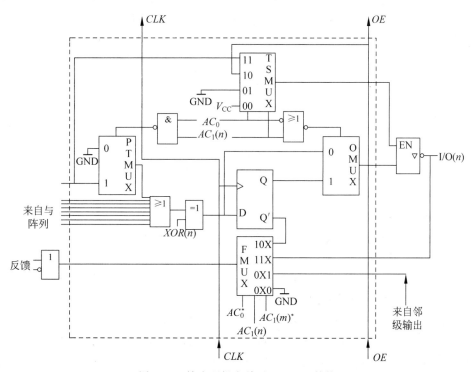

图 8-10　输出逻辑宏单元(OLMC)结构

通过设置 OLMC 的结构控制字,即在 SYN、AC_0 和 $AC_1(n)$ 的组合控制下(图 8-10),OLMC 可以工作为专用输入、专用组合输出、带反馈组合输出、带寄存器的组合输出和寄存器输出。结构控制字与工作模式的对照如表 8-1 所示。

表 8-1　OLMC 结构控制字与工作模式对照表

OLMC 结构控制字字段				OLMC 输出	
SYN	AC_0	$AC_1(n)$	$XOR(n)$	工作模式	输出极性
1	0	1	/	专用输入	/
1	0	0	0	专用组合输出	低电平有效
			1		高电平有效
1	1	1	0	反馈组合输出	低电平有效
			1		高电平有效
0	1	1	0	时序电路中的组合输出	低电平有效
			1		高电平有效
0	1	0	0	寄存器输出	低电平有效
			1		高电平有效

8.3　CPLD

　　复杂可编程逻辑器件(CPLD)是在早期简单 PLD 基础上发展而来的,是对 GAL 器件结构进行的扩展和改进。从概念上,CPLD 由位于中心的可编程连线阵列(programmable interconnect array,PIA)把多个类似 GAL 的宏单元功能块(logic array block,LAB; function block,FB)连接在一起,且具有很长的、固定的布线资源的可编程器件,其基本结构如图 8-11 所示。

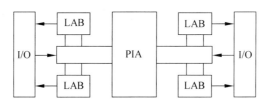

图 8-11　CPLD 的基本结构

　　CPLD 产品非常丰富,主要的生产厂家有 Lattice 公司、Xilinx 公司和 Altera 公司。这些厂家都生产了多个系列的 CPLD。这里以 Altera 公司的 MAX7000 系列器件为例介绍 CPLD 的结构和工作原理。

　　宏单元(macro cell)是 MAX7000 系列 CPLD 的最基本的构成单元,MAX7000 包含 32～256 个宏单元,单个宏单元的结构如图 8-12 所示。

　　在 MAX7000 器件中,每 16 个宏单元组成一个逻辑阵列块(logic array block,LAB)。每个宏单元含有一个可编程的与阵列和固定的或阵列,一个可配置的寄存器。每个宏单元还包含扩展乘积项和高速并联扩展乘积项,可以向任意一个宏单元提供最多 32 个乘积项,以构成复杂的逻辑函数。MAX7000 由逻辑阵列块(LAB)、宏单元、扩展乘积项、可编程连线阵列 PIA 和 I/O 控制块构成。下面对 MAX7000 的 5 个主要组成部分进行分别介绍。

1. LAB

　　一个 LAB 由 16 个宏单元组成,构成一个相对独立的可实现简单逻辑功能的可编程单

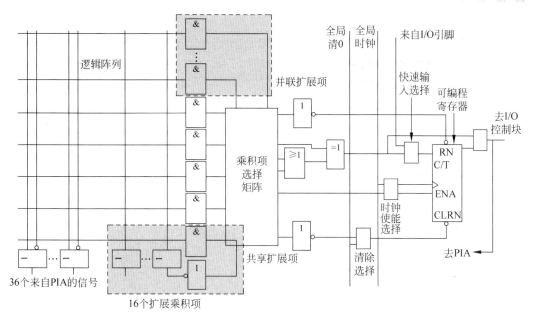

图 8-12　MAX7000 器件的宏单元结构

元。MAX7000 主要由多个 LAB 组成的阵列以及它们之间的连线资源构成。LAB 内部的宏单元通过配置与阵列、乘积项选择矩阵和可编程寄存器实现特定的逻辑功能,宏单元之间可以直接互联,以实现相对较为复杂的逻辑功能。LAB 之间则是通过可编程连线阵列(PIA)和全局控制线实现互联。多个 LAB 相互组合,可以并联或者级联,实现功能强大的复杂的逻辑设计。全局控制信号线从所有的专用输入、I/O 引脚和宏单元馈入信号,实现对所有相关的 LAB、宏单元的统一控制。对于每个 LAB,其合法的输入信号来源既有来自作为通用输入的 PIA 的 36 个信号,全局控制信号,又来自 I/O 引脚到寄存器的直接输入信号。对于每个 LAB,其有效输出信号的去向有直接输出到 I/O 引脚,输出到 PIA。

2. 宏单元

MAX7000 器件中的宏单元由 3 个功能部分组成:可编程逻辑与阵列、乘积项选择矩阵和可编程寄存器,它们可以被单独地配置为时序逻辑和组合逻辑工作方式。其中,逻辑与阵列实现组合逻辑,可以给每个宏单元提供 5 个乘积项。乘积项选择矩阵分配这些乘积项作为到或门和异或门的主要逻辑输入,以实现组合逻辑函数;或者把这些乘积项作为宏单元中寄存器的辅助输入。

每个宏单元中有一个共享扩展乘积项经非门后回馈到逻辑阵列中,宏单元中还存在并行扩展乘积项,从邻近宏单元借位而来。

宏单元中的可配置寄存器可以单独被配置为带有可编程时钟控制的 D 触发器、T 触发器、JK 触发器或 SR 触发器的工作方式,也可以将寄存器做旁路设置,以实现组合逻辑工作方式。

每个可编程寄存器可以按如下 3 种时钟输入模式工作。

(1) 全局时钟信号。该模式能实现最快的时钟到输出性能,这时全局时钟输入直接连向每个寄存器的 CLK 端。

（2）全局时钟信号为高电平有效的时钟信号。这种模式提供每个触发器的时钟使能信号，由于仍使用全局时钟，因此输出的速度较快。

（3）用乘积项实现一个阵列时钟。在这种模式下，触发器由来自隐埋的宏单元或 I/O 引脚的信号进行钟控，其速度稍慢。

每个寄存器支持异步清 0 和异步置位功能。乘积项选择矩阵分配，并控制这些操作。虽然乘积项驱动寄存器的置位和复位信号是高电平有效，但在逻辑阵列中将信号取反可以得到低电平有效的效果。此外，每个寄存器的复位端可以由低电平有效的全局复位专用引脚来驱动。

3. 扩展乘积项

虽然大部分逻辑函数能够用在每个宏单元中的 5 个乘积项实现，但是更复杂的逻辑函数需要附加乘积项。可以利用其他宏单元以提供所需的逻辑资源，对于 MAX7000 系列，还可以利用其结构中具有的共享和并联扩展乘积项。这两种扩展项作为附加的乘积项直接送到 LAB 的任意一个宏单元中。利用扩展项可保证在实现逻辑综合时，用尽可能少的逻辑资源，得到尽可能快的工作速度。

（1）共享扩展项。每个 LAB 有 16 个共享扩展项。共享扩展项由每个宏单元提供一个单独的乘积项，通过一个非门取反后反馈到逻辑阵列中，可被 LAB 内任何一个或全部宏单元使用和共享，以便实现复杂的逻辑函数。采用共享扩展项后要增加一个短的时延。

（2）并联扩展项。并联扩展项是宏单元中一些没有被使用的乘积项，可被分配到邻近的宏单元去实现快速、复杂的逻辑函数。使用并联扩展项，允许最多 20 个乘积项直接送到宏单元的或逻辑，其中 5 个乘积项是由宏单元本身提供的，15 个并联扩展项是从同一个 LAB 中邻近宏单元借用的。当需要并联扩展时，或逻辑的输出通过一个数据选择器，送往下一个宏单元的并联扩展或逻辑输入端。

4. PIA

不同的 LAB 通过在可编程连线阵列（PIA）上布线，以相互连接构成所需的逻辑。这个全局总线是一种可编辑的通道，可以把器件中任何信号连接到其目的地。所有 MAX7000 系列器件的专用输入、I/O 引脚和宏单元输出都连接到 PIA，而 PIA 可把这些信号送到整个器件内的各个地方。只有每个 LAB 需要的信号才布置从 PIA 到该 LAB 的连线。由于 MAX7000 系列器件的 PIA 有固定的延时，因此使得器件延时性能容易预测。

5. I/O 控制块

I/O 控制块允许每个 I/O 引脚单独被配置为输入、输出和双向工作方式。所有 I/O 引脚都有一个三态缓冲器，它的控制端信号来自一个多路选择器，可以选择用全局输出使能信号其中之一进行控制，或者直接连到地（GND）或电源（V_{CC}）上。

另外，MAX7000 系列器件在 I/O 控制块还提供减缓输出缓冲器的电压摆率（slew rate）选择项，以降低工作速度要求不高的信号在开关瞬间产生的噪声。

为降低 CPLD 的功耗，减少其工作时的发热量，MAX7000 系列提供可编程的速度或功率优化，使得在应用设计中，让影响速度的关键部分工作在高速或全功率状态，而其余部分则工作在低速或低功率状态。

8.4 FPGA

现场可编程门阵列（FPGA）也称可编程门阵列（programmable gate array，PGA），是超大规模集成电路（very large scale integrated circuit，VLSI）技术发展的产物，它弥补了早期可编程逻辑器件利用率随器件规模的扩大而下降的不足。FPGA 器件集成度高，引脚数多，使用灵活。FPGA 由布线分隔的可编程逻辑块（或宏单元）（logic array block or logic element，LAB or LE）、可编程输入/输出块（input/output block，IOB）和布线通道中可编程内部连线（programmable interconnect，PI）构成，其基本结构如图 8-13 所示。

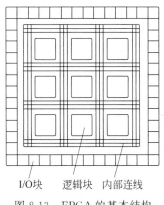

I/O块　逻辑块　内部连线

图 8-13　FPGA 的基本结构

8.4.1 查找表逻辑结构

前面提到的可编程逻辑器件，诸如 GAL、CPLD 之类，都是基于乘积项的可编程结构，即可编程的与阵列和固定的或阵列组成。而 FPGA 则使用了另一种可编程逻辑的形成方法，即可编程的查找表（look up table，LUT）结构，LUT 是 FPGA 的最小逻辑构成单元。大部分 FPGA 采用基于 SRAM（静态随机存储器）的查找表逻辑形成结构，就是用 SRAM 构成逻辑函数发生器。一个 N 输入 LUT 可以实现 N 个输入变量的任何逻辑功能，如 N 输入与、N 输入异或等。图 8-14 是 4 输入 LUT，其内部结构如图 8-15 所示。

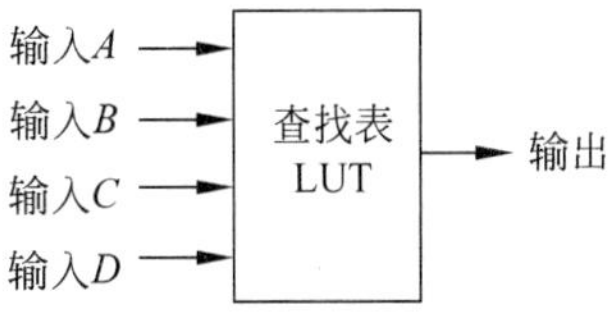

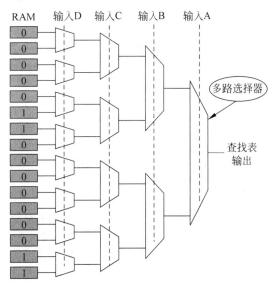

图 8-14　4 输入查找表 LUT

图 8-15　4 输入 LUT 的内部结构

一个 N 输入的查找表，需要 SRAM 存储 N 个输入构成的真值表，需要用 2 的 N 次幂个位的 SRAM 单元。显然，N 不可能很大，否则 LUT 的利用率很低，输入多于 N 个的逻辑函数，必须要用几个查找表分开实现。

8.4.2　FPGA 的结构和工作原理

FPGA 产品非常多，主要的生产厂家有 Xilinx 公司、Altera 公司、Lattice 公司和 Actel 公司等。这些厂家生产了多个系列的 FPGA 产品，这里以 Altera 公司生产的低成本 Cyclone 系列 FPGA 为例，介绍 FPGA 的结构与工作原理。

Cyclone 系列器件主要由逻辑阵列块（LAB）、嵌入式存储器块、I/O 控制单元、嵌入式硬件乘法器和锁相环（phase-locked loop，PLL）等模块构成，在各个模块之间存在丰富的互联线和时钟网络。

Cyclone 系列器件的可编程资源主要来自逻辑阵列块（LAB），而每个 LAB 都由多个逻辑单元（LE）构成。LE 是 Cyclone FPGA 器件的最基本的可编程单元，图 8-16 显示了 Cyclone FPGA 的 LE 的内部结构。LE 主要由一个 4 输入的查找表 LUT、进位链逻辑和一个可配置的寄存器构成。4 输入的 LUT 可以完成所有的 4 输入 1 输出的组合逻辑功能，进位链逻辑带有进位选择，可以灵活地构成一位加法或者减法逻辑，并可以切换。每个 LE 的输出都可以连接到本地连线、行列连线、LUT 链、寄存器链等布线资源。

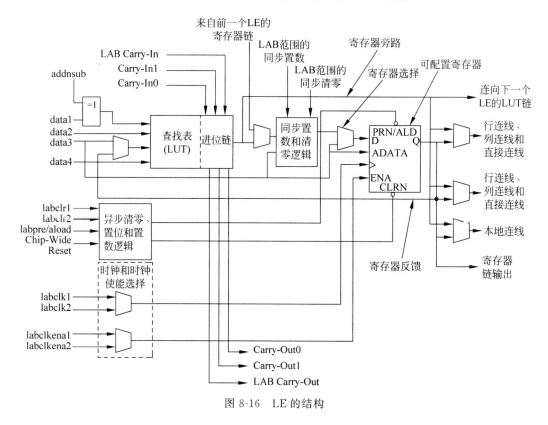

图 8-16　LE 的结构

每个 LE 中的可编程寄存器可以被配置成 D 触发器、T 触发器、JK 触发器和 SR 寄存器模式。每个可编程寄存器都具有数据输入、异步数据装载、时钟、时钟使能、清零和异步位置位/复位输入信号。LE 中的时钟、时钟使能选择逻辑可以灵活配置寄存器的时钟以及时钟使能信号。在一些只需要组合电路的应用中,对于组合逻辑的实现,可将该触发器旁路,LUT 的输出可作为 LE 的输出。

LE 的输出可以驱动 3 个不同的内部互连线资源,包括本地连线、行连线、列连线或直接连线资源,并且可以单独控制 LUT 链输出和寄存器链输出。可以实现在一个 LE 中,LUT 驱动一个输出,而寄存器驱动另一个输出,并且在一个 LE 中的触发器和 LUT 能够用来完成不相关的功能,因此能够提高 LE 的资源利用率。

逻辑阵列块(LAB)包含一系列相邻的 LE 及它们之间互连线资源。Cyclone 系列器件中每个 LAB 是由 10 个 LE、LE 进位链和级联链、LAB 控制信号、LAB 本地连线、LUT 链和寄存器链等构成的。图 8-17 是 Cyclone LAB 的结构图。在 Cyclone 系列器件里面存在大量 LAB,构成了 Cyclone FPGA 丰富的编程资源。

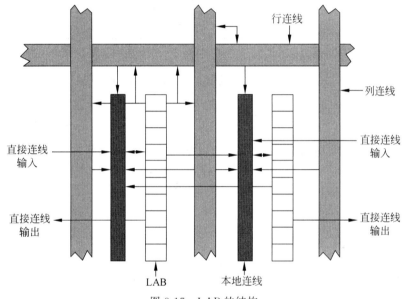

图 8-17 LAB 的结构

Cyclone FPGA 器件中的嵌入式存储器(embedded memory)由 M4K 存储块列构成。每个 M4K 存储块具有很强的伸缩性,可以实现诸多的功能。例如,4608 位 RAM、实现 200MHz 高速性能、真正的双口存储器、简单双口存储器、单口存储器、存储器字节使能、移位寄存器、FIFO 设计、ROM 设计、混合时钟模式等。

在 Cyclone 系列器件中的嵌入式存储器可以通过多种连线与可编程资源实现连接,这大大增强了 FPGA 的性能,扩大了 FPGA 的应用范围。图 8-18 展示了 M4K 与可编程资源互连的连线资源界面。

在数字逻辑电路的设计中,时钟、复位信号往往需要同步作用于系统中的每个时序逻辑单元,因此在 Cyclone 系列器件中设置有全局控制信号。由于系统时钟延时会严重影响系统的性能,故在 Cyclone 系列器件中设置了复杂的全局时钟网络,以减少时钟信号的传输延迟。另外,在 Cyclone FPGA 中还含有一个到数个 PLL,可以用来调整时钟信号的波形、频率和相位。Cyclone 系列器件内部 PLL 的电路原理如图 8-19 所示。

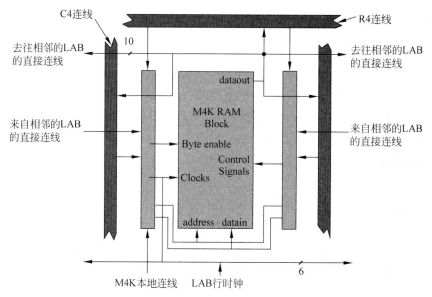

图 8-18　M4K 存储器块的 LAB 行界面

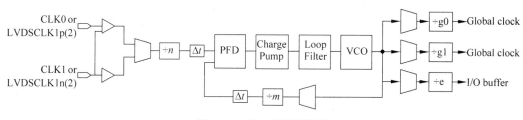

图 8-19　PLL 原理示意图

Cyclone 的 I/O 支持多种 I/O 接口,符合多种 I/O 标准,可以支持差分的 I/O 标准,如 LVDS、RSDS 等;当然也支持普通的单端 I/O 标准,如 LVTTL、LVCMOS、SSTL、PCI 等。

习题

习题 8.1　试阐述 PLA 实现组合逻辑函数的设计过程。

习题 8.2　试阐述 CPLD 的工作原理。

习题 8.3　试阐述 FPGA 的工作原理。

第9章 脉冲波形发生与整形电路

本章学习目标

- 了解脉冲波形的基本特性和主要参数。
- 了解和掌握施密特触发器的原理及应用。
- 了解和掌握单稳态触发器的原理及应用。
- 了解和掌握多谐振荡器的原理及应用。
- 掌握 555 器件的使用。

本章首先介绍脉冲波形的基本特性和主要参数,然后系统介绍施密特触发器的组成和工作原理,以及施密特触发器在波形变换、脉冲整形、幅度鉴别等方面的应用;随后分别介绍微分型单稳态触发器、积分型单稳态触发器、施密特触发器构成的单稳态触发器、集成单稳态触发器的组成和工作原理,以及单稳态触发器的重复触发问题;接下来介绍多谐振荡器的概念、组成和工作原理;最后系统介绍 555 器件的原理及应用,包括用 555 实现施密特触发器、单稳态触发器、多谐振荡器的方法。

9.1 概述

在数字电路或数字系统中,常常需要各种脉冲波形,如时钟脉冲、控制过程的定时信号等。这些脉冲波形的获取,通常采用两种方法:一种是利用脉冲信号产生电路直接产生;另一种则是对已有信号进行整形,使之满足系统的要求。

在同步时序电路中,作为时钟信号的矩形脉冲控制和协调整个系统的工作。因此,时钟脉冲的特性直接关系到系统能否正常工作。为了定量描述矩形脉冲的特性,通常给出图 9-1 所示的 6 个主要参数。

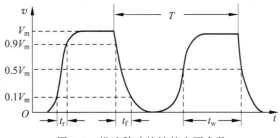

图 9-1 描述脉冲特性的主要参数

描述脉冲特性的这些主要参数如下。

（1）脉冲幅度 V_m：脉冲电压的最大变化幅度。

（2）脉冲上升沿时间 t_r：脉冲上升沿从 $0.1V_m$ 上升到 $0.9V_m$ 所需要的时间。

（3）脉冲下降沿时间 t_f：脉冲下降沿从 $0.9V_m$ 下降到 $0.1V_m$ 所需要的时间。

（4）脉冲宽度 t_w：从脉冲前沿到达 $0.5V_m$ 处的时间起，到脉冲后沿到达 $0.5V_m$ 为止的时间间隔，说明脉冲持续时间的长短。

（5）脉冲周期 T：指周期性脉冲中，相邻的两个脉冲波形对应点之间的时间间隔。有时也使用频率 $f=1/T$ 表示单位时间内脉冲重复的次数。

（6）占空比：脉冲宽度与脉冲周期的比值，亦即 $q=t_w/T$。

此外，在脉冲波形发生或整形电路用于具体的数字系统时，有时还可能有一些特殊的要求，如脉冲周期和幅度的稳定度等，则需要增加一些相应的参数来说明。

9.2　施密特触发器及其应用

9.2.1　施密特触发器的组成和原理

施密特触发器（Schmidt trigger）是典型的脉冲整形电路，在脉冲波形变换中经常被使用，具有如下特点。

（1）施密特触发器属于电平触发，当输入信号达到某一定电压值时，输出电压会发生突变，即输出电压波形的边沿变得很陡，对于缓慢变化的电压信号仍然适用。

（2）输入信号从低电平上升的过程中电路发生突变时对应的输入电平与输入信号从高电平下降过程中对应的输入转换电平不同，即输入信号增加和减少时，电路有不同的阈值电压。

利用这两个特点不仅能将边沿变化缓慢的信号波形整形为边沿陡峭的矩形波，还可以将叠加在矩形脉冲高、低电平上的噪声有效地清除。

施密特触发器和前面章节所讲过的触发器性质完全不同。它们的英文名称原本也截然不同，由于最初将 Schmidt trigger 译成中文时用了"施密特触发器"这一名称，所以一直沿用了下来。

下面介绍数字系统中常用的施密特触发器。

1. 门电路组成的施密特触发器

用 CMOS 反相器构成的施密特触发器如图 9-2 所示。

电路中两级反相器串联，通过分压电阻 R_1 和 R_2 将输出端的电压反馈到输入端对电路产

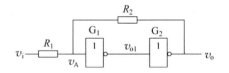

图 9-2　CMOS 反相器构成的施密特触发器

生影响。假定电路中 CMOS 反相器的阈值电压为 $V_{TH} \approx V_{DD}/2$，且 $R_1 < R_2$，若输入信号 v_i 是变化缓慢的三角波，其工作原理如下。

当 $v_i = 0$ 时，经 G_1 和 G_2 串联电路，$v_o = V_{OL} \approx 0$，此时 $v_A \approx v_i = 0$。

输入 v_i 从 0 开始逐渐增加，只要 $v_A < V_{TH}$，则电路保持 $v_o = 0$ 不变。

当 v_i 上升使得 $v_A = V_{TH}$ 时，由于 G_1 进入了电压传输特性的转折区（即放大区），使得电路产生如下正反馈过程：

$$v_A \longleftrightarrow v_{o1} \downarrow \longleftrightarrow v_o \uparrow$$

这样,电路状态很快转换为 $v_o = V_{OH} \approx V_{DD}$。此时,$v_i$ 的值即为施密特触发器在输入信号正向增加时的阈值电压,称为正向阈值电压,用 V_{T+} 表示。因为这时有

$$v_A = V_{TH} \approx \frac{R_2}{R_1 + R_2} V_{T+}$$

所以

$$V_{T+} = \frac{R_1 + R_2}{R_2} V_{TH} = \left(1 + \frac{R_1}{R_2}\right) V_{TH} \tag{9-1}$$

当 $v_A > V_{TH}$ 时,电路状态维持 $v_o = V_{OH}$ 不变。

v_i 继续上升至最大值后开始下降,当 v_i 下降使得 $v_A = V_{TH}$ 时,电路产生如下正反馈过程:

$$v_A \downarrow \longleftrightarrow v_{o1} \uparrow \longleftrightarrow v_o \downarrow$$

这样,电路状态又迅速转换为 $v_o = V_{OL} \approx 0$。此时的输入电平即为 v_i 减小时的阈值电压,称为负向阈值电压,用 V_{T-} 表示。由于这时有

$$v_A = V_{TH} \approx V_{DD} - \frac{R_2}{R_1 + R_2}(V_{DD} - V_{T-})$$

所以,

$$V_{T-} = \frac{R_1 + R_2}{R_2} V_{TH} - \frac{R_1}{R_2} V_{DD} \tag{9-2}$$

将 $V_{DD} = 2V_{TH}$ 代入式(9-2)后得

$$V_{T-} = \left(1 - \frac{R_1}{R_2}\right) V_{TH} \tag{9-3}$$

只要满足 $v_A < V_{TH}$,施密特触发器的电路状态就维持 $v_o = V_{OL}$ 不变。

V_{T+} 与 V_{T-} 之差定义为回差电压 ΔV_T,也称为滞回电压,即

$$\Delta V_T = V_{T+} - V_{T-} \approx 2\frac{R_1}{R_2} V_{TH} \tag{9-4}$$

式(9-4)表明,回差电压与 R_1/R_2 成正比。可以通过改变 R_1、R_2 的比值来调节回差电压的大小。但是,R_1 必须小于 R_2,否则电路将进入自锁状态,不能正常工作。

根据式(9-1)和式(9-3)画出的电压传输特性如图 9-3(a)所示,因为 v_i 和 v_o 高低电平是同相的,所以也将这种形式的电压传输特性称为同相输出的施密特触发特性。

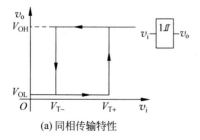

(a) 同相传输特性

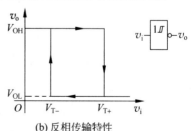

(b) 反相传输特性

图 9-3 施密特触发器的电压传输特性

如果以图 9-2 中 v_{o1} 处作为输出端,则得到电压传输特性如图 9-3(b)所示。由于 v_{o1} 与 v_i 的高低电平是反相的,因此将这种形式的电压传输特性称为反相输出的施密特触发特性。

反相输出施密特触发器的工作波形如图 9-4 所示。

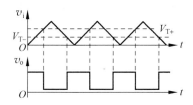

图 9-4   反相输出施密特触发器工作波形

2. 集成施密特触发器

集成施密特触发器性能一致性好,触发阈值稳定,使用方便,所以集成施密特触发器的应用非常广泛,无论是在 TTL 电路还是在 CMOS 电路中,都有单片集成的施密特触发器产品。

1) CMOS 集成施密特触发器

图 9-5(a)是 CMOS 集成施密特触发器 CC40106(六反相器)的引脚图,表 9-1 列出了其主要静态参数。

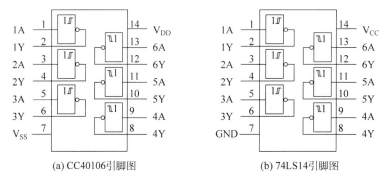

(a) CC40106引脚图   (b) 74LS14引脚图

图 9-5   集成施密特触发器引脚图

表 9-1   集成施密特触发器 CC40106 的主要静态参数   (单位:V)

电源电压 V_{DD}	V_{T+} 最小值	V_{T+} 最大值	V_{T-} 最小值	V_{T-} 最大值	ΔV_T 最小值	ΔV_T 最大值
5	2.2	3.6	0.9	2.8	0.3	1.6
10	4.6	7.1	2.5	5.2	1.2	3.4
15	6.8	10.8	4	7.4	1.6	5

2) TTL 集成施密特触发器

图 9-5(b)是 TTL 集成施密特触发器 74LS14 的引脚图,其主要参数的典型值如表 9-2 所示。

表 9-2   TTL 集成施密特触发器 74LS14 的典型值

器件型号	延迟时间/ns	每门功耗/mW	V_{T+}/V	V_{T-}/V	ΔV_T/V
74LS14	15	8.6	1.6	0.8	0.8
74LS132	15	8.8	1.6	0.8	0.8
74LS13	16.5	8.75	1.6	0.8	0.8

TTL 集成施密特触发器具有以下特点。

（1）输入信号边沿的变化即使非常缓慢，电路也能正常工作。

（2）对于阈值电压和回差电压均有温度补偿。

（3）带负载能力和抗干扰能力都很强。

集成施密特触发器不仅可以做成单输入端反相缓冲器的形式，还可以做成多输入端与非门的形式，如 CMOS 四 2 输入与非门 CC4093，TTL 四 2 输入与非门 74LS132 和双 4 输入与非门 74LS13 等。

9.2.2 施密特触发器的应用

1. 波形变换

施密特触发器可以把连续变化的输入电压变换为矩形波输出。利用施密特触发器状态转换过程中的正反馈作用，可以将边沿变化缓慢的周期性信号变换为边沿很陡的矩形脉冲信号。

在如图 9-6 所示的例子中，输入信号分别是正弦波和三角波，只要输入信号的幅度大于 V_{T+}，即可在施密特触发器的输出端得到同频率的矩形脉冲信号。

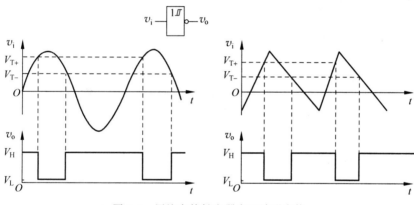

图 9-6 用施密特触发器实现波形变换

2. 脉冲整形

在数字系统中，矩形脉冲经传输后往往发生波形畸变，脉冲波形变得不规则。当传输线上电容较大时，波形的上升沿和下降沿将明显变坏，不再陡峭；当传输线较长，而且接收端的阻抗与传输线的阻抗不匹配时，在波形的上升沿和下降沿将产生振荡现象；当其他脉冲信号通过导线间的分布电容或公共电源线叠加到矩形脉冲信号上时，信号上将出现附加的噪声；等等。

上述的情况都可以用施密特触发器整形，可以使它恢复为合乎要求的矩形脉冲波。如图 9-7 所示，只要施密特触发器的 V_{T+} 和 V_{T-}

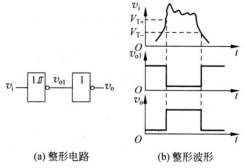

(a) 整形电路　　(b) 整形波形

图 9-7 用施密特触发器实现波形整形

设置得合适,就能得到满意的整形效果。

3. 幅度鉴别

如图 9-8 所示,若将一系列幅度各异的脉冲信号加到施密特触发器的输入端,只有输入信号的幅度大于正向阈值电压 V_{T+},才能使电路翻转,从而有脉冲输出;否则,没有矩形脉冲输出。因此,施密特触发器能将幅度大于 V_{T+} 的脉冲选出,具有脉冲幅度鉴别的能力。

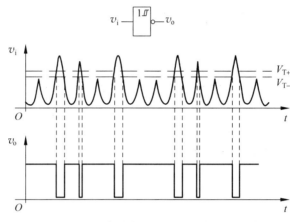

图 9-8　用施密特触发器实现脉冲幅度鉴别

此外,利用施密特触发器的滞回特性还能构成多谐振荡器,具体内容将在本章 9.4 节介绍。

9.3　单稳态触发器

单稳态触发器(monostable multivibrator,又称 one-shot)具有如下特点。

(1) 它有稳态和暂稳态两个不同的工作状态。

(2) 在外界触发脉冲作用下,能够由稳态翻转到暂稳态。暂稳态是一个不能长久保持的状态,经过一段时间后,电路会自动返回到稳态。

(3) 暂稳态时间的长短与触发脉冲的宽度和幅度以及电源电压无关,仅取决于电路本身的参数。

单稳态触发器由于具备上述特点被广泛应用于脉冲波形的变换、整形、延时(产生滞后于触发脉冲的输出脉冲)以及定时(产生固定时间宽度的脉冲信号)中。

9.3.1　门电路组成的单稳态触发器

单稳态触发器的暂稳态通常都是靠 RC 电路的充、放电过程来维持的。根据 RC 电路的不同接法(即接成微分电路形式或积分电路形式),又可以将单稳态触发器分为微分型和积分型两种。

1. 微分型单稳态触发器

用CMOS或非门和RC微分电路构成的微分型单稳态触发器电路如图9-9所示。

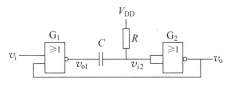

图9-9 微分型单稳态触发器电路

图9-9所示电路用负脉冲触发无效,只有在正的窄脉冲触发时,电路才有响应。

对于CMOS门电路,可以近似地认为$V_{OH} \approx V_{DD}$、$V_{OL} \approx 0$,而且通常$V_{TH} \approx V_{DD}/2$。在稳态下,$v_i = 0$、$v_{i2} = V_{DD}$,故$v_o = 0$、$v_{o1} = V_{DD}$,电容C上没有电压。

当外加触发信号时,电路由稳态翻转到暂稳态。

当窄的触发脉冲v_i加到输入端时,v_i上升到v_{TH}以后,将引发如下的正反馈过程,使v_{o1}迅速跳变为低电平。

由于电容上的电压不可能发生突跳,因此v_{i2}也同时跳变至低电平,并使得v_o跳变为高电平,即G_1导通,G_2截止在瞬间完成,这时电路进入暂稳态。这时,即使v_i回到低电平,v_o的高电平仍将维持。然而,电路的这种状态是不能长久保持的,故称为暂稳态。电路处于暂稳态时,$v_o = V_{DD}$、$v_{o1} = 0$。

随着电容的充电,电路由暂稳态自动返回稳态。

随着充电过程的进行,v_{i2}逐渐升高,当升至时$v_{i2} = V_{TH}$时,又引发如下的正反馈过程。

如果此时的触发脉冲已经消失,即v_i已回到低电平,v_{o1}、v_{i2}迅速跳变为高电平,并使输出返回$v_o = 0$的状态。同时,电容C通过电阻R和G_2门的输入保护电路向V_{DD}放电,直至电容上的电压为0,电路恢复到稳定状态,$v_o = 0$、$v_{o1} = V_{DD}$。

根据以上的分析,即可画出电路中各点的电压波形,如图9-10所示。

为了定量描述单稳态触发器的性能,经常使用输出脉冲宽度t_W、输出脉冲幅度V_m、恢复时间t_{re}、分辨时间t_d等参数。

输出脉冲宽度t_W,也就是暂稳态的维持时间,即从电容C开始充电到v_{i2}上升至V_{TH}的这段时

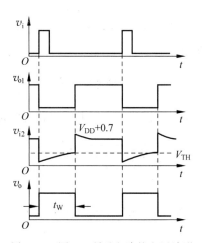

图9-10 图9-9所示电路的电压波形

间。电容 C 充电的等效电路如图 9-11 所示。其中的 R_{ON} 是或非门 G_1 输出低电平时的输出电阻。在 $R_{ON} \ll R$ 的情况下,等效电路可以简化为简单的 RC 串联电路。

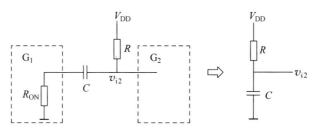

图 9-11　图 9-9 中电容 C 充电的等效电路

根据对 RC 电路过渡过程的分析可知,在电容充、放电过程中,电容上的电压从充、放电开始到变化至 V_{TH} 所经过的时间为

$$t = RC\ln \frac{v_C(\infty) - v_C(0)}{v_C(\infty) - V_{TH}} \tag{9-5}$$

其中,$v_C(0)$ 是电容电压的起始值;$v_C(\infty)$ 是电容电压充、放电的终了值。

由图 9-10 的波形图可见,图 9-11 电路中电压从 0 充电至 V_{TH} 所用的时间为 t_w。将触发脉冲作用的起始时刻为电容充电的起始时间起点,于是将 $v_C(0) = 0$,$v_C(\infty) = V_{DD}$ 代入式(9-5)得

$$t_w = RC\ln \frac{V_{DD} - 0}{V_{DD} - V_{TH}}$$

当 $V_{TH} = V_{DD}/2$ 时,则有

$$t_w = RC\ln 2 = 0.69RC \approx 0.7RC$$

输出脉冲幅度为

$$V_m = V_{OH} - V_{OL} = V_{DD}$$

暂稳态结束后,还需要一段恢复时间,以便电容 C 在暂稳态期间所充的电荷释放完,电路恢复为起始的稳态。一般认为经过 3～5 倍电路时间常数的时间后,RC 电路就可基本达到稳态。所以,恢复时间 $t_{re} \approx (3 \sim 5)R_{ON}C$。

分辨时间 t_d 是指在保证电路正常工作的前提下,允许两个相邻触发脉冲之间的最小时间间隔。因此,$t_d = t_w + t_{re}$。

2. 积分型单稳态触发器

用 TTL 与非门和 RC 积分电路构成的积分型单稳态触发器电路如图 9-12 所示。

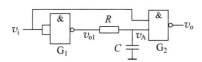

图 9-12　积分型单稳态触发器电路

此电路用正脉冲触发。在稳态下,$v_i = 0$、$v_A = v_{o1} = V_{OH}$、$v_o = V_{OH}$,电容 C 上充满电。

当外加触发信号时,由于电容 C 上的电压不能突变,因此在一段时间里 v_A 仍然在 V_{TH} 之上,即在这段时间里 G_2 的两个输入端电压同时高于

V_{TH},G_2 的输出端电压 $v_o = V_{OL}$,电路进入暂稳态。电路进入暂稳态的同时,电容 C 开始放电。

随着电容 C 放电,v_A 逐渐下降,当 v_A 下降到 V_{TH} 之后,v_o 回到高电平。待 v_i 返回低电平,v_{o1} 变成高电平,并向电容 C 充电,经过恢复时间 t_{re},v_A 恢复为高电平,电路回到稳定状态。

根据以上分析,即可画出电路中各点的电压波形,如图 9-13 所示。

输出脉冲宽度 t_W 是从电容 C 开始放电到 v_A 下降到 V_{TH} 的这段时间。电容 C 放电的等效电路如图 9-14 所示。其中的 R_O 是与非门 G_1 输出低电平时的输出电阻,等效电路可以简化为简单的 RC 串联电路。

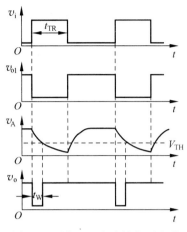

图 9-13　图 9-12 电路的电压波形

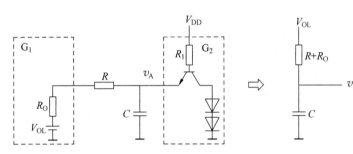

图 9-14　图 9-12 中电容 C 放电的等效电路

输出脉冲宽度 t_W 的计算公式为

$$t_W = (R + R_O)C \ln \frac{V_{OL} - V_{OH}}{V_{OL} - V_{TH}}$$

输出脉冲的幅度为

$$V_m = V_{OH} - V_{OL}$$

恢复时间为

$$t_{re} \approx (3 \sim 5)(R + R'_O)C$$

其中,R'_O 是 G_1 输出高电平时的输出电阻。

分辨时间为

$$t_d = t_W + t_{re}$$

9.3.2　集成单稳态触发器

1. CMOS 集成单稳态触发器 74HC121 的逻辑功能和使用方法

图 9-15 是 CMOS 集成单稳态触发器 74HC121 的逻辑图形符号和工作波形图。该器件是在普通微分型单稳态触发器的基础上附加输入控制电路和输出缓冲电路而形成的。

集成单稳态触发器 74HC121 有两种触发方式:下降沿触发和上升沿触发。A_1 和 A_2

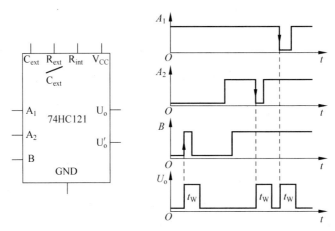

图 9-15　集成单稳态触发器 74HC121 的逻辑图形符号和波形

是两个下降沿有效的触发信号输入端,B 是上升沿有效的触发信号输入端。U_o 和 U_o' 是两个状态互补的输出端。R_{ext}/C_{ext}、C_{ext} 是外接定时电阻和电容的连接端,外接定时电阻 R_{ext}(阻值可在 $1.4 \sim 40 \mathrm{k\Omega}$ 之间选择)应一端接 V_{CC},另一端接引脚 R_{ext}/C_{ext}。外接定时电容 C(一般在 $10\mathrm{pF} \sim 10 \mu\mathrm{F}$ 之间选择)一端接引脚 R_{ext}/C_{ext},另一端接引脚 C_{ext} 即可。若 C 是电解电容,则其正极接引脚 C_{ext},负极接引脚 R_{ext}/C_{ext}。74HC121 内部已经设置了一个 $2\mathrm{k\Omega}$ 的定时电阻,R_{int} 是其引出端,使用时只需将引脚 R_{int} 与引脚 V_{CC} 连接起来即可,不用时则应让引脚 R_{int} 悬空。

表 9-3 是集成单稳态触发器 74HC121 的功能表,其中 1 表示高电平,0 表示低电平。

表 9-3　集成单稳态触发器 74HC121 的功能表

输　入			输　出		工 作 特 征
A_1	A_2	B	U_o	U_o'	
0	×	1	0	1	保持稳态
×	0	1	0	1	
×	×	1	0	1	
1	1	×	0	1	
1	⌐	1	⊓	⊔	下降沿触发
⌐	1	1	⊓	⊔	
⌐	⌐	1	⊓	⊔	
0	×	⌐	⊓	⊔	上升沿触发
×	0	⌐	⊓	⊔	

集成单稳态触发器 74HC121 的外部元器件连接方法如图 9-16 所示。其中,图 9-16(a)是使用外部电阻 R_{ext} 且电路为下降沿触发连接方式;图 9-16(b)是使用内部电阻 R_{int} 且电路为上升沿触发连接方式($R_{int} = 2\mathrm{k\Omega}$)。

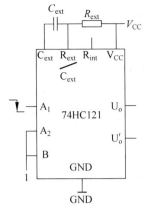
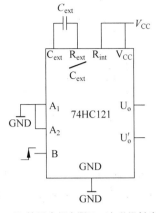

(a) 使用外接电阻 R_{ext}(下降沿触发)　　(b) 使用内部电阻 R_{int}(上升沿触发)

图 9-16　集成单稳态触发器 74HC121 的外部元器件连接方法

2. 主要参数

(1) 输出脉冲宽度 t_W。

$$t_W = RC \cdot \ln2 \approx 0.7RC$$

其中,使用外接电阻时,$t_W \approx 0.7R_{ext}C$;使用内部电阻时,$t_W \approx 0.7R_{int}C$。

(2) 输入触发脉冲最小周期 T_{min}。

$$T_{min} = t_W + t_{re} \quad (t_{re} \text{ 是恢复时间})$$

(3) 周期性输入触发脉冲占空比 q。

$$q = t_W/T$$

其中,T 是输入触发脉冲的重复周期;t_W 是单稳态触发器的输出脉冲宽度。

最大占空比为

$$q_{max} = t_W/T_{min} = \frac{t_W}{t_W + t_{re}}$$

对于集成单稳态触发器 74HC121,当 $R=2k\Omega$ 时 q_{max} 为 67%;当 $R=40k\Omega$ 时 q_{max} 可达 90%。不难理解,若 $R=2k\Omega$ 且输入触发脉冲重复周期 $T=1.5\mu s$,则恢复时间 $t_{re}=0.5\mu s$,这是 74HC121 恢复到稳态所必需的时间。如果占空比超过最大允许值,电路虽然仍可被触发,但 t_W 将不稳定。也就是说 74HC121 不能正常工作,这也是使用 74HC121 时应该注意的一个问题。

3. 关于集成单稳态触发器的重复触发问题

集成单稳态触发器有不可重复触发型和可重复触发型两种。不可重复触发的单稳态触发器一旦被触发进入暂稳态以后,再加入触发脉冲不会影响电路的工作过程,必须在暂稳态结束以后,它才能接受下一个触发脉冲从而进入下一个暂稳态,如图 9-17(a)所示。而可重复触发的单稳态触发器在电路被触发从而进入暂稳态以后,如果再次加入触发脉冲,电路将重新被触发,使输出脉冲再继续维持一个 t_W 宽度,如图 9-17(b)所示。

74HC121 是不可重复触发的单稳态触发器,74HC122 是可重复触发的触发器。

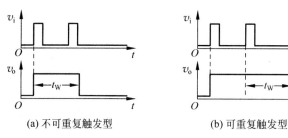

(a) 不可重复触发型   (b) 可重复触发型

图 9-17 单稳态触发器的工作波形

此外,有些集成单稳态触发器上还设有复位端(如 74HC221 等)。通过复位端加入低电平信号能立即终止暂稳态过程,使输出端返回低电平。

9.4 多谐振荡器

多谐振荡器是一种自激振荡器,是产生矩形脉冲波的典型电路,常用来做脉冲信号源。多谐振荡器不需要外加触发信号,接通电源后便能自动产生矩形脉冲。多谐振荡器一旦起振之后,电路没有稳态,只有两个暂稳态,它们交替变化,输出连续的矩形脉冲信号。由于矩形脉冲中含有丰富的高次谐波分量,因此习惯上又将矩形波振荡器称为多谐振荡。

9.4.1 门电路组成的多谐振荡器

1. 对称式多谐振荡器

如图 9-18 所示电路是对称式多谐振荡器的典型电路,它是由两个反相器 G_1、G_2 经耦合电容 C_1、C_2 连接起来的正反馈振荡回路。

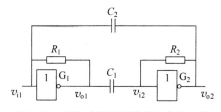

图 9-18 对称式多谐振荡器的典型电路

为了产生自激振荡,电路不能有稳定状态。也就是说,在静态下(电路没有振荡时)它的状态必须是不稳定的。如果设法使 G_1、G_2 工作在电压传输特性的转折区或放大区,电压的放大倍数 $A_V > 1$,这时只要 G_1、G_2 的输入电压有极微小的扰动,就会被正反馈回路放大而引起振荡。

为了使反相器静态时工作在放大状态,必须给它们设置适当的偏转电压,它的数值应介于高、低电平之间。这个偏转电压可以通过在反相器的输入端与输出端之间接入反馈电阻 $R_1 = R_2 = R$ 来得到。经过计算,对于 74 系列的门电路而言,R 的阻值应取在 $0.5 \sim 1.9 \text{k}\Omega$ 之间。

下面具体分析图 9-18 所示电路接通电源后的工作情况。

假定由于某种原因(如电源波动或外界干扰)使 v_{i1} 有微小的正跳变,则必然会引起如下的正反馈过程,使 v_{o1} 迅速跳转为低电平、v_{o2} 迅速跳变为高电平,电路进入第 1 个暂稳态。

同时,电容 C_1 开始充电而电容 C_2 开始放电。C_1 同时经 R_2 和 G_2 两条支路充电,所以充电较快,v_{i2} 首先上升到 G_2 的阈值电压 V_{TH},并引起如下的正反馈过程,从而使 v_{o2} 迅速跳变为低电平而 v_{o1} 迅速跳变至高电平,电路进入第 2 个暂稳态。

$$v_{i2}\uparrow \longrightarrow v_{o2}\downarrow \longrightarrow v_{i1}\downarrow \longrightarrow v_{o1}\uparrow$$

接着,C_2 开始充电而 C_1 开始放电。由于电路的对称性,这一过程和上面所述 C_1 充电、C_2 放电的过程完全对应,当 v_{i1} 上升至 v_{TH} 时电路又迅速地返回第 1 个暂稳态。因此,电路便不停地在两个暂稳态之间往复振荡,在输出端产生矩形脉冲。

如图 9-18 所示电路中各点的电压波形如图 9-19 所示。

从上面的分析可得:第 1 个暂稳态的持续时间 T_1 等于 v_{i2} 从 C_1 开始充电到上升至 V_{TH} 的时间;由于电路的对称性,第 2 个暂稳态持续的时间 T_2 等于 T_1,故总的振荡周期等于 T_1 的两倍。只要找出 C_1 充电的起始值、终了值和转换值就可以代入式(9-5)求出 T_1 的值了。

考虑到 TTL 门电路输入端反向钳位二极管的影响,在 v_{i2} 产生负跳变时下跳到负的钳位电压 V_{IK},即电容 C_1 充电的起始值近似为 V_{IK}。电容 C_1 充电的终了值近似为 V_{OH},转换值为 V_{TH}。如果 G_1、G_2 为 74LS 系列反相器,取 $V_{OH}=3.4V$、$V_{IK}=-1V$、$V_{TH}=1.1V$,可以近似求得

$$T \approx 2RC\ln\frac{V_{OH}-V_{IK}}{V_{OH}-V_{TH}} \approx 1.3RC$$

2. 非对称式多谐振荡器

如图 9-20 所示电路是非对称式多谐振荡器的典型电路,由两个 CMOS 反相器 G_1、G_2 经耦合电容 C 连接起来构成。

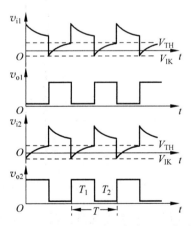

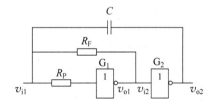

图 9-19 图 9-18 电路的各点电压波形   图 9-20 非对称式多谐振荡器

分析在静态下,由于 CMOS 门电路的输入电流近似为零,因此 R_F 上没有压降,即 $v_{i1}=v_{o1}$。也就是说,G_1 工作在电压传输特性的转折区且 $v_{i1}=v_{o1}=V_{TH}=\frac{1}{2}V_{DD}$。这种静态是不稳定的,假定由于某种原因使 v_{i1} 有微小的正跳变,则必然会引起如下的正反馈过程,使 v_{o1} 迅

速跳转为低电平而 v_{o2} 迅速跳变为高电平,电路进入第 1 个暂稳态,同时电容 C 开始放电。

$$v_{i1} \downarrow \longrightarrow v_{i2} \downarrow \longrightarrow v_{o2} \uparrow$$

随着电容 C 放电,v_{i1} 逐渐下降到阈值电压 V_{TH},则如下另一个正反馈过程发生,使 v_{o1} 迅速跳转为高电平而 v_{o2} 迅速跳变为低电平,电路进入第 2 个暂稳态,同时电容 C 开始充电。

$$v_{i1} \uparrow \longrightarrow v_{i2} \uparrow \longrightarrow v_{o2} \downarrow$$

随着电容 C 充电,v_{i1} 逐渐上升到阈值电压 V_{TH},电路重新转换为第 1 个暂稳态。因此,电路不停地在两个暂稳态之间振荡,在输出端产生矩形脉冲。图 9-20 所示电路中各点电压波形如图 9-21 所示。

如果 G_1 输入端串接的保护电阻 R_P 足够大,可以近似求解电容放电、充电所用的时间 T_1 和 T_2 为

$$T_1 = R_F C \ln \frac{0 - (V_{TH} + V_{DD})}{0 - V_{TH}} \approx R_F C \ln 3$$

$$T_2 = R_F C \ln \frac{V_{DD} - (V_{TH} - V_{DD})}{V_{DD} - V_{TH}} \approx R_F C \ln 3$$

所以,振荡周期为

$$T = T_1 + T_2 \approx 2 R_F C \ln 3 \approx 2.2 R_F C$$

3. 环形振荡器

如图 9-22 所示电路是环形振荡器的最简单电路,它是利用延迟负反馈产生振荡的,即利用门电路的传输延迟时间将奇数个反相器首尾相接构成。

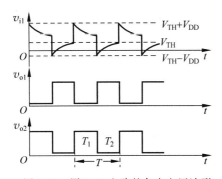

图 9-21　图 9-20 电路的各点电压波形

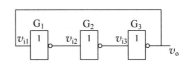

图 9-22　最简单的环形振荡器电路

不难看出,图 9-22 所示的由 3 个反相器构成的环形振荡器电路是没有稳定状态的。在静态下,任何一个反相器都不可能稳定在高电平或低电平。假定由于某种原因使 v_{i1} 有微小的正跳变,则经过 G_1 的传输延迟时间 t_{pd} 之后 v_{i2} 产生一个更大的负跳变,再经过 G_2 的传输延迟时间 t_{pd} 之后 v_{i3} 产生一个更大的正跳变,再经过 G_3 的传输延迟时间 t_{pd} 之后 v_o 产生一个更大的负跳变,使得 v_{i1} 变为低电平,即经过 $3t_{pd}$ 时间后,v_{i1} 变为低电平;然后再经过 $3t_{pd}$ 时间,v_{i1} 变为高电平。周而复始,在 v_o 输出自激振荡波形,振荡周期

为 $T = 6t_{pd}$。

用上述电路构成的振荡器虽然简单,但由于门电路的传输延迟时间非常短,通常为几十纳秒,想获得较低频率的振荡波形是十分困难的,而且频率不易调节,因此并不实用。为了克服这些缺点,可以采用如图 9-23 所示的实用环形振荡器电路,用附加的 RC 延迟电路控制振荡波形的频率。

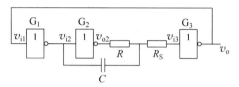

图 9-23 实用的环形振荡器电路

通常,RC 电路产生的延迟时间远远大于门电路的传输延迟时间,所以计算振荡周期时可以只考虑 RC 电路的作用。其中 R_S 是保护电阻,计算振荡周期时也近似不予考虑。因此,电容充电、放电所用的时间 T_1 和 T_2 分别为

$$T_1 = RC\ln\frac{V_{OH} - (V_{TH} - V_{OH})}{V_{OH} - V_{TH}}$$

$$T_2 = RC\ln\frac{0 - (V_{TH} + V_{OH})}{0 - V_{TH}}$$

假定 $V_{OH} = 3\text{V}$、$V_{TH} = 1.4\text{V}$,则振荡周期为

$$T = T_1 + T_2 \approx 2.2RC$$

9.4.2 由施密特触发器构成多谐振荡器

施密特触发器最突出的特点是它的电压传输特性有一个滞回区,倘若能使施密特触发器的输入电压在 V_{T+} 和 V_{T-} 之间不停地往复变化,那么在输出端就可以得到矩形脉冲波。实现上述设想只要将施密特触发器的反相输出端经 RC 积分电路接回输入端即可,如图 9-24 所示。

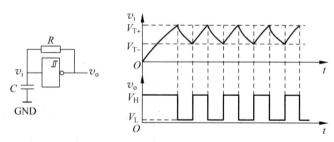

图 9-24 用施密特触发器构成的多谐振荡器及其电压波形

(1) 接通电源瞬间,电容上的初始电压为零,即 $v_i = 0$,输出电压 v_o 为高电平,输出电压 v_o 经电阻 R 对电容 C 充电,v_i 上升。当电容充电使得输入端电压 v_i 达到正向阈值电压 V_{T+} 时,电路翻转,输出电压 v_o 跳变为低电平,电容 C 又经过电阻 R 开始放电。

(2) 电容放电,v_i 下降。当 v_i 下降到负向阈值电压 V_{T-} 时,电路发生翻转,输出电压 v_o 跳变为高电平。如此反复,电路便形成振荡。

9.4.3　石英晶体多谐振荡器

在许多数字系统中,都要求多谐振荡器的振荡频率十分稳定。例如,在数字钟表里,多谐振荡器作为数字时钟的脉冲源使用,它的频率稳定性直接影响计时的准确性。在这种情况下,前面所讲的几种多谐振荡器电路难以满足要求,因为在这些多谐振荡器中其振荡频率主要取决于门电路输入电压在电容充、放电过程中达到转换电平需要的时间,因此稳定度不够高。

这是因为:第一,这些振荡器中门电路的转换电平 V_{TH} 本身就不够稳定,转换电平易受温度变化和电源波动的影响;第二,电路的工作方式易受干扰,造成电路状态转换提前或滞后;第三,电路状态临近转换时,电容的充、放电过程已经比较缓慢,在这种情况下转换电平的微小变化或者轻微的干扰,对振荡周期影响都比较大,因此频率稳定度不够高。一般在对振荡器频率稳定度要求很高的场合,都需要采取稳频措施。

目前,普遍采用的一种稳频方法是在多谐振荡器电路中接入石英晶体,构成石英晶体多谐振荡器。

石英晶体本身的固有振荡频率(也称晶体的标称频率)常记为 f_0,由晶体本身的特性决定。石英晶体的符号和电抗频率特性如图 9-25 所示。当石英晶体的工作频率 $f < f_0$ 时,石英晶体呈电容性,电抗值 $X \neq 0$;当 $f > f_0$ 时,石英晶体呈电感性,电抗值 $X \neq 0$;当 $f = f_0$ 时,石英晶体的电抗值 $X = 0$。石英晶体的选频特性极好,f_0 十分稳定。

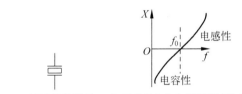

(a) 石英晶体的符号　　(b) 石英晶体的电抗频率特性曲线

图 9-25　石英晶体的符号和电抗频率特性曲线

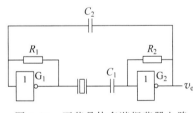

图 9-26　石英晶体多谐振荡器电路

将石英晶体与对称多谐振荡器中的耦合电容串联起来,就构成了石英晶体多谐振荡器,如图 9-26 所示。由石英晶体的电抗频率特性可知,当外加电压的频率为 f_0 时它的阻抗最小,所以把它接入多谐振荡器的正反馈环路中以后,频率为 f_0 的电压信号最容易通过它,并在电路中形成正反馈,而其他频率的信号经过石英晶体时被衰减。因此,振荡器的频率也必然是 f_0。

由此可见,石英晶体多谐振荡器的振荡频率取决于石英晶体的固有谐振频率,而与外接电阻、电容无关。石英晶体的谐振频率由石英晶体的结晶方向和外形尺寸所决定,具有极高的频率稳定性,其稳定度可达 $10^{-11} \sim 10^{-10}$,足以满足大多数数字系统对频率稳定度的要求。具有各种谐振频率的石英晶体已被制成标准化和系里化的产品。

若是 TTL 门电路,则常取 $R_1 = R_2 = 0.7 \sim 2\mathrm{k}\Omega$;若是 CMOS 门电路,则常取 $R_1 = R_2 = 10 \sim 100\mathrm{M}\Omega$;$C_1 = C_2$ 是耦合电容,则其工作频率可达几十兆赫兹。

在非对称式多谐振荡电路中,也可以接入石英晶体构成石英晶体多谐振荡器,以达到稳定频率的目的。电路的振荡频率同样也等于石英晶体的谐振频率,与外界的电容和电阻的参数无关。

9.5 555 定时器电路结构及其应用

9.5.1 555 定时器

555 定时器是美国 Signetics 公司 1972 年研制的用于取代机械式定时器的中规模集成电路,因设计时输入端有 3 个 5kΩ 的电阻而得名。555 定时器是一种多用途的数字-模拟混合集成电路,该电路使用灵活、方便,只需外接少量的阻容元件就可以构成施密特触发器、单稳态触发器和多谐振荡器。555 定时器在波形的发生与整形、测量与控制、家用电器和电子玩具等许多领域中都得到了广泛的应用。

目前,市场上有型号繁多的 555 定时器产品,既有 TTL 产品,也有 CMOS 产品,各主要的电子器件公司都生产了各自的 555 定时器产品。虽然 555 定时器产品型号繁多,但所有产品型号最后的三位数码都是 555,并且它们的功能以及外部引脚排列基本相同。TTL 定时器产品通常具有较大的驱动能力,而 CMOS 定时器产品则一般具有低功耗、输入阻抗高等优点。TTL 定时器的电源电压范围通常为 5～16V,最大负载电流可达 200mA;CMOS 定时器的电源电压范围一般为 3～18V,最大负载电流可达 100mA。

图 9-27 是国产双极型 555 定时器 CB555 的电路结构图。它由比较器 C_1 和 C_2、SR 锁存器和集电极开路的放电三极管 T 三部分组成。为了提高电路的带负载能力,还在输出端设置了缓冲器 G。

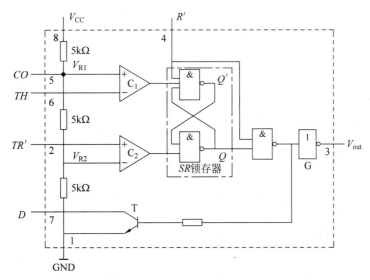

图 9-27 CB555 定时器电路结构

如图 9-27 所示电路中,3 个阻值为 5kΩ 的电阻串联构成分压电路,分压电路提供两个电压 $V_{R1} = 2/3V_{CC}$ 和 $V_{R2} = 1/3V_{CC}$,分别作为比较器 C_1 和 C_2 的参考电压;也可通过 CO 引脚外接固定电压 V_{CO},产生两个电压 $V_{R1} = V_{CO}$ 和 $V_{R2} = 1/2V_{CO}$ 分别作为比较器 C_1 和 C_2 的参考电压。实际应用中,如果 CO 引脚不外接固定电压,则通过一个小电容连接到地,典型电容值为 $0.01\mu\text{F}$。

电压比较器 C_1 和 C_2 是两个结构完全相同的理想运算放大器,其工作原理为:当比较器的同相输入端(V_+)电压大于反相输入端(V_-)电压时,其输出为高电平;而当 V_+ 小于 V_- 时,其输出为低电平。

TH 引脚连接比较器 C_1 的反向输入端,称为定时器的阈值端,输入电压为 V_{TH};TR' 引脚连接比较器 C_2 的同向输入端,称为定时器的触发端,输入电压为 V_{TR}。

当 $V_{TH}>V_{R1}$、$V_{TR}>V_{R2}$ 时,比较器 C_1 输出低电平,C_2 输出高电平,基本 SR 锁存器被置 0,输出端 V_{out} 为低电平,放电三极管 T 导通。

当 $V_{TH}<V_{R1}$、$V_{TR}<V_{R2}$ 时,比较器 C_1 输出高电平,C_2 输出低电平,基本 SR 锁存器被置 1,输出端 V_{out} 为高电平,放电三极管 T 截止。

当 $V_{TH}<V_{R1}$、$V_{TR}>V_{R2}$ 时,比较器 C_1 输出高电平,C_2 也输出高电平,基本 SR 锁存器状态保持不变,故而输出和放电三极管 T 的状态也保持不变。

当 $V_{TH}>V_{R1}$、$V_{TR}<V_{R2}$ 时,比较器 C_1 输出低电平,C_2 也输出低电平,由与非门构成的基本 SR 锁存器处于 $Q=Q'=1$ 的状态,输出端 V_{out} 为高电平,放电三极管 T 截止。

引脚 R' 为复位输入端,当 R' 为低电平时,不管其他输入端状态如何,输出端 V_{out} 为低电平。因此,在定时器正常工作时,应将其接高电平。

根据上述分析,可以得到在 CO 引脚没有外接固定电压情况下,555 定时器的功能表如表 9-4 所示。

表 9-4　555 定时器功能表

阈值输入(V_{TH})	触发输入(V_{TR})	复位(R')	输出(V_{out})	放电三极管 T
X	X	0	0	导通
$<\dfrac{2}{3}V_{CC}$	$<\dfrac{1}{3}V_{CC}$	1	1	截止
$>\dfrac{2}{3}V_{CC}$	$>\dfrac{1}{3}V_{CC}$	1	0	导通
$<\dfrac{2}{3}V_{CC}$	$>\dfrac{1}{3}V_{CC}$	1	不变	不变
$>\dfrac{2}{3}V_{CC}$	$<\dfrac{1}{3}V_{CC}$	1	1	截止

9.5.2　由 555 定时器接成施密特触发器

将 555 定时器的阈值输入端和触发输入端连在一起作为信号输入端,便可构成施密特触发器,如图 9-28 所示。

当从输入端 v_i 输入如图 9-29 所示的三角波信号时,在输出端 v_o 可以得到如图 9-29 所示的方波,其工作原理如下。

(1) $v_i=0$ 时,由于 $V_{TH}=0<(2/3)V_{CC}$,$V_{TR}=0<(1/3)V_{CC}$,因此 v_o 输出高电平。

(2) 当 v_i 上升到 $(1/3)V_{CC}$ 后,$V_{TH}<(2/3)V_{CC}$,$V_{TR}>(1/3)V_{CC}$,v_o 保持不变,仍然为高电平。

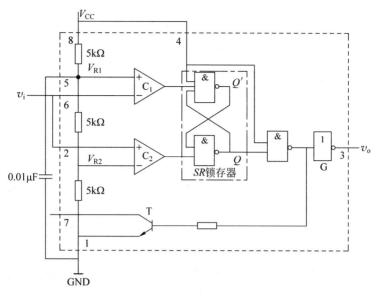

图 9-28　555 定时器接成施密特触发器

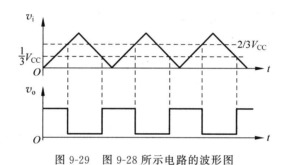

图 9-29　图 9-28 所示电路的波形图

（3）当 v_i 上升到 $(2/3)V_{CC}$ 后，$V_{TH} > (2/3)V_{CC}$，$V_{TR} > (1/3)V_{CC}$，v_o 跳变为低电平。当 v_i 继续上升时，v_o 保持为低电平。

（4）当 v_i 由最大值开始下降到 $(2/3)V_{CC}$ 后，$V_{TH} < (2/3)V_{CC}$，$V_{TR} > (1/3)V_{CC}$，v_o 保持不变，仍然为低电平。

（5）当 V_i 下降到 $(1/3)V_{CC}$ 后，$V_{TH} < (2/3)V_{CC}$，$V_{TR} < (1/3)V_{CC}$，v_o 跳变为高电平。当 v_i 继续下降到 0 时，v_o 保持不变。

555 定时器构成的施密特触发器的电压滞回特性如图 9-30 所示，其主要静态参数如下。

（1）正向阈值电平 $V_{T+} = (2/3)V_{CC}$。

（2）负向阈值电平 $V_{T-} = (1/3)V_{CC}$。

（3）回差电压 $\Delta V_T = V_{T+} - V_{T-} = (1/3)V_{CC}$。

若在电压控制端（CO 引脚）外加电压 V_{CO}，则将有 $V_{T+} = V_{CO}$，$V_{T-} = (1/2)V_{CO}$，$\Delta V_T = (1/2)V_{CO}$。当改变 V_{CO} 时，它们的值也将随之改变，即改变 CO 引脚上的控制电压可以调节回差电压的范围。

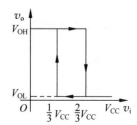

图 9-30　555 定时器构成的施密特触发器的电压传输特性

9.5.3　由 555 定时器接成单稳态触发器

555 定时器接成单稳态触发器的电路如图 9-31 所示，v_i 是触发输入，低电平触发有效，其工作原理如下。

当电路无触发信号时，v_i 保持高电平，电路工作在稳定状态，即输出端 v_o 保持低电平，555 内放电三极管 T 饱和导通，7 号引脚通过 T "接地"，电容 C 上的电压 v_C 为 0。

当 v_i 下降沿到达时，555 触发输入端(即 2 号引脚)由高电平跳变为低电平，电路被触发，v_o 由低电平跳变为高电平，电路由稳态 "0" 转入暂稳态 "1"。

在暂稳态期间，555 内放电三极管 T 截止，V_{CC} 经 R 向电容 C 充电。其充电回路为 $V_{CC} \rightarrow R \rightarrow C \rightarrow$ GND，时间常数 $\tau_1 = RC$，电容电压 v_C 由 0 开始上升，在电容电压 v_C 上升到阈值电压 $(2/3)V_{CC}$ 之前，电路将保持暂稳态不变。v_C 由 0 上升到 $(2/3)V_{CC}$ 所对应的时间即暂稳态的维持时间 (t_W)。

当 v_C 上升至阈值电压 $(2/3)V_{CC}$ 时，输出电压 v_o 由高电平跳变为低电平，555 内放电三极管 T 由截止转为饱和导通，电容 C 经放电三极管对地迅速放电，电压 v_C 由 $(2/3)V_{CC}$ 迅速降至 0(放电三极管的饱和压降)，电路由暂稳态重新转入稳态。

当暂稳态结束后，电容 C 通过饱和导通的三极管 T 放电，时间常数 $\tau_2 = R_{CES}C$，其中 R_{CES} 是 T 的饱和导通电阻，其阻值非常小，因此 τ_2 也非常小。经过 $(3 \sim 5)\tau_2$ 后，电容 C 放电完毕，电路返回到稳定状态，单稳态触发器又可以接收新的触发信号。

555 定时器接成单稳态触发器的工作波形如图 9-32 所示，可以分析得到该单稳态触发器的主要性能参数如下。

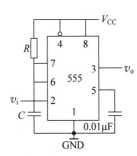

图 9-31　555 定时器接成单稳态触发器

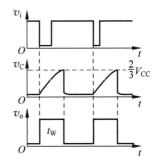

图 9-32　图 9-31 所示电路的波形

1. 输出脉冲宽度 t_W

输出脉冲宽度就是暂稳态维持时间，也就是定时电容 C 的充电时间。如图 9-32 所示电容电压 v_C 的工作波形不难看出 $v_C(0^+) \approx 0$，$v_C(\infty) = V_{CC}$，$v_C(t_W) = (2/3)V_{CC}$，代入式(9-5)，可得

$$t_W = \tau_1 \ln \frac{v_C(\infty) - v_C(0^+)}{v_C(\infty) - v_C(t_W)} = \tau_1 \ln \frac{V_{CC} - 0}{V_{CC} - (2/3)V_{CC}} = \tau_1 \ln 3 = 1.1RC \quad (9\text{-}6)$$

式(9-6)说明，单稳态触发器输出脉冲宽度 t_W 仅决定于定时元件 R、C 的取值，与输入触发信号和电源电压无关，调节 R、C 的取值，即可方便地调节 t_W。

2. 恢复时间 t_{re}

一般取 $t_{re}=(3\sim5)\tau_2$，即认为经过 $3\sim5$ 倍的时间常数的时间，电容就放电完毕。

3. 最高工作频率 f_{max}

当输入触发信号 v_i 是周期为 T 的连续脉冲时，为保证单稳态触发器能够正常工作，应满足下列条件：
$$T > t_W + t_{re}$$
v_i 周期的最小值 T_{min} 应为 $t_W + t_{re}$，即
$$T_{min} = t_W + t_{re}$$
因此，单稳态触发器的最高工作频率应为
$$f_{max} = \frac{1}{T_{min}} = \frac{1}{t_W + t_{re}}$$

需要指出的是，在图 9-31 所示电路中，输入触发信号 v_i 的脉冲宽度（低电平的保持时间），必须小于电路输出 v_o 的脉冲宽度（暂稳态维持时间 t_W），否则电路将不能正常工作。因为当单稳态触发器被触发翻转到暂稳态后，如果 v_i 端的低电平一直保持不变，那么 555 定时器的输出端将一直保持高电平不变。解决这一问题的简单方法就是在电路的输入端加一个 RC 微分电路，即当 v_i 为宽脉冲时，让 v_i 经 RC 微分电路之后再接到"2"端。不过微分电路的电阻应接到 V_{CC}，以保证在 v_i 下降沿未到来时，"2"端为高电平。

9.5.4　由 555 定时器接成多谐振荡器

用 555 定时器构成的多谐振荡器如图 9-33 所示。它没有输入端，一旦电源接通，就会自激振荡。

当电源刚刚接通时，$v_C=0$，$V_{TH}=V_{TR}=0$，$v_o=V_{OH}$，放电三极管 T 截止。随后电容 C 被充电，充电回路为 $V_{CC}\rightarrow R_1\rightarrow R_2\rightarrow C\rightarrow$ GND。当电容 C 充电到 $v_C=2/3V_{CC}$ 时，$v_o=V_{OL}\approx0$，放电三极管 T 导通。随后电容 C 进入放电过程，放电回路为 $C\rightarrow R_2\rightarrow T\rightarrow$ GND，当电容 C 放电到 $v_C=1/3V_{CC}$ 时，$v_o=V_{OH}$，放电管 T 截止，电容 C 再次进入充电过程。电容 C 充电、放电循环往复，从而产生振荡。

由 555 定时器构成的多谐振荡器的工作波形图如图 9-34 所示，分析可以得到其主要性能参数如下。

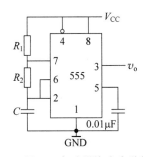

图 9-33　用 555 定时器接成多谐振荡器

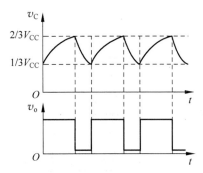

图 9-34　图 9-33 所示电路的波形

1. 输出脉冲宽度 T_1

电容充电时,时间常数 $\tau_1 = (R_1 + R_2)C$,起始值 $v_C(0^+) = (1/3)V_{CC}$,稳定值 $v_C(\infty) = V_{CC}$,转换值 $v_C(T_1) = (2/3)V_{CC}$,代入式(9-5)进行计算,可得

$$T_1 = \tau_1 \ln \frac{v_C(\infty) - v_C(0^+)}{v_C(\infty) - v_C(T_1)} = \tau_1 \ln \frac{V_{CC} - (1/3)V_{CC}}{V_{CC} - (2/3)V_{CC}} = \tau_1 \ln 2 = 0.7(R_1 + R_2)C$$

2. 输出脉冲宽度间歇时间 T_2

电容放电时,时间常数 $\tau_2 = R_2 C$,起始值 $v_C(0^+) = (2/3)V_{CC}$,稳定值 $v_C(\infty) = 0$,转换值 $v_C(T_2) = (1/3)V_{CC}$,代入式(9-5)进行计算,可得

$$T_2 = 0.7 R_2 C$$

3. 电路振荡周期 T

$$T = T_1 + T_2 = 0.7(R_1 + 2R_2)C$$

4. 电路振荡频率 f

$$f = \frac{1}{T} \approx \frac{1.43}{(R_1 + 2R_2)C}$$

5. 输出波形占空比 q

$$q = \frac{T_1}{T} = \frac{0.7(R_1 + R_2)C}{0.7(R_1 + 2R_2)C} = \frac{R_1 + R_2}{R_1 + 2R_2}$$

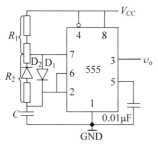

在图 9-33 所示电路中,由于电容 C 的充电时间常数为 $\tau_1 = (R_1 + R_2)C$,放电时间常数为 $\tau_2 = R_2 C$,所以 T_1 总是大于 T_2,v_o 的波形不仅不可能对称,而且占空比 q 不易调节。利用半导体二极管的单向导电特性,把电容 C 充电和放电回路隔离开来,再加上一个电位器,便可构成占空比可调的多谐振荡器,如图 9-35 所示。

图 9-35 占空比可调的多谐振荡器

由于二极管的引导作用,电容 C 的充电时间常数 $\tau_1 = R_1 C$,放电时间常数 $\tau_2 = R_2 C$。通过与上面相同的分析计算过程可得

$$T_1 = 0.7 R_1 C$$
$$T_2 = 0.7 R_2 C$$
$$q = \frac{T_1}{T} = \frac{T_1}{T_1 + T_2} = \frac{0.7 R_1 C}{0.7 R_1 C + 0.7 R_2 C} = \frac{R_1}{R_1 + R_2}$$

只要改变电位器滑动端的位置,就可以方便地调节占空比 q。当 $R_1 = R_2$ 时,$q = 0.5$,v_o 就可以输出对称的矩形波。

本节讨论了由 555 定时器接成施密特触发器、单稳态触发器和多谐振荡器。在实际应用中,由于 555 定时器的比较器灵敏度高,输出驱动电流大,功能灵活,在众多场合得到了广泛应用,读者可以参考相关文献,这里就不一一枚举了。

习题

习题 9.1 向反相输出的施密特触发器中输入如图 9-36 所示的信号,试根据图中标注的正向阈值电压 V_{T+} 和负向阈值电压 V_{T-},画出施密特触发器的输出信号波形。

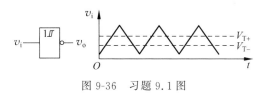

图 9-36 习题 9.1 图

习题 9.2 如图 9-37 所示的施密特触发器电路中,已知 G_2 和 G_2 为 CMOS 反相器, $R_1=5\mathrm{k}\Omega$,$R_2=15\mathrm{k}\Omega$,电源电压 $V_{DD}=12\mathrm{V}$。试计算电路的正向阈值电压 V_{T+}、负向阈值电压 V_{T-} 和回差电压 ΔV_T。

习题 9.3 如图 9-38 所示的微分型单稳态触发器电路中,已知 $R=43\mathrm{k}\Omega$,$C=0.01\mu\mathrm{F}$,电源电压 $V_{DD}=15\mathrm{V}$,试求在触发信号作用下输出脉冲的宽度和幅度。

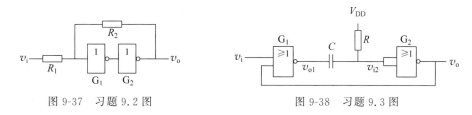

图 9-37 习题 9.2 图   图 9-38 习题 9.3 图

习题 9.4 如图 9-39 所示的积分型单稳态触发器电路中,已知 $V_{OH}=3.4\mathrm{V}$,$V_{OL}\approx0$,$V_{TH}=1.3\mathrm{V}$,$R=1\mathrm{k}\Omega$,$C=0.01\mu\mathrm{F}$,设触发脉冲的宽度大于输出脉冲的宽度,试求在触发信号作用下输出脉冲的宽度。

习题 9.5 如图 9-40 所示的对称式多谐振荡器电路中,若 $R_1=R_2=1\mathrm{k}\Omega$,$C_1=C_2=0.1\mu\mathrm{F}$,$G_2$ 和 G_2 的 $V_{OH}=3.4\mathrm{V}$,$V_{TH}=1.3\mathrm{V}$,$V_{IK}=-1.5\mathrm{V}$,求电路的振荡频率。

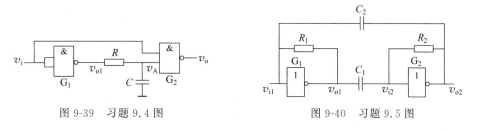

图 9-39 习题 9.4 图   图 9-40 习题 9.5 图

习题 9.6 如图 9-41 所示的非对称式多谐振荡器电路中,已知 G_1 和 G_2 为 CMOS 反相器,$R_F=5.1\mathrm{k}\Omega$,$C=0.01\mu\mathrm{F}$,$R_P=100\mathrm{k}\Omega$,$V_{DD}=9\mathrm{V}$,$V_{TH}=4.5\mathrm{V}$,试计算电路的振荡频率。

习题 9.7 如图 9-42 所示的环形振荡器,已知 $R=300\Omega$,$R_S=150\Omega$,$C=0.01\mu\mathrm{F}$,G_1、G_2 和 G_3 均为 TTL 门电路,$V_{OH}=3\mathrm{V}$,$V_{OL}\approx0$,$V_{TH}=1.3\mathrm{V}$,试计算电路的振荡频率。

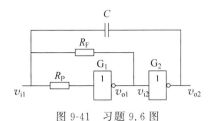

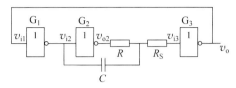

图 9-41　习题 9.6 图　　　　　　　　图 9-42　习题 9.7 图

习题 9.8　如图 9-43 所示用 555 定时器接成的施密特触发器电路中，试求：

(1) 若 $V_{CC}=9V$，且 CO 引脚没有外接控制电压，V_{T+}、V_{T-} 及 ΔV_T 各为多少？

(2) 若 $V_{CC}=15V$，CO 引脚外接控制电压 $V_{CO}=10V$，V_{T+}、V_{T-} 及 ΔV_T 各为多少？

习题 9.9　如图 9-44 所示用 555 定时器接成的延时电路中，已知 $C=43\mu F$，$R=51k\Omega$，$V_{CC}=15V$，试计算常闭开关 S 断开以后经过多长时间 v_o 才跳变为高电平。

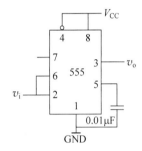

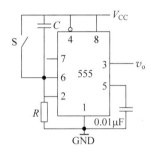

图 9-43　习题 9.8 图　　　　　　　　图 9-44　习题 9.9 图

习题 9.10　如图 9-45 所示用 555 定时器接成的多谐振荡器电路中，若 $R_1=R_2=4.7k\Omega$，$C=0.01\mu F$，$V_{CC}=15V$，试计算电路的振荡频率。

习题 9.11　图 9-46 是用两个 555 定时器接成的延迟报警器。常闭开关 S 断开后，经过一定的延迟时间后扬声器开始发出声音。如果在延迟时间内 S 重新闭合，则扬声器不会发出声音。试求延迟时间的具体数值和扬声器发出声音的频率。其中，G_1 是 CMOS 反相器，输出的高、低电平分别为 $V_{OH}\approx122V$，$V_{OL}\approx0$，供电电源电压 $V_{CC}=12V$。

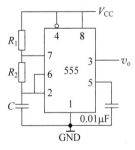

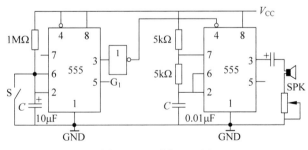

图 9-45　习题 9.10 图　　　　　　　　图 9-46　习题 9.11 图

习题 9.12　试用 555 定时器设计一个单稳态触发器，要求输出脉冲宽度在 $1\sim5s$ 范围内手动调节。给定电源电压为 12V，触发信号的高、低电平分别为 3.4V 和 0.1V。

第10章
数/模转换和模/数转换

本章学习目标
- 了解数/模转换的电路结构和工作原理。
- 熟悉 DAC 的主要性能参数。
- 了解模/数转换的电路结构和工作原理。
- 熟悉 ADC 的主要性能参数。

本章系统讲授数/模转换(将数字量转换为对应的模拟量)和模/数转换(将模拟量转换为对应的数字量)的转换原理和典型电路结构。在数/模转换电路中,介绍了权电阻网络DAC、倒 T 形网络 DAC、权电流型 DAC 这 3 种典型转换电路;在模/数转换电路中,介绍了并联比较型 ADC、逐次逼近型 ADC、双积分型 ADC 这 3 种典型转换电路;还分别介绍了DAC 和 ADC 的主要性能参数。

10.1 概述

随着数字电子技术的飞速发展,以数字计算机为代表的各种数字系统日益广泛地应用于各种领域,用数字电路处理模拟信号、控制模拟量的情况也更加普及了。在生产生活中,人们遇到的大量物理量多是模拟量,如压力、流量、温度、液位、语音的强弱、图像的亮度、光照的强度等。这些物理量可以通过传感器变换为相应的电压、电流等模拟电信号。要用计算机等数字系统处理这些模拟量,必须将它们转换为对应的数字信号。同样地,在各种控制领域,被控设备往往需要输入模拟量,这时又必须将数字信号转换为对应的模拟信号。

将模拟量转换为数字量的过程称为模/数转换,完成模/数转换的电路称为模/数转换器(analog to digital convert,ADC)。将数字量转换为模拟量的过程称为数/模转换,完成数/模转换的电路称为数/模转换器(digital to analog convert,DAC)。

ADC 和 DAC 是模拟量与数字量之间相互转换的桥梁。图 10-1 是典型的数字控制系统的结构框图,由图可以看出 ADC 和DAC 在数字控制系统中的重要作用。

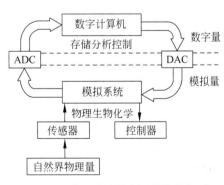

图 10-1 典型数字控制系统结构框图

　　在控制和检测过程中,为了保证数据处理结果的准确、及时,要求模拟量与数字量之间的相互转换达到一定的精度;同时还要求数据转换达到足够的速度。因此,转换精度和转换速度是衡量 ADC 和 DAC 性能的两个重要指标。

　　常见的 DAC 中,有权电阻网络 DAC、倒 T 形网络 DAC、权电流型 DAC、权电容网络 DAC 以及开关树形 DAC 等类型。

　　常见的 ADC 分为直接 ADC 和间接 ADC 两大类。在直接 ADC 中,输入的模拟量直接转换为对应的数字量,如并联比较型 ADC、反馈比较型 ADC 等;而在间接 ADC 中,输入的模拟量先被转换为某种中间变量,如时间、频率等,然后再将中间变量转换为对应的数字量,如双积分型 ADC、电压-频率变换型 ADC 等。

10.2　DAC

10.2.1　DAC 的原理和结构

　　DAC 的任务是将输入的数字信号转换为与输入数字量成正比的输出电流或电压模拟量,其原理框图如图 10-2 所示。输入数字量是 n 位二进制数字信息 $D=(D_{n-1}D_{n-2}\cdots D_1D_0)_2$,其最低位(LSB)$D_0$ 和最高位(MSB)D_{n-1} 的权分别为 2^0 和 2^{n-1},则 D 按权展开为

$$D=D_{n-1}2^{n-1}+D_{n-2}2^{n-2}+\cdots+D_12^1+D_02^0=\sum_{i=0}^{n-1}D_i\cdot 2^i \tag{10-1}$$

　　DAC 的输出是与输入数字量成正比例关系的电压 v_o 或电流 i_o,即

$$v_o(\text{或}\ i_o)=\Delta\cdot D=\Delta\cdot\sum_{i=0}^{n-1}D_i\cdot 2^i \tag{10-2}$$

式中,Δ 是 DAC 的转换比例系数,是 DAC 能够输出的最小电压值(或电流值),不同型号的 DAC 对应的 Δ 值也不同。Δ 等于 D 最低位为 1、其余各位均为 0 时的模拟输出电压(或电流),一般用 V_{LSB}(或 I_{LSB})表示。

　　如图 10-2 所示的 DAC 原理框图反映了输入数字量与输出模拟量的线性关系。这种线性对应关系可用图 10-3 表示,即当 $n=3$ 时,DAC 输出与输入对应的转换特性。

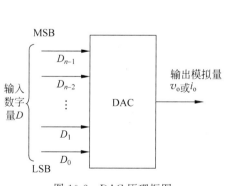

图 10-2　DAC 原理框图

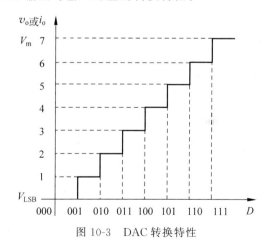

图 10-3　DAC 转换特性

接下来分析常见 DAC 中权电阻网络 DAC、倒 T 形网络 DAC 和权电流型 DAC 的电路结构。

1. 权电阻网络 DAC

图 10-4 是 4 位权电阻网络 DAC 的电路原理图,它由基准电压、4 个模拟开关、权电阻网络和 1 个求和放大器组成。

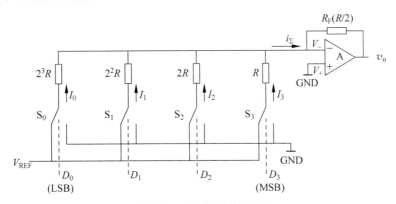

图 10-4 权电阻网络 DAC

图 10-4 中,V_{REF} 是参考电压或称为基准电压;S_0、S_1、S_2 和 S_3 是 4 个模拟开关,分别受 D_0、D_1、D_2 和 D_3 的取值控制,当取值为 1 时,开关接到参考电压 V_{REF} 上;当取值为 0 时,开关接地。也就是说,当 $D_0 = 1$ 时,S_0 接通参考电压 V_{REF},支路电流 I_0 流向求和放大器;当 $D_0 = 0$ 时,S_0 接通地,支路电流 I_0 为 0。

求和放大器是由运算放大器接成的反相比例运算电路,它的输出是模拟电压 v_o。为简化分析计算,将运算放大器看成是理想的,即放大器具有"虚短"和"虚断"的特性。所谓"虚短",即认为正相输入端和反相输入端近似短路,$V_- \approx V_+ \approx 0$;所谓"虚断",即认为放大器的输入电流为 0。那么可得

$$v_o = -i_\Sigma R_F = -(I_3 + I_2 + I_1 + I_0) \cdot R_F \tag{10-3}$$

各支路电流可以分别写为

$$I_3 = \frac{V_{REF}}{R} \cdot D_3$$

$$I_2 = \frac{V_{REF}}{2R} \cdot D_2$$

$$I_1 = \frac{V_{REF}}{2^2 R} \cdot D_1$$

$$I_0 = \frac{V_{REF}}{2^3 R} \cdot D_0$$

将各支路电流代入式(10-3),取 $R_F = R/2$,则可得

$$v_o = -\frac{V_{REF}}{2^4} \cdot (D_3 2^3 + D_2 2^2 + D_1 2^1 + D_0 2^0) \tag{10-4}$$

对于 n 位的权电阻网络 DAC,当反馈参考电阻 $R_F = R/2$ 时,输出电压的计算公式可以写为

$$v_o = -\frac{V_{REF}}{2^n} \cdot (D_{n-1}2^{n-1} + D_{n-2}2^{n-2} + \cdots + D_1 2^1 + D_0 2^0)$$

$$= -\frac{V_{REF}}{2^n} \cdot \sum_{i=0}^{n-1} D_i 2^i = -\frac{V_{REF}}{2^n} \cdot D \qquad (10\text{-}5)$$

由式(10-5)和式(10-2)对比可知,输出模拟电压 v_o 的大小与输入的数字量 D 成正比,比例系数 $\Delta = -\frac{V_{REF}}{2^n}$,实现了数字量到模拟量的转换。

当输入数字量 $D=0$ 时,输出模拟电压 $v_o=0$;当 $D=11\cdots11$ 时, $v_o = -\frac{2^n-1}{2^n}V_{REF}$,即 v_o 的取值范围是 $-\frac{2^n-1}{2^n}V_{REF} \sim 0$。输入数字量发生最小改变引起输出模拟电压的变化值是 $-\frac{V_{REF}}{2^n}$。

通过上面的分析可以发现,要想得到正的输出模拟电压 v_o,需要提供负的参考电压 V_{REF}。

权电阻网络 DAC 的优点是电路简单、直观,便于理解 DAC 的原理;缺点是电阻网络中各个电阻的阻值差异较大。对于 8 位权电阻网络 DAC,假定电阻网络中最小的电阻阻值为 $R=10k\Omega$,则最大的电阻阻值将达到 $2^7R=1.28M\Omega$。在如此宽广的阻值范围内保证每个电阻都具有很高的精度是十分困难的,同时将阻值差异如此大的电阻网络集成到一个芯片上也是十分困难的。为克服权电阻网络 DAC 的这个缺点,DAC 设计者们研制出了倒 T 形电阻网络 DAC。

2. 倒 T 形电阻网络 DAC

如图 10-5 所示为 4 位倒 T 形电阻网络 DAC 的电路原理图,它由基准电压 V_{REF}、4 个模拟开关、倒 T 形电阻网络和 1 个求和放大器组成。

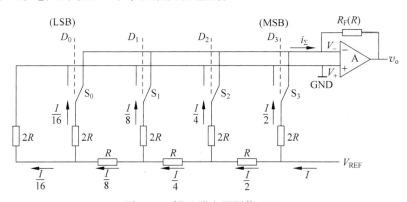

图 10-5　倒 T 形电阻网络 DAC

4 个模拟开关 S_0、S_1、S_2 和 S_3 分别受 D_0、D_1、D_2 和 D_3 的取值控制。当取值为 1 时,开关接到运算放大器的反相输入端 V_-;当取值为 0 时,开关接到运算放大器的正相输入端 V_+。观察电路,由于运算放大器具有"虚短"的特性,即认为 $V_- \approx V_+ \approx 0$,那么电阻网络上的电流分布与开关所处位置无关,流经每个支路的电流是固定值,如图 10-5 中标注。根据运算放大器的"虚断"特性,如果开关接到 V_+,相应支路的电流全部流入电源地;如果开关

接到 V_-，相应支路的电流全部经跨接在运算放大器上的电阻 R_F 流到放大器输出端 v_o。那么，可得

$$v_o = -i_\Sigma R_F = -\left(\frac{I}{2}D_3 + \frac{I}{4}D_2 + \frac{I}{8}D_1 + \frac{I}{16}D_0 \right) \cdot R_F \tag{10-6}$$

观察图 10-5 中的倒 T 形电阻网络，它的等效电路如图 10-6 所示。从 A 点向左观察，其电路为两个 $2R$ 电阻并联，等效电阻为 R；再从 B 点向左观察，A 点的等效电阻 R 与底部支路的电阻 R 串联得到 $2R$，然后再与向上支路电阻 $2R$ 并联，所以等效电阻也为 R；从 C 点向左观察，从 D 点向左观察，等效电阻均为 R。这就是倒 T 形电阻网络的特点。所以，可得 $I = \dfrac{V_{REF}}{R}$，且各支路的电流依次为 $\dfrac{I}{2}$、$\dfrac{I}{4}$、$\dfrac{I}{8}$ 和 $\dfrac{I}{16}$。

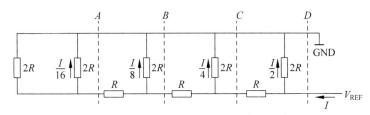

图 10-6 倒 T 形电阻网络的等效电路

在求和放大器的反馈电阻 $R_F = R$ 时，4 位倒 T 形电阻网络 DAC 的输出电压为

$$\begin{aligned}
v_o &= -\frac{V_{REF}}{R}\left(\frac{1}{2}D_3 + \frac{1}{4}D_2 + \frac{1}{8}D_1 + \frac{1}{16}D_0 \right) \cdot R_F \\
&= -\frac{V_{REF}}{2^4} \cdot (D_3 2^3 + D_2 2^2 + D_1 2^1 + D_0 2^0) \tag{10-7}
\end{aligned}$$

对于 n 位倒 T 形电阻网络 DAC，当反馈电阻 $R_F = R$ 时，输出模拟电压为

$$\begin{aligned}
v_o &= -\frac{V_{REF}}{2^n} \cdot (D_{n-1} 2^{n-1} + D_{n-2} 2^{n-2} + \cdots + D_1 2^1 + D_0 2^0) \\
&= -\frac{V_{REF}}{2^n} \cdot \sum_{i=0}^{n-1} D_i 2^i = -\frac{V_{REF}}{2^n} \cdot D \tag{10-8}
\end{aligned}$$

比较式(10-8)和式(10-5)，倒 T 形电阻网络 DAC 的输出电压计算公式与权电阻网络 DAC 的输出电压计算公式具有相同的形式。但倒 T 形电阻网络用到的电阻种类少，只有 R 和 $2R$ 两种。因此，它可以提高制作精度，而且在动态转换过程中对输出不易产生尖峰脉冲干扰，有效减少了动态误差，提高了转换速度。倒 T 形电阻网络 DAC 是目前转换速度较高且使用较多的一种。

在分析权电阻网络 DAC 和倒 T 形电阻网络 DAC 时，都是把模拟开关当作理想开关处理的，然而实际的模拟开关并不是理想的，它们总有一定的导通电阻和导通压降，而且每个开关的情况又不完全相同。模拟开关的存在，无疑会引起转换误差，影响转换精度。解决这个问题的一种方法就是采用权电流型 DAC。

3. 权电流型 DAC

如图 10-7 所示为 4 位权电流型 DAC 的电路原理图，电路中使用一组恒流源代替了倒 T 形电阻网络，这组恒流源从高位到低位电流的大小依次为 $I/2$、$I/4$、$I/8$ 和 $I/16$。

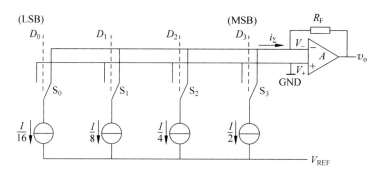

图 10-7　权电流型 DAC

4 个模拟开关 S_0、S_1、S_2 和 S_3 分别受 D_0、D_1、D_2 和 D_3 的取值控制,当取值为 1 时,开关接到运算放大器的反相输入端 V_-;当取值为 0 时,开关接到运算放大器的正相输入端 V_+(也是接到电源地)。由于采用了恒流源,每个支路的电流大小不再受模拟开关内阻和压降的影响,从而提高转换精度。

4 位权电流型 DAC 的输出模拟电压为

$$v_o = i_\Sigma R_F = \left(\frac{I}{2} D_3 + \frac{I}{4} D_2 + \frac{I}{8} D_1 + \frac{I}{16} D_0 \right) \cdot R_F$$

$$= \frac{R_F \cdot I}{2^4} \cdot (D_3 2^3 + D_2 2^2 + D_1 2^1 + D_0 2^0) \tag{10-9}$$

对于 n 位的权电流型 DAC,其输出模拟电压为

$$v_o = \frac{R_F \cdot I}{2^n} \cdot (D_{n-1} 2^{n-1} + D_{n-2} 2^{n-2} + \cdots + D_1 2^1 + D_0 2^0)$$

$$= \frac{R_F \cdot I}{2^n} \cdot \sum_{i=0}^{n-1} D_i 2^i = \frac{R_F \cdot I}{2^n} \cdot D \tag{10-10}$$

10.2.2　DAC 的主要技术参数

全面衡量 DAC 性能的参数有许多,DAC 生产厂家会在芯片手册中提供详细的参数供用户参考,下面仅介绍 4 个主要的技术参数。

1. 分辨率

分辨率用输入二进制数码的有效位数给出。在分辨率为 n 位的 DAC 中,输出模拟电压的大小能区分输入代码从 $00\cdots00$ 到 $11\cdots11$ 的全部 2^n 个不同状态,能给出 2^n 个不同等级的输出模拟电压。

另外,分辨率也可以用 DAC 电路能够分辨出来的最小输出电压与最大输出电压之比表示。所谓"能够分辨出来的最小输出电压"是指在输入的二进制数码只有最低有效位为 1,其余各位均为 0 时,DAC 输出的电压 V_{LSB}。所谓"最大输出电压"是指在输入的二进制数码所有各位全是 1 时,DAC 输出的电压,也就是满刻度输出电压 V_m。设 DAC 的 $V_{LSB} = 1 \cdot \Delta$,$V_m = (2^n - 1) \cdot \Delta$,所以 DAC 的分辨率表示为

$$\text{分辨率} = \frac{V_{LSB}}{V_m} = \frac{1 \cdot \Delta}{(2^n - 1) \cdot \Delta} = \frac{1}{2^n - 1} \tag{10-11}$$

可见,DAC 的最大输出模拟电压 V_m 一定时,输入二进制数码的位数 n 越大,V_{LSB} 越小,分辨能力越高。例如,10 位 DAC 的分辨率可以表示为

$$分辨率 = \frac{1}{2^{10}-1} = \frac{1}{1023} \approx 0.001$$

如果已知 DAC 的分辨率及满刻度输出电压 V_m,则可以求出该 DAC 的 V_{LSB}。例如,当 $V_m = 10V$,$n = 10$ 时,该 DAC 的 $V_{LSB} = 10V \times 0.001 = 10mV$;而当 $V_m = 10V$,$n = 12$ 时,该 DAC 的 $V_{LSB} = 10V \times \frac{1}{2^{12}-1} \approx 2.5mV$。

2. 转换精度

DAC 的各个环节在性能和参数上,与理论值之间不可避免地存在着差异,所以实际能达到的转换精度与转换误差有关。引起转换误差的因素有很多,如基准电压 V_{REF} 的波动、运算放大器的零点漂移、模拟开关的导通内阻和导通压降、电阻网络中电阻阻值的偏差、恒流源中三极管特性的不一致等,都会导致 DAC 输出的模拟电压偏离理论值。由各种因素引起的转换误差是一个综合性指标,它表示实际的 DAC 转换特性与理想转换特性之间的最大偏差。转换误差一般用最低有效位的倍数表示。例如,转换误差为 (1/2)LSB 表示输出模拟电压与理论值之间的绝对误差小于或等于当输入为 00…01 时的输出电压的一半。有时也用输出电压满刻度的百分数表示输出电压误差的大小。

在使用 DAC 时,为了获得较高的转换精度,单纯依靠选用高分辨率的 DAC 器件是不够的,还要有高稳定度的基准电压源 V_{REF} 和低温漂的运算放大器与之配合使用。还要注意:DAC、基准电压源 V_{REF} 和运算放大器的工作特性都受工作环境温度的影响,因此环境温度的变化也直接影响转换精度。DAC 器件手册中给出的转换精度都是在一定温度条件下得到的,使用时要注意不要超出这个温度范围。

3. 转换速度

DAC 电路中包含许多由半导体三极管组成的开关元件,这些开关元件开、关状态的转换需要一定的时间;输出端的运算放大器达到稳定输出也存在一个建立时间。因此,DAC 实现数字量到模拟量的变换需要一定的时间,而这个时间决定了 DAC 的转换速度。通常用建立时间 t_{set} 定量描述 DAC 的转换速度。

建立时间 t_{set} 是指从输入的数字量发生改变开始,直到输出模拟电压进入与稳态值相差 $-(1/2)LSB \sim (1/2)LSB$ 范围以内的这段时间。输入数字量的变化越大,建立时间 t_{set} 越长。一般在 DAC 器件手册中给出的都是输入数字量从 00…00 跳变为 11…11,或是从 11…11 跳变为 00…00 时的建立时间。

目前,在不包括基准电压源和运算放大器的集成 DAC 芯片中,建立时间最短的可达到 $0.1\mu s$ 以内;而在包括基准电压源和运算放大器的集成 DAC 芯片中,建立时间最短的也可达到 $1.5\mu s$ 以内。

4. 温度系数

温度系数是指在输入确定的情况下,输出模拟电压值随温度变化而产生的变化量。常

用满刻度输出条件下温度每升高 1℃,输出模拟电压变化的百分数作为温度系数。

10.2.3　集成 DAC 芯片介绍及使用

市场上集成 DAC 芯片种类繁多,生产 DAC 芯片的知名企业有美国 AD 公司、Motorola 公司、RCA 公司、DATEL 公司等,仅 AD 公司生产的 DAC 芯片就有几十个系列、几百种型号。各种不同系列不同型号的 DAC,功能和性能也各不相同。在集成了组成 DAC 的各部分基本电路之外,一般都附加了特殊的功能电路,使得芯片在某些特定领域应用中或某几个指标上拥有更高的性能。选用 DAC 芯片时,要根据具体的使用情况、需求和目的不同,充分考虑分辨率、转换速度、转换精度、使用环境以及价格等因素进行选择。

虽然各种型号的 DAC 芯片功能和性能有明显差异,而且与微控制器的接口也有所不同,但它们的基本功能和使用方法还是大体一致的,这里只简单介绍经典的 8 位 DAC 芯片 DAC0832。

DAC0832 是 8 位倒 T 形电阻网络 DAC,采用 CMOS 工艺,转换结果以一对差分电流 I_{o1} 和 I_{o2} 输出。其主要技术参数如表 10-1 所示。

表 10-1　DAC0832 主要技术参数表

参　数　名　称	参　数　值
分辨率	8 位
转换时间	$1\mu s$
转换误差	$-1LSB \sim +1LSB$
供电电源电压	$+5 \sim +15V$
基准电压	$-10 \sim +10V$

DAC0832 的内部结构和外部引脚图如图 10-8 所示。其中,内部包括一个 8 位输入寄存器、一个 8 位 DAC 寄存器和一个 8 位倒 T 形电阻网络 DAC;外部引脚有 20 个,各引脚的含义如表 10-2 所示。

表 10-2　DAC0832 各引脚含义表

引　脚　名　称	引　脚　含　义
$DI_7 \sim DI_0$	8 位数字量输入端
I_{o1}、I_{o2}	模拟电流输出端 1 和 2
CS'	片选端,低电平有效
ILE	输入锁存允许
WR_1',WR_2'	写控制信号 1 和 2,低电平有效
$XFER'$	传送控制信号,低电平有效
R_{fb}	反馈电阻接出端
V_R	基准电压输入端
V_{CC}	供电电源
AGND	模拟地
DGND	数字地

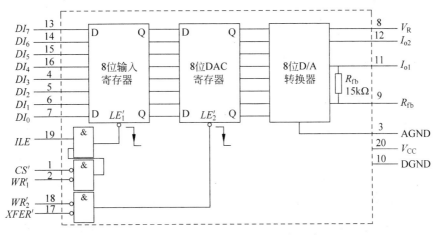

图 10-8　DAC0832 内部结构和外部引脚

DAC0832 可以工作在双缓冲方式或单缓冲方式。工作在双缓冲方式时,使用内部集成的两个 8 位寄存器,通过控制信号 CS'、ILE、WR_1'、WR_2' 和 $XFER'$,使 DAC0832 的数据接收和启动转换异步进行,即在进行 D/A 转换的同时进行下一组数据的接收,提高模拟输出的转换速率。另外,对于多个模拟输出需要同时刷新的应用场合,可以利用 DAC0832 的双缓冲动作方式实现多个模拟输出通道的同时转换。

工作在单缓冲方式时,两个 8 位寄存器要有一个处于直通状态,一般使 DAC 寄存器处于直通状态,即 WR_2' 和 $XFER'$ 直接接地。此时,数字量一旦写入 DAC 芯片,立即启动 D/A 转换。

DAC0832 直接给出的转换输出信号是一对差分电流 I_{o1} 和 I_{o2},$I_{o1} + I_{o2} =$ 常数,需要外接一个运算放大器电路得到输出模拟电压。如图 10-9 所示为得到单极性电压输出的电路原理图。

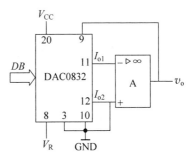

图 10-9　DAC0832 单极性电压输出电路

DAC0832 也可以通过外接电路输出双极性电压,具体电路这里不再讨论,感兴趣的读者可以参考器件手册及其他资料。

10.3　ADC

10.3.1　ADC 的原理和结构

ADC 的任务是将输入的模拟信号转换为相应的数字信号。输入的模拟信号在时间上是连续的,而输出的数字信号则是离散的,所以转换只能在一系列选定的瞬间对输入的模拟信号采样,并将采样值转换为输出的数字量。因此,ADC 一般由采样、保持、量化、编码等部分组成,其原理框图如图 10-10 所示。

ADC 的转换过程是:首先对输入的模拟信号 $v_i(t)$ 进行采样,利用高频采样脉冲 CP_s

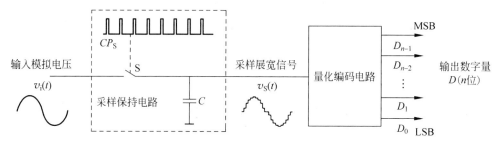

图 10-10　ADC 原理示意图

控制采样开关 S 采集输入模拟信号在采样时间点的瞬时值；然后利用保持电路，即电容 C，将该瞬时值展宽得到采样展宽信号 $v_S(t)$；对每个采样值，在保持时间内，将其量化为数字量，再按照一定的编码形式转换为输出数字量。然后，进行下一次转换，重复采样、保持、量化、编码这一过程，得到每个转换时间点对应的转换输出。

ADC 的采样和保持电路一般是集成在一起的，简单的原理电路如图 10-11 所示。场效应管 VT 作为采样开关，受高频采样脉冲 CP_S 控制，高质量的电容 C 作为保持电路，集成运算放大器接成跟随器电路，用于缓冲和隔离负载。

设第 1 个采样脉冲到来时刻为 t_0，即 t_0 时刻采样脉冲 $CP_S=1$，场效应管 VT 导通，输入模拟信号 $v_i(t_0)$ 经过 VT 进入保持电路；随后 $CP_S=0$，场效应管 VT 截止，输入模拟信号 $v_i(t)$ 被隔离在外，由于保持电路的作用，电压跟随器输出保持为 $v_i(t_0)$；设第 2 个采样脉冲到来时刻为 t_1，则 t_1 时刻开始第 2 次采样。在 $t_0 \sim t_1$ 之间为一个采样周期 T，完成一次采样。采样保持电路中输入模拟信号采样保持前后的波形示例如图 10-12 所示。

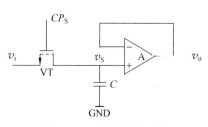

图 10-11　采样保持电路

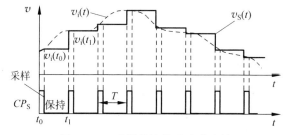

图 10-12　采样保持前后波形示例

需要指出的是，要准确无误地用采样信号 $v_S(t)$ 表示模拟输入信号 $v_i(t)$，采样脉冲必须有足够高的频率。可以证明，为了能从采样信号无失真的恢复原始的被采样信号，必须满足：

$$f_S \geqslant 2f_{imax} \tag{10-12}$$

式中，f_S 为采样脉冲的频率，称为采样频率；f_{imax} 为被采样信号（输入模拟电压信号 v_i）的最高频率分量的频率。式(10-12)称为采样定理。因此，ADC 工作时的采样频率必须高于采样定理所规定的频率，通常选用满足 $f_S = (3 \sim 5) \cdot f_{imax}$ 的器件即可。

ADC 转换是在采样之后的保持时间内完成的，转换结果对应的模拟电压是每次采样结束时刻的电压值。经过采样保持电路之后得到的采样展宽信号是阶梯状波形，将其变换为数字信号还需经过量化和编码。

所谓量化,是将采样电压表示为某个规定的最小计量单位的整数倍的过程。这个最小计量单位称为量化单位,用 Δ 表示。ADC 转换输出数字信号最低有效位(LSB)的 1 代表的数量大小等于 Δ。

将量化的结果用代码表示出来,称为编码。编制成的代码可以是二进制码、BCD 码、格雷码等。这些代码就是 ADC 转换的输出结果。

采样展宽信号的电压值是在连续模拟信号上采样得到的,取值可能是任何值,不一定能被 Δ 整除,因而量化过程不可避免地会引入误差,这种误差称为量化误差。采用不同的量化单位 Δ 进行量化电平划分,量化误差会有很大的差异。

【例 10.1】　将 $0\sim1\text{V}$ 的模拟电压信号量化为 3 位二进制代码表示的 8 个量化电平。

解：选择不同的量化单位对模拟电压信号进行量化,得到的量化误差也不同,这里分别选择 $\Delta=(1/8)\text{V}$ 和 $\Delta=(2/15)\text{V}$ 作为量化单位进行量化。

取 $\Delta=(1/8)\text{V}$,并规定凡数值在 $(0\sim1/8)\text{V}$ 之间的模拟电压都当作 $0\cdot\Delta$ 处理,用二进制代码 000 表示;凡数值在 $(1/8\sim2/8)\text{V}$ 之间的模拟电压都当作 $1\cdot\Delta$ 处理,用二进制代码 001 表示;以此类推,如图 10-13 所示。这样量化可能引起的最大量化误差能达到 Δ,即 $(1/8)\text{V}$。

取 $\Delta=(2/15)\text{V}$,并规定凡数值在 $(0\sim1/15)\text{V}$ 之间的模拟电压都当作 $0\cdot\Delta$ 处理,用二进制代码 000 表示;凡数值在 $(1/15\sim3/15)\text{V}$ 之间的模拟电压都当作 $1\cdot\Delta$ 处理,用二进制代码 001 表示;以此类推,如图 10-14 所示。这样量化可能引起的最大量化误差能达到 $\Delta/2$,即 $(1/15)\text{V}$。

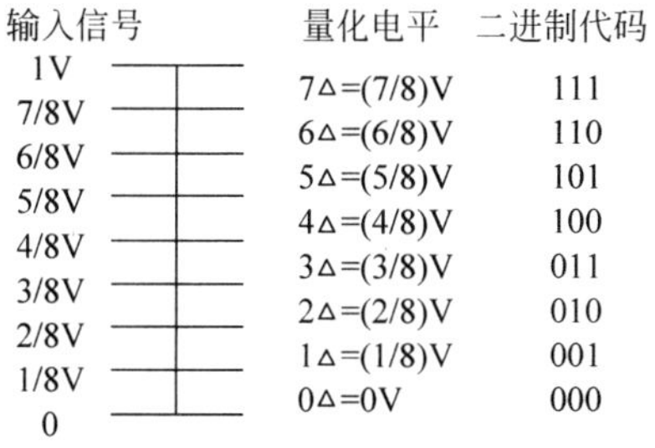

输入信号	量化电平	二进制代码		输入信号	量化电平	二进制代码
1V	$7\Delta=(7/8)\text{V}$	111		1V	$7\Delta=(14/15)\text{V}$	111
7/8V	$6\Delta=(6/8)\text{V}$	110		13/15V	$6\Delta=(12/15)\text{V}$	110
6/8V	$5\Delta=(5/8)\text{V}$	101		11/15V	$5\Delta=(10/15)\text{V}$	101
5/8V	$4\Delta=(4/8)\text{V}$	100		9/15V	$4\Delta=(8/15)\text{V}$	100
4/8V	$3\Delta=(3/8)\text{V}$	011		7/15V	$3\Delta=(6/15)\text{V}$	011
3/8V	$2\Delta=(2/8)\text{V}$	010		5/15V	$2\Delta=(4/15)\text{V}$	010
2/8V	$1\Delta=(1/8)\text{V}$	001		3/15V	$1\Delta=(2/15)\text{V}$	001
1/8V	$0\Delta=0\text{V}$	000		1/15V	$0\Delta=0\text{V}$	000
0				0		

图 10-13　以 $\Delta=(1/8)\text{V}$ 进行量化的量化电平划分 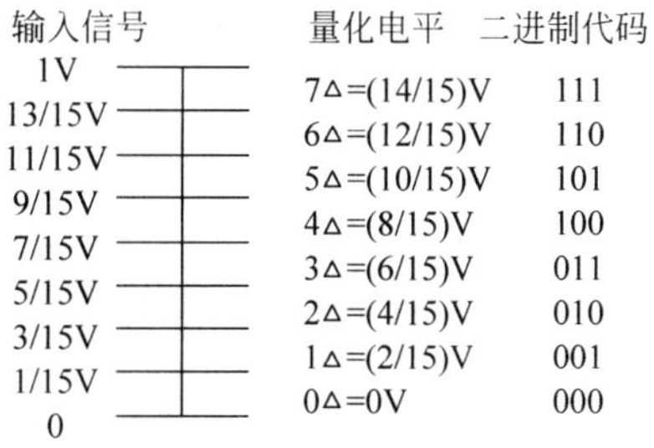　　图 10-14　以 $\Delta=(2/15)\text{V}$ 进行量化的量化电平划分

接下来分析常见 ADC 中并联比较型 ADC、反馈比较型 ADC 和双积分型 ADC 的电路结构。

1. 并联比较型 ADC

并联比较型 ADC 是一种直接 ADC,将输入的模拟电压直接转换为输出的数字信号,不需要经过中间变量。这种 ADC 内部包括一套基准电压用于与采样保持信号进行比较,具有工作速度快的特点。

如图 10-15 所示为并联比较型 ADC 的电路结构,由电压比较器、代码转换电路和寄存器 3 部分组成。

电压比较器反相输入端接量化电平,量化电平是由基准电压经电阻分压网络获得的,量化单位 $\Delta=(2/15)V_{\text{REF}}$。电压比较器的正向输入端接输入电压 v_i,v_i 与 7 个量化电平进行比较。如果 $v_i<(1/15)V_{\text{REF}}$,则所有电压比较器输出均为低电平;如果 $(1/15)V_{\text{REF}}\leqslant v_i<$

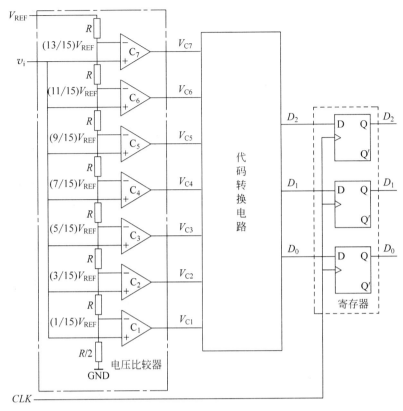

图 10-15　并联比较型 ADC

$(3/15)V_{REF}$，则只有电压比较器 C_1 输出 V_{C1} 为高电平，其他电压比较器输出均为低电平；如果 $(3/15)V_{REF} \leqslant v_i < (5/15)V_{REF}$，则电压比较器 C_1 输出 V_{C1} 和电压比较器 C_2 输出 V_{C2} 为高电平，其他电压比较器输出均为低电平；以此类推，可以得到 v_i 为不同电压值时各个电压比较器的输出状态。

　　电压比较器输出的高低电平状态经过代码转换电路变换为二进制代码。输入电压取值范围与电压比较器的状态及输出二进制代码的对应关系如表 10-3 所示。

表 10-3　并联比较型 ADC 输入电压与输出代码对照表

输入电压 v_i	电压比较器输出							输出二进制代码		
	V_{C7}	V_{C6}	V_{C5}	V_{C4}	V_{C3}	V_{C2}	V_{C1}	D_2	D_1	D_0
$(0\sim1/15)V_{REF}$	0	0	0	0	0	0	0	0	0	0
$(1/15\sim3/15)V_{REF}$	0	0	0	0	0	0	1	0	0	1
$(3/15\sim5/15)V_{REF}$	0	0	0	0	0	1	1	0	1	0
$(5/15\sim7/15)V_{REF}$	0	0	0	0	1	1	1	0	1	1
$(7/15\sim9/15)V_{REF}$	0	0	0	1	1	1	1	1	0	0
$(9/15\sim11/15)V_{REF}$	0	0	1	1	1	1	1	1	0	1
$(11/15\sim13/15)V_{REF}$	0	1	1	1	1	1	1	1	1	0
$(13/15\sim1)V_{REF}$	1	1	1	1	1	1	1	1	1	1

寄存器用于寄存转换结果,其时钟控制信号 CLK 的上升沿应在采样保持进入保持阶段后到来,以确保获得稳定正确的转换结果。

并联比较型 ADC 的分辨率主要取决于量化电平的划分,量化单位越小,量化电平分得越细,分辨率越高。并联比较型 ADC 的转换精度主要受基准电压的稳定性、分压电阻的精度和电压比较器灵敏度的影响。

并联比较型 ADC 的突出特点是转换速度快,转换时间通常在几十到几百纳秒。它的主要缺点是需要使用较多的电压比较器和规模较大的代码转换电路,对于输出 n 位二进制代码的转换电路,需要用到 $2^n - 1$ 个电压比较器和相应的代码转换电路。随着输出代码位数的增加,电路的规模将急剧膨胀。由于这个原因,常见的并联比较型 ADC 产品的输出多在 8 位以下。

2. 反馈比较型 ADC

反馈比较型 ADC 的基本工作思路是:取一个数字量送到 DAC 上,将 DAC 输出的模拟电压与输入的模拟电压信号进行比较,如果两者不相等,则调整所取的数字量,直到两个模拟电压相等为止,那么此时所取的数字量就是模拟输入电压信号的转换结果。

在反馈比较型 ADC 中经常采用的有计数型 ADC 和逐次逼近型 ADC 两种方案。计数型 ADC 由电压比较器、DAC、计数器、时钟脉冲源、控制门和输出寄存器等部分组成,它的工作原理框图如图 10-16 所示。

转换开始前先将计数器复位,然后启动转换。此时,计数器输出为 0,DAC 输出模拟电压为 0,如果输入模拟电压 $v_i > 0$,则电压比较器输出高电平,时钟 CLK 经过与门进入计数器,计数器进行加法计数。随着计数器数值增加,DAC 输出模拟电压也增加,当 DAC 输出模拟电压等于或大于 v_i 时,电压比较器输出低电平,与门被封锁,计数器停止计数,相应的计数值就是所求的输入模拟电压 v_i 对应的输出数字信号。计数型 ADC 的缺点是转换时间太长,当输出 n 位二进制代码时,最长转换时间可达到 $2^n - 1$ 倍的时钟周期。

相较于计数型 ADC,逐次逼近型 ADC 明显降低了转换时间,它由电压比较器、DAC、逐次逼近寄存器、控制逻辑和时钟脉冲源等部分组成,工作原理框图如图 10-17 所示。

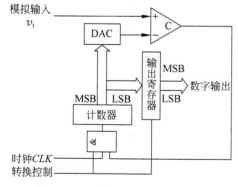

图 10-16 计数型 ADC 原理框图

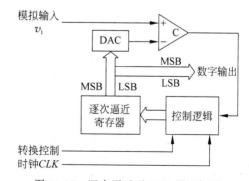

图 10-17 逐次逼近型 ADC 原理框图

转换开始前先将逐次逼近寄存器清 0,此时 DAC 输出模拟电压为 0。启动转换,控制逻辑将寄存器最高位置 1,即寄存器输出 10…00,DAC 输出模拟电压值 v_o,如果输入模拟电压

$v_i < v_o$,则电压比较器输出低电平,控制逻辑使寄存器最高位清 0、次高位置 1,即寄存器输出 01…00;如果输入模拟电压 $v_i > v_o$,则电压比较器输出高电平,控制逻辑使寄存器最高位保持、次高位置 1,即寄存器输出 11…00。如此逐次比较下去,直至最低位,则逐次逼近寄存器所存的数码就是所求的输入模拟电压 v_i 对应的输出数字信号。

逐次逼近型 ADC 的逐次比较过程如同用天平去称一个未知质量的物体时所进行的操作一样。例如,用 4 个质量分别为 8g、4g、2g、1g 的砝码称量一个质量是 11g 的物体,称量的过程如表 10-4 所示。

表 10-4   逐次逼近称重示例

顺　　序	砝码质量	比 较 判 断	该砝码是否保留
1	8g	8g<11g	保留
2	8g+4g	12g>11g	不保留
3	8g+2g	10g<11g	保留
4	8g+2g+1g	11g=11g	保留

逐次逼近型 ADC 完成一次转换所需的时间是 $(n+2)$ 倍的时钟周期,n 是输出数字代码的位数。例如,一个输出为 10 位的逐次逼近型 ADC 完成一次转换需要 12 个时钟周期。与并联比较型 ADC 相比,逐次逼近型 ADC 的转换时间要长一点,但其电路规模要小得多。与计数型 ADC 相比,逐次逼近型 ADC 的转换时间则要短得多。因此,逐次逼近型 ADC 是目前集成 ADC 产品中使用最多的一种电路。

3. 双积分型 ADC

双积分型 ADC 是一种间接 ADC。间接 ADC 将采样保持的模拟信号首先转化为与模拟量成正比的时间 T 或频率 F,然后再将中间量 T 或 F 转化成数字量。

双积分型 ADC 先将输入模拟电压 v_i 转换为与之大小成正比的时间宽度信号 T,然后在这个时间宽度 T 内对固定频率的时钟脉冲计数,计数器的计数结果就是正比于输入模拟电压的数字信号。因此,双积分型 ADC 也称为电压-时间变换型(V-T 变换型)ADC。

双积分型 ADC 由积分器、比较器、计数器、控制逻辑和时钟脉冲源等部分组成,它的工作原理框图如图 10-18 所示。

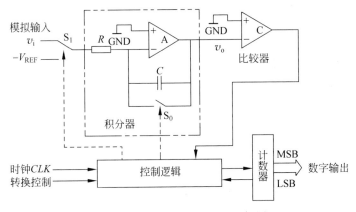

图 10-18   双积分型 ADC 原理框图

转换开始前先将计数器清 0,并将开关 S_0 闭合,使积分电容 C 完全放电。启动转换,首先将开关 S_1 闭合到输入模拟电压 v_i,积分器对 v_i 进行固定时间 T_1 的积分,积分结束时积分器的输出电压为

$$v_o = \frac{1}{C}\int_0^{T_1} -\frac{v_i}{R}\mathrm{d}t = -\frac{T_1}{RC}v_i \tag{10-13}$$

由式(10-13)可知,在 T_1 固定的条件下积分器的输出电压 v_o 与输入电压 v_i 成正比。然后将开关 S_1 闭合到基准电压 $-V_{\mathrm{REF}}$,积分器向相反方向积分。积分器输出电压 v_o 上升到 0 所经过的时间记为 T_2,则可得

$$v_o = \frac{1}{C}\int_0^{T_2} \frac{V_{\mathrm{REF}}}{R}\mathrm{d}t - \frac{T_1}{RC}v_i = 0$$

$$\frac{T_2}{RC}V_{\mathrm{REF}} = \frac{T_1}{RC}v_i$$

即

$$T_2 = \frac{T_1}{V_{\mathrm{REF}}}v_i \tag{10-14}$$

由式(10-14)可知,反向积分到 0 的这段时间 T_2 与输入电压 v_i 成正比。在这段时间里,用计数器对固定频率为 f_{CLK} 的时钟脉冲 CLK 计数,则计数结果 D 也与输入电压 v_i 成正比。该计数结果就是所求的输入模拟电压 v_i 对应的输出数字信号。

设时钟脉冲的周期 $T_C = 1/f_{\mathrm{CLK}}$,可得

$$D = \frac{T_2}{T_C} = \frac{T_1}{T_C V_{\mathrm{REF}}}v_i \tag{10-15}$$

式中,T_1、T_C 和 V_{REF} 均为固定值。如果取 T_1 是 T_C 的整数倍,即 $T_1 = NT_C$,则式(10-15)可以写为

$$D = \frac{N}{V_{\mathrm{REF}}}v_i \tag{10-16}$$

由式(10-16)可知,如果在一次转换过程中 R、C 等电路参数没有变化,则双积分型 ADC 的转换结果与 R、C 等电路参数无关;如果在一次转换过程中时钟脉冲频率不变,且取 $T_1 = NT_C$,则双积分型 ADC 的转换结果与时钟脉冲频率也无关。

双积分型 ADC 的主要优点是工作性能比较稳定,抗干扰能力比较强,可以用精度较低的元件和器件实现精度很高的 A/D 转换。双积分型 ADC 的主要缺点是转换速度低,完成一次转换可能需要数十毫秒乃至数百毫秒。

10.3.2 ADC 的主要技术参数

ADC 的性能参数也有许多,在芯片手册中都提供了详细的参数供用户参考,这里仅介绍 3 个主要的技术参数。

1. 分辨率

分辨率是 ADC 对输入模拟信号的分辨能力,以输出二进制数或十进制数的位数表示。从理论上讲,一个 n 位二进制数输出的 ADC 应能区分输入模拟电压的 2^n 个不同等级大小,

能区分输入模拟电压的最小变化为满量程输入的 $1/2^n$,记作 $(1/2^n)$FSR。在满量程输入电压一定时,输出二进制数或十进制数的位数越多,量化单位越小,分辨率越高。例如,某 ADC 输出为 10 位二进制数,最大输入电压为 5V,则该 ADC 输出应能区分出的输入电压的最小变化是 $(5/2^{10})$V $\approx$ 4.88mV。

2. 转换误差

转换误差通常以输出误差的最大值形式给出。它表示 ADC 实际输出的数字量和理论上应有的输出数字量之间的差别,常用最低有效位的倍数表示。例如,给出转换误差绝对值小于或等于 LSB/2,这就表明实际输出的数字量和理论上应得到的输出数字量之间的误差小于最低有效位的半个字。

有时也用满量程输出的百分数表示转换误差。例如,ADC 的输出为十进制的 $3\frac{1}{2}$ 位,即三位半,转换误差为 -0.005%FSR $\sim 0.005\%$FSR,则该 ADC 的满量程输出是 1999,实际输出的数字量和理论上应得到的输出数字量之间的误差小于最低位的 1。

需要指出的是,ADC 手册上给出的转换精度都是在一定的电源电压和环境温度下得到的数据,如果这些条件改变了,将引起附加的转换误差。所以,在使用 ADC 时,为获得较高的转换精度,必须保证供电电源的稳定度;对于外加基准电压的情况,也要保证基准电压的稳定性;还要注意工作环境的温度范围。

3. 转换速度

ADC 的转换速度一般用转换时间来表示。转换时间是指从转换信号到来开始,到输出端得到稳定的数字信号经过的时间。

ADC 的转换速度主要取决于转换电路的类型,不同类型 ADC 的转换速度相差很大。并联比较型 ADC 的转换速度最快。例如,8 位二进制输出的单片集成 ADC 的转换时间可以短至 50ns 以内;逐次逼近型 ADC 的转换速度次之,转换时间一般为 $10\sim100\mu$s;有些速度较快的 8 位 ADC 转换时间可以达到 1μs 以内;双积分型 ADC 的转换速度最慢,转换时间多在几十毫秒至几百毫秒之间。

实际使用中,需要根据采集系统的精度要求、速度要求、输入模拟信号要求选择适合的 ADC。

【例 10.2】 某信号采集系统要求用一片集成 ADC 在 1s 内对 16 个热电偶输出电压分时进行 A/D 转换。已知热电偶的输出电压范围为 $0\sim0.025$V(对应于 $0\sim500$℃温度范围),需要分辨的温度为 0.1℃。选用 ADC 时要求的分辨率和转换速度应是多少?

解: 根据题目要求,需要对从 $0\sim500$℃温度范围的信号进行采集,信号电压为 $0\sim0.025$V,要求能够分辨 0.1℃的温度变化,也就是说在 $0\sim500$℃范围内分辨出 0.1℃的变化,即分辨率要达到 0.1℃/500℃=1/5000。12 位 ADC 的分辨率为 $1/2^{12}=1/4096$,不能满足题目要求;13 位 ADC 的分辨率为 $1/2^{13}=1/8192$,满足题目要求,因此,需选用 13 位及以上的 ADC。

根据题目要求,系统在 1s 内对 16 个热电偶输出电压分时进行 A/D 转换,即系统转换速率至少为每秒 16 次,则转换时间为(1/16)s=62.5ms。选择 ADC 芯片时要注意满足这个转换时间的要求。

10.3.3 集成 ADC 芯片介绍及使用

集成 ADC 芯片的品种繁多,不同生产厂家、不同系列、不同型号 ADC 芯片的功能和性能差异也是显著的。在功能上,除了具有 A/D 转换的基本功能之外,很多芯片还集成了放大器、三态输出锁存器、多路开关等功能。在性能上,有的芯片转换精度高,有的芯片转换速度快,有的芯片价格低廉。在选择 ADC 芯片时,需根据具体的应用需求综合考虑功能、性能、价格等多种因素做出选择。

虽然 ADC 芯片种类繁多,功能和性能各有差异,而且与微控制器的接口电路也不尽相同,但它们的基本功能和使用方法还是大体一致的。这里只简单介绍常用的 8 位集成 ADC 芯片 ADC0809。

ADC0809 是美国 AD 公司采用 CMOS 工艺生产的一种 8 位逐次逼近型 ADC 芯片,有 8 个模拟输入通道,提供 8 位数字信号并行输出。其主要技术参数如表 10-5 所示。

表 10-5 ADC0809 主要技术参数表

参 数 名 称	参 数 值
分辨率	8 位
转换时间	$128\mu s(@CLK=500\text{kHz})$
转换误差	$-1\text{LSB}\sim1\text{LSB}$
供电电源电压	$+5\text{V}$
输入模拟电压范围	单极性 $0\sim5\text{V}$;双极性 $-5\sim+5\text{V}$

ADC0809 的内部结构示意图如图 10-19 所示,其内部包括一个 8 路输入通道选择开关逻辑、通道地址译码器、比较器、逐次逼近寄存器、开关树形 DAC、一个 8 位锁存和三态输出逻辑。

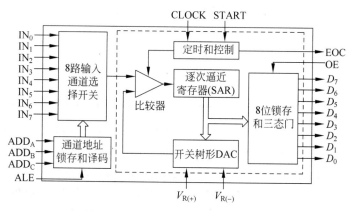

图 10-19 ADC0809 内部结构示意图

ADC0809 的引脚图如图 10-20 所示,其外部引脚有 28 个,各引脚的含义如表 10-6 所示。

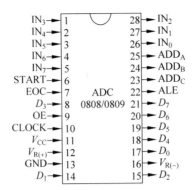

图 10-20 ADC0809 引脚图

表 10-6 ADC0809 各引脚含义

引 脚 名 称	引 脚 含 义
$IN_0 \sim IN_7$	8 路模拟输入端
$D_7 \sim D_0$	8 位数字信号输出端
ADD_A、ADD_B、ADD_C	模拟通道选择地址信号,地址信号与选中输入通道的对应关系如表 10-7 所示
ALE	地址锁存允许
START	A/D 转换启动信号
EOC	转换完成标志
OE	输出允许信号
CLOCK	时钟输入端
$V_{R(+)}$、$V_{R(-)}$	内部 DAC 基准电压输入端
V_{CC}	供电电源
GND	电源地

表 10-7 地址信号与选中通道对应表

地 址 信 号			选中通道	地 址 信 号			选中通道
ADD_C	ADD_B	ADD_A		ADD_C	ADD_B	ADD_A	
0	0	0	IN_0	1	0	0	IN_4
0	0	1	IN_1	1	0	1	IN_5
0	1	0	IN_2	1	1	0	IN_6
0	1	1	IN_3	1	1	1	IN_7

ADC0809 的工作时序如图 10-21 所示,该图描述了各信号之间的时序关系。

当通道选择地址有效时,ALE 信号上升沿将地址信号锁存于地址锁存与译码器,选择输入通道;这时启动信号 START 紧随 ALE 之后(或与 ALE 同时)出现,在 START 的下降沿开始进行 A/D 转换。经过一定时间后,转换结束。此时,EOC 的高电平将结果存于三态输出缓冲器,并向微控制器指示转换完成。当 ADC0809 接收到来自微控制器的 OE 信号,即 OE 高电平到来时,三态门打开将数字信号送出。

在使用 ADC 时,为保证其转换精度,要求输入电压满量程使用。如输入电压动态范围较小则可调节参考电压 V_R 以保证小信号输入时 ADC0809 芯片 8 位的转换精度。

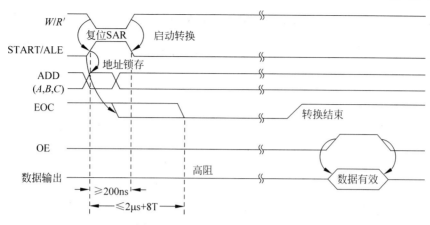

图 10-21 ADC0809 工作时序图

习题

习题 10.1 在如图 10-22 所示的权电阻网络 DAC,如果 $V_{REF}=5V$,试求当输入数字量为 1001 时输出电压的大小。

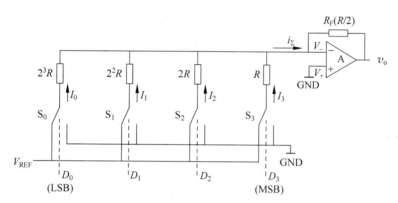

图 10-22 习题 10.1 图

习题 10.2 在如图 10-23 所示的倒 T 形电阻网络 DAC 中,如果 $V_{REF}=-9V$,试求当输入数字量为 0101 时输出电压的大小。

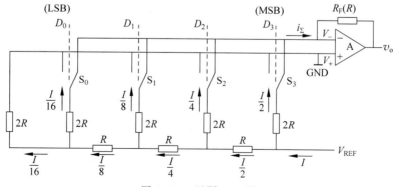

图 10-23 习题 10.2 图

习题 10.3 在如图 10-24 所示的权电流型 DAC 中，如果参考电压 $V_{REF}=-5V$，参考电阻 $R_{REF}=5k\Omega$，权电流 $I\approx\frac{V_{REF}}{R_{REF}}$，求和放大器的反馈电阻 $R_F=10k\Omega$，试求当输入数字量为 1010 时输出电压的大小。

(LSB)
(MSB)
D0
D1
D2
D3
RF
iΣ
V−
V+
A
vo
GND
S0
S1
S2
S3
I/16
I/8
I/4
I/2
VREF

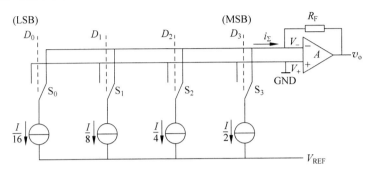

图 10-24　习题 10.3 图

习题 10.4 如果将并联比较型 ADC 的输出数字量增至 8 位，并采用如图 10-25 所示的量化电平划分方法，试求最大量化误差是多少？

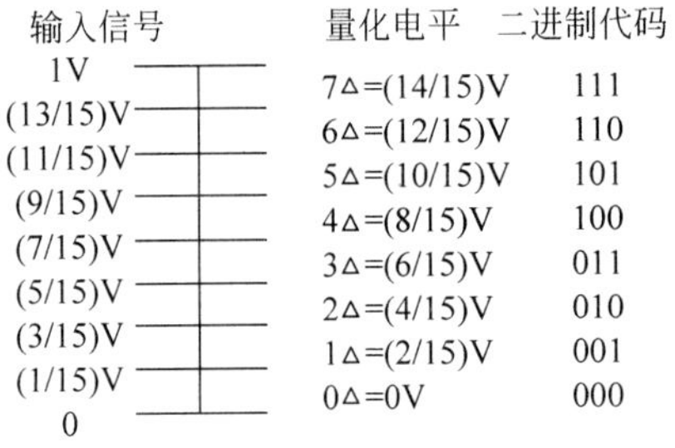

输入信号
量化电平
二进制代码
1V
(13/15)V
(11/15)V
(9/15)V
(7/15)V
(5/15)V
(3/15)V
(1/15)V
0
7Δ=(14/15)V 111
6Δ=(12/15)V 110
5Δ=(10/15)V 101
4Δ=(8/15)V 100
3Δ=(6/15)V 011
2Δ=(4/15)V 010
1Δ=(2/15)V 001
0Δ=0V 000

图 10-25　习题 10.4 图

习题 10.5 用一片集成 ADC 对 10 个温度传感器分时进行 A/D 转换，转换周期为 1s。已知传感器电路的输出电压范围为 0～5V，对应的温度范围是 0～100℃，要求能够分辨的最小温度为 0.1℃。试确定选用 ADC 的分辨率和转换速度。

第11章 Multisim仿真软件简介

本章学习目标

- 了解 Multisim 仿真软件的基本操作。
- 了解应用 Multisim 进行简单数字电路仿真的方法。

本章首先介绍 Multisim 仿真软件的基本特点，然后介绍 Multisim 软件的基本操作，最后介绍应用 Multisim 软件进行简单数字电路仿真的示例。

11.1 概述

电子设计自动化(electronic design automation，EDA)和计算机辅助设计(computer aided design，CAD)是借助计算机高速的数据计算能力和高效的图形处理能力，辅助进行电子系统设计的技术。随着计算机技术的发展，EDA 和电子电路 CAD 软件涵盖的范围越来越广泛，功能越来越强大，可以辅助电子设计工程师进行系统级描述和仿真、可编程逻辑设计、硬件描述语言的综合和仿真、嵌入式系统设计和仿真、控制软件开发和仿真、电磁计算和仿真、电路设计和仿真、PCB 版图设计、IC 芯片设计等众多设计工作。

Multisim 是业界流行的、特别适合电子系统仿真分析和设计的一款 EDA 软件，在世界范围内受到了广泛认可。Multisim 软件操作界面十分友好，软件中提供了万用表、示波器、信号发生器、逻辑分析仪等虚拟仪器，使得应用该软件进行电路仿真分析就像实际搭建电路并使用电子仪器进行测量一样直观，易学易用。因此，Multisim 非常适合用于教学，大学生可以利用它学习电路分析、模拟电子技术、数字电子技术、微控制器(单片机)等课程。

本书选择的 Multisim 软件版本为 Multisim 14.0，读者可以在 NI 网站上获得 Multisim 学生版进行学习和使用。如图 11-1 所示为 Multisim 软件的工作界面。其中，空白区域是原理图绘制窗口；窗口上方为常用工具栏和元件模型工具栏；窗口右上角 3 个按钮是仿真运行控制按钮，分别是运行、暂停和停止；窗口左侧为设计文件管理树；窗口右侧为虚拟仪器工具栏。

Multisim 软件提供的元件模型工具栏中每个工具按钮对应一类元件模型，由左到右依次有电源/信号源模型库、基本无源器件模型库、二极管元件模型库、晶体管元件模型库、模拟集成电路元件模型库、TTL 数字元件模型库、CMOS 数字元件模型库、混杂数字元件模型库、数模混合元件模型库、指示元件模型库、混杂元件模型库、函数功能元件模型库、射频元件模型库、机电器件模型库、网上模型库等。

Multisim 软件提供的虚拟仪器工具栏中每个工具按钮对应一种虚拟仪器，由上而下依

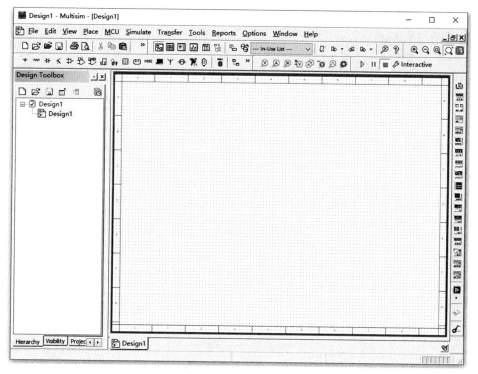

图 11-1　Multisim 软件工作界面

次为数字万用表、函数信号发生器、功率表、示波器、四通道示波器、波特图仪、频率计、字信号发生器、逻辑分析仪、逻辑转换仪、失真分析仪、频谱分析仪、网络分析仪等。

　　应用 Multisim 软件辅助数字电子技术课程学习，主要是利用软件提供的数字逻辑元件模型和虚拟仪器，搭建数字逻辑电路并仿真运行，通过虚拟仪器查看数字逻辑电路的运行结果，辅助加深对数字电子技术知识的理解和掌握。实际上，Multisim 软件提供的仿真功能要强大得多，包括全部 SPICE 分析功能、MCU 仿真和调试等，感兴趣的读者请自行查阅相关文献。

11.2　Multisim 软件的基本操作

　　利用 Multisim 软件提供的元件模型和虚拟仪器进行数字逻辑电路仿真分析，一般要通过如下步骤：首先建立设计文件并设置电路绘图界面，然后选取并放置元件模型和虚拟仪器，继而绘制电路，接下来设置元件参数和虚拟仪器参数，最后运行电路仿真并查看分析电路运行结果和虚拟仪器测量结果。本节对上述仿真分析步骤中涉及的基本操作进行介绍。

11.2.1　建立设计文件并设置电路绘制界面

　　通过单击计算机开始菜单中"开始/NI Multisim 14.0"命令或双击计算机桌面上 NI Multisim 14.0 快捷方式打开 Multisim 软件，单击软件工作界面左上角 File 菜单下 New 命令,打开新建设计文件界面,如图11-2所示。选择 Blank 模板,单击右下角 Create 按钮,建立一个新的设计文件。

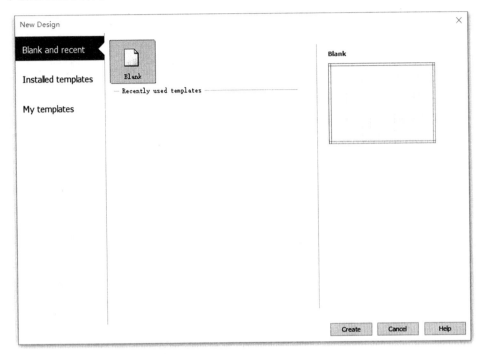

图 11-2　新建设计文件界面

通过 File/Save 命令保存设计文件并给设计文件命名,如图11-3所示。

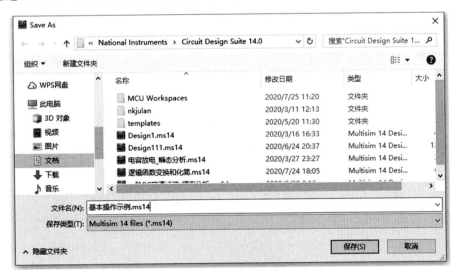

图 11-3　命名并保存文件

新建的"基本操作示例.ms14"设计文件窗口如图11-4所示。

通过菜单命令 Options/Sheet properties 可以设置设计图纸的尺寸、长度单位、是否显示栅格、是否显示图纸边框、图纸配色、显示字体等参数。Sheet properties 设置界面如

图 11-5 所示,其中,Workspace 选项卡设置图纸尺寸、长度单位、栅格、边框等,Colors 选项卡设置图纸配色,Font 选项卡设置显示字体,Sheet visibility 选项卡设置元件参数等是否显示在图纸上。用户可以根据自己的需求和习惯设置各项图纸参数。

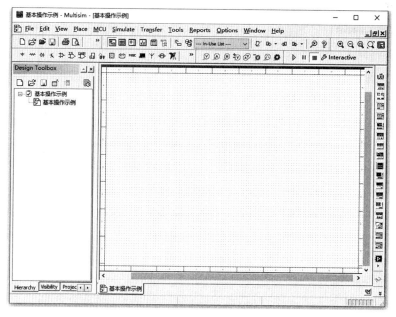

图 11-4   新建设计"基本操作示例"

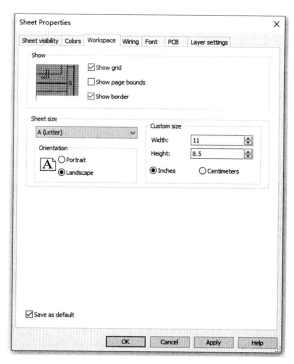

图 11-5   图纸参数设置界面

11.2.2　选取、放置元件和仪器

通过菜单命令 Place/Component 或者单击元件模型工具栏的任何元件工具按钮,可以打开选取元件的工作窗口,如图 11-6 所示。Multisim 14.0 的元件模型分别存放在 3 个数据库中: Master Database 是厂商提供的元件模型库,包括大量的各类常用元件模型; Corporate Database 是用户向厂商定制的元件模型库; User Database 是用户自己创建的元件模型库。

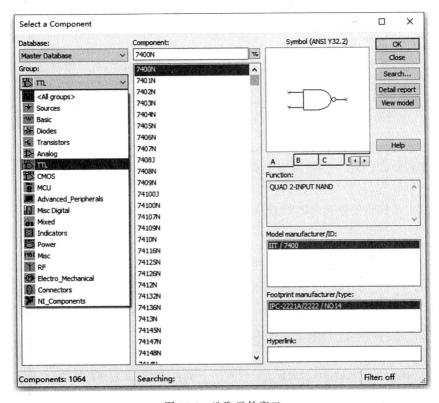

图 11-6　选取元件窗口

在元件模型库中,各种元件模型都按照功能进行了分组,每组元件模型对应元件模型工具栏中的一个工具图标。Multisim 一共提供了 18 组元件模型,可以根据要选用元件的功能、型号查找元件。例如,要选用四 2 输入与非门 7400,则可以在 Group 下拉列表中选择 TTL,在 Component 下拉列表选择 7400N,然后单击 OK 按钮就可以放置该元件模型了。

由于 7400N 是四 2 输入与非门,即芯片中集成了 4 个相同的与非门,是包含多个模块的元件,因此在放置与非门时先要确认放置哪个模块,即选择放置的是 4 个与非门中的哪一个,如图 11-7 所示。在 A~D 中选择一个之后,被选中的元件模型符号就会跟随光标移动,如图 11-8 所示;移动光标到合适位置只需单击鼠标就可以将该元件放置到图纸上,如图 11-9 所示。

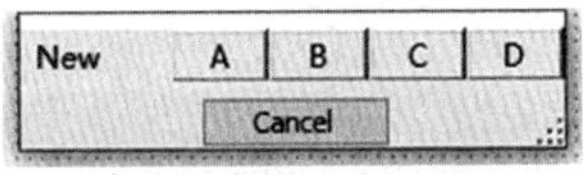

图 11-7　四 2 输入与非门
内部模块选择

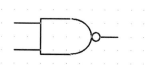

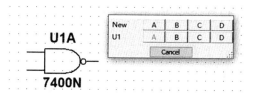

图 11-8　元件待放置的状态　　　　　　　图 11-9　元件放置到图纸之后的状态

元件模型放置到图纸上后,会自动添加流水号,流水号由字母和数字组成,如图 11-9 所示的 U1A,字母 U 表示元件的类型,数字 1 表示元件被添加的先后顺序,字母 A 表示的是多模块元件中模块的编号。

放置多模块元件模型后,会自动进入放置下一个模块的状态,可以继续放置元件中的其他模块。这是由 Option/Global Options 命令打开的全局参数设置窗口中 Place component mode 参数决定的,右击退出放置元件状态。放置单模块元件,放置完成后会自动退出放置元件状态。

通过 Simulate/Instruments 菜单下的虚拟仪器命令或虚拟仪器工具栏的工具按钮选取要使用的虚拟仪器。Multisim 14.0 共提供了 14 个通用仪器和若干特定仪器。选择虚拟仪器后进入放置状态,与放置元件模型类似,选中的仪器会随着光标移动,如图 11-10 所示;在适当位置单击将仪器放置到图纸上,如图 11-11 所示。

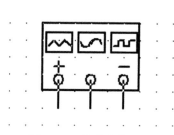

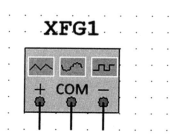

图 11-10　仪器待放置的状态　　　　　　图 11-11　仪器放置到图纸之后的状态

仪器放置到图纸上后,也会自动添加流水号,流水号也是由字母和数字组成,如图 11-11 所示。放置仪器完成后,自动退出放置仪器状态。

11.2.3　绘制电路

根据电路的具体情况需要调整元件和仪器的摆放位置和方向。按住鼠标左键可以拖动元件、仪器到需要的位置。在需要调整方向的元件和仪器符号上右击,在弹出的浮动菜单中通过 Rotate 命令、Flip 命令分别旋转、翻转元件和仪器,相关菜单命令如图 11-12 所示。

Flip horizontally	Alt+X
Flip vertically	Alt+Y
Rotate 90° clockwise	Ctrl+R
Rotate 90° counter clockwise	Ctrl+Shift+R

图 11-12　旋转和翻转命令

在图纸上添加电源元件模型。要特别指出的是,在 Multisim 仿真设计中必须添加电源元件模型以确保仿真的正确运行。在电源/信号源模型库中分别选择 VCC 元件模型和 GND 元件模型,将它们放置到图纸上,如图 11-13 所示。

元件和仪器都放置好以后,开始进行连线。把光标移动
到元件或仪器的引脚上,光标会自动捕捉电气连接点,此时
光标变为"+"号形状,单击并移动鼠标就会出现一根随光标
移动的连线。在需要弯折的地方单击可以控制连线的路径。
在目标引脚上,光标也会捕捉电气连接点,单击即可完成连
接。如果连线有误,单击选中相应连线,用键盘上的 Delete 键删除。

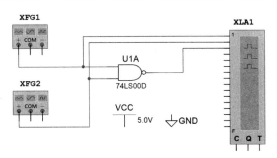

图 11-13　放置 VCC 和 GND
元件模型

有时需要添加悬空的导线,通过菜单命令 Place/Wire 进入导线绘制状态,单击设定起
点,移动鼠标绘线,双击设定终点。有时用到总线,通过菜单命令 Place/Bus 进入总线绘制
状态。总线的具体使用方法请参照相关文献。

以"与非门逻辑功能分析"为例,绘制完成的电路如图 11-14 所示。

图 11-14　与非门逻辑功能分析仿真电路

11.2.4　设置元件和仪器参数

元件和仪器放置到图纸以后还需对其属性进行设置,才能运行仿真。

元件的属性是比较多的,其中一些属性直接影响仿真运算的结果,如电阻元件的阻值、
电源元件的电压值、半导体器件的性能参数等;还有一些参数用于标识相应元件,如流水标
号、元件名称等。设置元件属性要根据具体电路参数和元件模型共同决定。

在"与非门逻辑功能分析"电路中,元件
74LS00D 的参数采用默认参数,电源元件 V_{CC} 的电
压值设为 5V。设置电源元件属性,可以通过双击
打开元件属性设置对话框,如图 11-15 所示,将
Value 选项卡的 Voltage 值设为 5.0V。

虚拟仪器的属性基本上与现实电子仪器的调
试参数相对应,使用不同的虚拟仪器需要进行相应
的参数设置。在"与非门逻辑功能分析"电路中用
到了函数信号发生器和逻辑分析仪两种仪器,下面
分别进行设置。

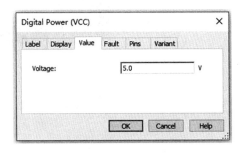

图 11-15　VCC 属性设置对话框

两台函数信号发生器的作用是为与非门的两个输入提供方波信号,且提供的两个信号
需涵盖 00、01、10、11 这 4 种逻辑取值组合。在函数信号发生器 XFG1 上双击,打开属性设
置界面,如图 11-16 所示。在 Waveforms 选项区选择方波波形,在 Signal options 设置区设
置 Frequency 为 10Hz、设置 Duty cycle 为 50%、设置 Amplitude 为 5V,其他项保持默认设

置,则 XFG1 将产生一个幅度为 5V、频率为 10Hz、占空比为 50％的方波信号。

在函数信号发生器 XFG2 上双击,打开属性设置界面,如图 11-17 所示。将 Frequency 设置为 5Hz,其他参数设置与 XFG1 相同,则 XFG2 将产生一个幅度为 5V、频率为 5Hz、占空比为 50％的方波信号。

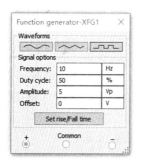

图 11-16　XFG1 属性设置界面

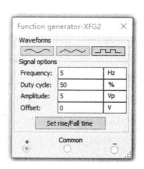

图 11-17　XFG2 属性设置界面

在逻辑分析仪 XLA1 上双击,打开属性设置界面,如图 11-18 所示。在仪表界面右下角的 Clock 设置区,单击 Set 按钮,打开逻辑分析仪的时钟参数设置界面,即 Clock Setup 界面。在 Clock source 选项区选择 Internal,即设置逻辑分析仪选用内部时钟源,时钟频率 Clock rate 设置为 20Hz,单击 OK 按钮,完成逻辑分析仪的参数设置。

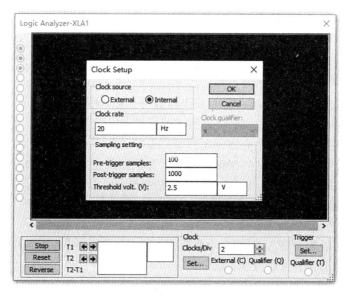

图 11-18　逻辑分析仪设置界面

11.2.5　运行仿真并分析结果

完成仿真电路绘制和参数设置以后,就可以运行仿真了。单击电路编辑窗口右上角的运行按钮(绿色向右三角形图标)运行仿真;单击暂停按钮(黑色双竖条图标)暂停仿真;单击结束按钮(红色方形图标)停止仿真(按钮的颜色请读者参见仿真软件界面)。"与非门逻辑功能分析"电路运行仿真的界面如图 11-19 所示。

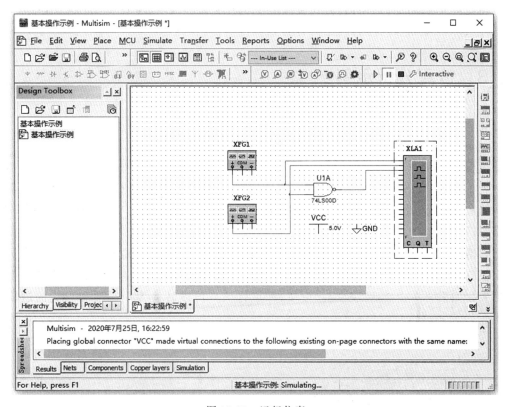

图 11-19　运行仿真

双击逻辑分析仪打开逻辑分析仪界面,可以看到与非门两个输入与输出之间对应的波形图结果,如图 11-20 所示。为便于观察,可以暂停仿真,以便在逻辑分析仪上得到静态的

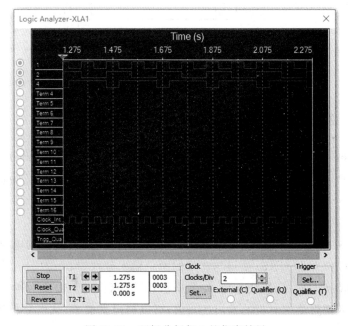

图 11-20　逻辑分析仪上的仿真结果

波形图。观察得到的波形图,分析在输入信号分别为 00、01、11、10 这 4 种情况下,对应的输出是什么,即可以验证与非门的逻辑功能。

11.3　仿真分析示例

11.3.1　逻辑函数化简与变换

应用 Multisim 软件的逻辑转换仪(logic converter)可以将逻辑电路转换为真值表,将真值表转换为最小项和形式的逻辑函数式,将真值表转换为最简与或式,将逻辑函数式转换为真值表,将逻辑函数式转换为逻辑电路图,将逻辑函数式转换为由单一与非门实现的逻辑电路图。

如图 11-21 所示为将逻辑电路转换为真值表的示例。连接好逻辑电路之后双击逻辑转换仪符号打开 Logic converter 设置界面,单击 ⬚ → 101 按钮,即可将逻辑电路转换为真值表。如果再单击 101 → A|B 按钮,即可将该真值表转换为最小项和形式的逻辑函数式。

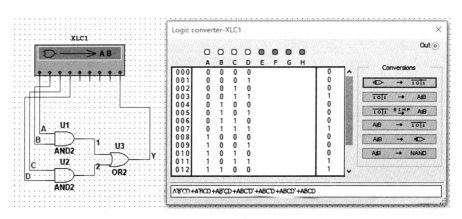

图 11-21　将逻辑电路转换为真值表示例

11.3.2　组合逻辑电路仿真分析

应用 Multisim 软件进行组合逻辑电路的仿真分析,既可以通过逻辑分析仪等虚拟仪器完成,也可以通过开关元件和指示元件完成。以“与非门逻辑功能分析”为例,本书 11.2 节介绍了用函数信号发生器、逻辑分析仪进行分析的方法,这里介绍用开关和指示灯进行分析的方法。

如图 11-22 所示为用开关和指示灯进行“与非门逻辑功能分析”的电路,让开关 S1 和 S2 分别轮流接通 VCC 和 GND,使得与非门的两个输入分别为 00、01、10、11 这 4 种输入状态,观察输出端指示灯 X1 是否被点亮,如果指示灯被点亮,表明输出为逻辑 1,否则输出为逻辑 0。根据输入逻辑值与对应的输出逻辑值,可以列出真值表,从而分析得到二输入与非

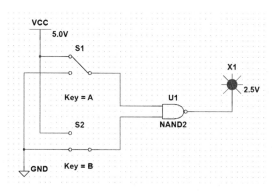

图 11-22 用开关和指示灯分析组合逻辑功能

门的逻辑功能。

与非门的逻辑功能虽然简单,但分析方法和分析过程适用于任何复杂的组合逻辑电路。因此,可以由此示例推广开来,掌握应用 Multisim 软件进行组合逻辑电路仿真分析的方法。

11.3.3 时序逻辑电路仿真分析

时序逻辑电路的仿真分析与组合逻辑电路类似,只是更注重时序过程的分析。为观察电路仿真运行的过程和结果,可以采用虚拟仪表,也可以采用指示灯、数码管等指示元件。

如图 11-23 所示为"五进制加法计数器"仿真分析示例,采用函数信号发生器提供计数脉冲,采用逻辑分析仪观察计数器的工作过程。

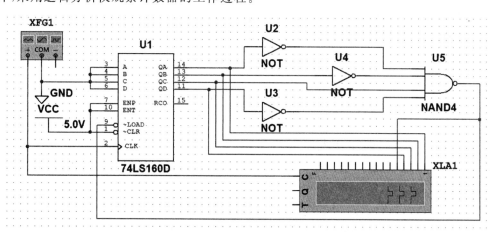

图 11-23 仿真分析五进制加法计数器

示例中所用函数信号发生器产生频率为 $100\,\mathrm{Hz}$、占空比 50%、幅度为 $5\mathrm{V}$ 的方波信号;并提供给逻辑分析仪作为外部时钟源,即将该方波信号接入逻辑分析仪的时钟输入端,并将 Clock source 设置为 External。运行仿真,可在逻辑分析仪获得时序波形图如图 11-24 所示。

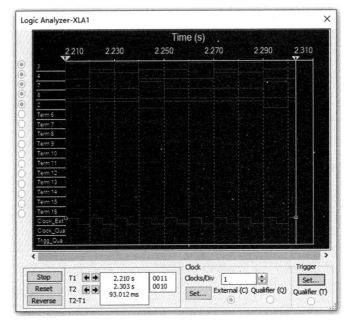

图 11-24   五进制加法计数器的仿真时序图

习题

习题 11.1   试用 Multisim 软件化简逻辑函数并生成逻辑电路图。

习题 11.2   试用 Multisim 软件分析举重裁判电路。

习题 11.3   试用 Multisim 软件设计 24s 倒计时电路。

习题 11.4   试用 Multisim 软件设计由 555 定时器实现的延时报警电路。

第12章

硬件描述语言简介

本章学习目标
- 了解 Verilog HDL 描述数字逻辑的方法。
- 了解 VHDL 描述数字逻辑的方法。

本章首先介绍硬件描述语言的基本概念和发展历程,然后介绍 Verilog HDL 的程序结构和简单设计实例,最后介绍 VHDL 的程序结构和简单设计实例。

12.1　概述

硬件描述语言(hardware description language,HDL)是一种用形式化方法描述数字电路和设计数字逻辑系统的语言。具体地说,硬件描述语言就是指对硬件电路进行行为描述、寄存器传输描述或者结构化描述的语言。数字逻辑电路的设计者可以利用这种语言从抽象到具体地描述自己的设计思想,用一系列分层次的模块表示复杂的数字逻辑系统。然后应用 EDA 工具软件逐层进行仿真验证,再自动综合到门级逻辑电路,最后由 ASIC 或 FPGA 实现数字逻辑功能。HDL 可应用到数字系统设计的各个阶段:建模、仿真、验证、综合。应用 HDL 进行数字系统设计已成为电子系统设计领域广泛使用的方法。

20 世纪 80 年代,出现了上百种硬件描述语言,对促进 EDA 技术的发展和电子技术的应用起到了极大的推动作用。但是,这些语言有很多都是面向特定的设计领域的,使得电子设计工程师无所适从。在硬件描述语言向着标准化方向发展的过程中,绝大多数语言退出了历史舞台。现在来看,常用的硬件描述语言主要有 Verilog HDL 和 VHDL。

Verilog HDL 是于 1983 年由美国硬件描述语言公司 Gateway Automation(GDA)的 Philip Moorby 首创的,最初只设计了一个仿真与验证工具,之后又陆续开发了相关的故障模拟与时序分析工具。1985 年,Moorby 提出了用于快速门级仿真的 Verilog HDL-XL 算法,并推出 Verilog HDL 的第三个商用仿真器 Verilog-XL,取得巨大成功,从而使得 Verilog HDL 得到迅速发展。1989 年,Cadence 公司收购了 Gateway 公司,并将 Verilog HDL 与 Verilog HDL-XL 分开,公开发布了 Verilog HDL。1993 年,几乎所有的 ASIC 生产商都开始支持 Verilog HDL,并认为 Verilog HDL-XL 是最好的仿真器。1995 年,Verilog HDL 成为 IEEE 标准。目前,Verilog HDL 标准的版本是 2001 年修订的 IEEE 1364-2001。

VHDL(very-high-speed integrated circuit hardware description language)是于 1982 年由美国国防部开发的硬件描述语言。这个语言首次被开发时,其目标是使电路文本化的一种标准,主要是使采用了文本描述的设计能够为他人所理解,同时也作为模型语言,能利用计算机软件进行模拟。VHDL 吸纳了很多其他硬件描述语言的优点,于 1987 年被美国电子与电气工程师协会(IEEE)和美国国防部确认为标准硬件描述语言。目前所执行的VHDL 标准为 1993 年修订后的 IEEE 1076-1993 标准。VHDL 成为标准以后,各 EDA 公司相继推出了自己的 VHDL 设计环境,或宣布自己的设计工具可以和 VHDL 接口。此后,VHDL 在电子设计领域得到了广泛的接受,很快在世界各地得到了广泛的应用,为电子设计自动化(EDA)的推广和发展起到了巨大的推动作用。

VHDL 和 Verilog HDL 都是硬件描述语言的 IEEE 标准,都能够形式化地抽象表示电路的结构和行为,可借用高级语言的精巧结构来简化电路的描述,具有电路仿真与验证机制,支持电路描述由高层到底层的综合转换,系统设计与实现工艺无关,易于理解和设计复用。但两者也存在各自的特点。由于 GDA 公司本就偏重硬件,所以不可避免地 Verilog HDL 就偏重硬件一些,故 Verilog HDL 在门级开关电路描述方面比 VHDL 要强得多。而VHDL 在系统级抽象方面就较之 Verilog HDL 要出色。但近些年,随着 EDA 技术和硬件描述语言工具的发展,两者之间的建模能力差异已经越来越小。

12.2　Verilog HDL 简介

12.2.1　基本程序结构

Verilog HDL 采用模块化的结构,以模块集合的形式描述数字电路系统。模块(module)是语言中描述电路的基本单元。模块对应硬件上的逻辑实体,描述这个实体的功能或结构,以及它与其他模块的接口。它所描述的可以是简单的逻辑门,也可以是功能复杂的逻辑系统。模块的基本语法结构如下:

```
module<模块名>(<端口列表>);
<I/O 说明>;
<内部信号声明>;
<模块功能描述>;
endmodule
```

module 和 endmodule 为封装模块的关键词,由它们定义一个模块。模块名是设计者为该模块设定的名字,一般模块名与模块功能相关。端口列表定义了该模块的全部 I/O 端口。I/O 说明描述了每个 I/O 端口的方向、端口类型、端口位宽和端口信号类型。内部信号声明用来定义模块内部的信号,包括信号名、信号位宽和信号类型。模块功能描述部分具体描述该模块的逻辑功能或该模块的电路结构。模块功能描述的方式有行为描述、数据流描述和结构描述 3 种。所谓行为描述,是用行为描述语言描述模块的状态和功能;数据流描述是描述信号从输入端口进入模块到从输出端口流出模块的数据流动变化过程;结构描述是描述模块内部电路或子模块的互连结构。

Verilog HDL 的词法标识符包括关键词、间隔符与注释符、操作符、数值常量、字符串和标识符。具体语法规则请读者参阅 IEEE 标准-Verilog HDL1364-2001 或相关书籍,这里不再详细介绍。

12.2.2 组合逻辑设计实例

本节给出使用 Verilog HDL 描述组合逻辑的示例,分别描述 3-8 译码器、7 段码显示译码器和 4 选 1 数据选择器。

【**例 12.1**】 使用 Verilog HDL 描述 3-8 译码器,输入为 3 位代码,输出为 8 路高低电平,具体代码如下:

```
module DECODE3_8(data_out,key_in);      //模块名为 DECODE3_8,定义两个端口, 分别是 data_out,key_in
output[7:0] data_out;                   //I/O 说明,data_out 是位宽为 8 位的输出端口
input[2:0] key_in;                      //I/O 说明,key_in 是位宽为 3 位的输入端口
reg[7:0] data_out;                      //I/O 说明,data_out 是寄存器型信号

always @(key_in)                        //功能描述,当输入为 000 时,输出为 11111110
    begin                               //以此类推
      case(key_in)
      3'd0: data_out = 8'b11111110;
      3'd1: data_out = 8'b11111101;
      3'd2: data_out = 8'b11111011;
      3'd3: data_out = 8'b11110111;
      3'd4: data_out = 8'b11101111;
      3'd5: data_out = 8'b11011111;
      3'd6: data_out = 8'b10111111;
      3'd7: data_out = 8'b01111111;
      endcase
    end
endmodule
```

【**例 12.2**】 使用 Verilog HDL 描述 7 段码显示译码器,输入为 4 位二进制代码,输出为 7 位段码,驱动共阳极 7 段数码管显示,具体代码如下:

```
module decode7(din,dout);
input [3:0] din;
output [6:0] dout;                          //输出最低位接数码管 a,最高位接数码管 g
reg [6:0] dout;

always@(din)
    begin
     case(din)
        4'h0:dout <= 8'b1000000;            //显示 0
        4'h1:dout <= 8'b1111001;            //显示 1
        4'h2:dout <= 8'b0100100;            //显示 2
        4'h3:dout <= 8'b0110000;            //显示 3
        4'h4:dout <= 8'b0011001;            //显示 4
        4'h5:dout <= 8'b0010010;            //显示 5
        4'h6:dout <= 8'b0000010;            //显示 6
        4'h7:dout <= 8'b1111000;            //显示 7
        4'h8:dout <= 8'b0000000;            //显示 8
        4'h9:dout <= 8'b0010000;            //显示 9
        4'ha:dout <= 8'b0001000;            //显示 A
```

```
    4'hb:dout < = 8'b0000011;              //显示 b
    4'hc:dout < = 8'b1000110;              //显示 C
    4'hd:dout < = 8'b0100001;              //显示 d
    4'he:dout < = 8'b0000110;              //显示 E
    4'hf:dout < = 8'b0001110;              //显示 F
  endcase
end
endmodule
```

【例 12.3】 使用 Verilog HDL 描述 4 选 1 数据选择器,2 个控制输入端,4 个数据输入端,1 个数据输出端,具体代码如下:

```
module MUX4_1(a,b,c,d,s1,s0,y);
input a,b,c,d,s1,s0;
output y;
reg y;

always@(a or b or c or d or s1 or s0)
  begin
    case({s1,s0})
    2'b00:y < = a;
    2'b01:y < = b;
    2'b10:y < = c;
    2'b11:y < = d;
    default:y < = a;
    endcase
  end
endmodule
```

12.2.3   时序逻辑设计实例

本节给出使用 Verilog HDL 描述时序逻辑的示例,分别描述十进制加法计数器和二十四进制加法计数器。

【例 12.4】 使用 Verilog HDL 描述十进制加法计数器,包括计数脉冲输入端 clk,计数使能输入端 en,复位输入端 rst,4 位计数输出端 cnt 和计数器进位输出端 co,具体代码如下:

```
module cnt10(clk,en,rst,cnt,co);
input clk,en,rst;
output[3:0] cnt;
output co;

reg [3:0] cnt;
reg co;

always@(posedge clk or negedge rst)
  begin
    if(!rst)
```

```
        begin
            cnt < = 4'b0000;
            co < = 1'b0;
        end
        else
        begin
            if(en)
            begin
                if(cnt == 4'b1001)
                begin
                    cnt < = 4'b0000;
                    co < = 1'b1;
                end
                else
                begin
                    cnt < = cnt + 1'b1;
                    co < = 1'b0;
                end
            end
        end
    end
endmodule
```

【例 12.5】 使用 Verilog HDL 描述二十四进制加法计数器，包括计数脉冲输入端 clk，计数使能输入端 en，复位输入端 rst，4 位计数输出端 cnt 和计数器进位输出端 co，具体代码如下：

```
module cnt24(clk, en, rst, cnt, co);
input clk, en, rst;
output[7:0] cnt;
output co;

reg [7:0] cnt;
reg co;

always@(posedge clk or negedge rst)
    begin
        if(!rst)
        begin
            cnt < = 8'b00000000;
            co < = 1'b0;
        end
        else
        begin
            if(en)
            begin
                if(cnt == 4'b00100011)
                begin
                    cnt < = 4'b00000000;
```

```
                co < = 1'b1;
            end
            else
            begin
                co < = 1'b0;
                if(cnt[3:0] == 4'b1001)
                    cnt < = cnt + 8'd7;
                else
                    cnt < = cnt + 1'b1;

            end
        end
    end
  end
endmodule
```

12.3 VHDL 简介

12.3.1 基本程序结构

VHDL 程序包含库(library)、程序包(package)、实体(entity)、结构体(architecture)和配置(configuration)5 个组成部分,其基本结构如下:

```
LIBRARY <库名>;
USE <库名.程序包名.项目名/all >;
ENTITY <实体名> IS
    [GENERIC;]
    [PORT;]
END <实体名>;
ARCHITECTURE <结构体名> OF <实体名> IS
    [说明语句;]
    BEGIN
    [功能描述语句;]
END <结构体名>
CONFIGURATION <配置名> OF <实体名> IS
    [说明语句;]
END <配置名>
```

库是经编译后的数据的集合,它存放包定义、实体定义、结构体定义、配置定义等,用户可以通过库共享已经验证的设计结果。VHDL 的常用库有 IEEE 库、STD 库、WORK 库、VITAL 库等。程序包中罗列了信号定义、常数定义、数据类型、元件语句、函数定义和过程定义等,是库结构中的一个层次。VHDL 程序在使用库之前一定要进行库和程序包说明,其格式示例如下:

```
LIBRARY IEEE;
USE IEEE.STD_LOGIC_1164.ALL;
```

实体是对所做设计的外部接口的描述，可以理解为描述了逻辑电路模块的引脚结构。GENERIC 参数是端口界面常数，如定义信号的边沿宽度等，用于仿真模块的设计。PORT 参数是端口说明，其格式示例如下：

```
PORT(key_in : IN STD_LOGIC_VECTOR(2 DOWNTO 0);
        data_out : OUT BIT_VECTOR (7 DOWNTO 0));
```

其中，key_in 和 data_out 是端口名，IN 和 OUT 是端口方向，STD_LOGIC_VECTOR(2 DOWNTO 0)和 BIT_VECTOR (7 DOWNTO 0)是端口上允许的数据类型。

结构体是对实体的具体实现，是对实体内部逻辑功能的描述。如果把实体看作电路中的一个逻辑器件，则结构体描述的是这个器件的内部逻辑和行为。结构体中描述逻辑行为用到两类语句：并行语句和顺序语句。可以通过语句块、进程描述、子程序调用、元件例化等方式具体实现。

配置用于在多个结构体中为一个实体指定一个结构体。在不存在多个结构体的设计中不需配置部分。

VHDL 的详细语法规则请读者参阅相关书籍，这里不再详细介绍。

12.3.2 组合逻辑设计实例

本节给出使用 VHDL 描述组合逻辑的示例，与前面章节使用 Verilog HDL 描述组合逻辑的示例相对应，也是分别描述 3-8 译码器、7 段码显示译码器和 4 选 1 数据选择器。

【例 12.6】 使用 VHDL 描述 3-8 译码器，具体代码如下：

```
LIBRARY IEEE;
USE IEEE.STD_LOGIC_1164.ALL;
USE IEEE.STD_LOGIC_UNSIGNED.ALL;
ENTITY DECODE3_8 IS
    PORT(key_in : IN STD_LOGIC_VECTOR(2 DOWNTO 0);
      data_out : OUT BIT_VECTOR (7 DOWNTO 0));
END DECODE3_8;

ARCHITECTURE BEH OF DECODE3_8 IS
    PROCESS (key_in)
    BEGIN
        CASE key_in IS
            WHEN "000" = > data_out < = "11111110";
            WHEN "001" = > data_out < = "11111101";
            WHEN "010" = > data_out < = "11111011";
            WHEN "011" = > data_out < = "11110111";
            WHEN "100" = > data_out < = "11101111";
            WHEN "101" = > data_out < = "11011111";
            WHEN "110" = > data_out < = "10111111";
            WHEN "111" = > data_out < = "01111111";
        WHEN OTHERS = > NULL;
        END CASE;
    END PROCESS;
END BEH;
```

【例12.7】　使用 VHDL 描述 7 段码显示译码器,具体代码如下:

```
LIBRARY IEEE;                                      -- 打开 IEEE 库
USE IEEE.STD_LOGIC_1164.ALL;
USE IEEE.STD_LOGIC_UNSIGNED.ALL;
USE IEEE.STD_LOGIC_ARITH.ALL;                      -- 打开程序包
ENTITY DECODE7 IS                                  -- 实体
    PORT(DIN:IN STD_LOGIC_VECTOR(3 DOWNTO 0);      -- 定义输入引脚
        DOUT:OUT STD_LOGIC_VECTOR(7 DOWNTO 0));    -- 定义输出引脚
END DECODE7;                                       -- 结束实体定义
ARCHITECTURE RTL OF DECODE7 IS                     -- 结构体
BEGIN
  PROCESS(DIN)                                     -- 进程
    BEGIN
    CASE DIN IS
      WHEN"0000" = > DOUT < = "1000000";           -- 显示 0
      WHEN"0001" = > DOUT < = "1111001";           -- 显示 1
      WHEN"0010" = > DOUT < = "0100100";           -- 显示 2
      WHEN"0011" = > DOUT < = "0110000";           -- 显示 3
      WHEN"0100" = > DOUT < = "0011001";           -- 显示 4
      WHEN"0101" = > DOUT < = "0010010";           -- 显示 5
      WHEN"0110" = > DOUT < = "0000010";           -- 显示 6
      WHEN"0111" = > DOUT < = "1111000";           -- 显示 7
      WHEN"1000" = > DOUT < = "0000000";           -- 显示 8
      WHEN"1001" = > DOUT < = "0010000";           -- 显示 9
      WHEN"1010" = > DOUT < = "0001000";           -- 显示 A
      WHEN"1011" = > DOUT < = "0000011";           -- 显示 b
      WHEN"1100" = > DOUT < = "1000110";           -- 显示 C
      WHEN"1101" = > DOUT < = "0100001";           -- 显示 d
      WHEN"1110" = > DOUT < = "0000110";           -- 显示 E
      WHEN"1111" = > DOUT < = "0001110";           -- 显示 F
      WHEN OTHERS = > NULL;
    END CASE;
END PROCESS;                                       -- 进程结束
END RTL;                                           -- 结构体结束
```

【例12.8】　使用 VHDL 描述 4 选 1 数据选择器,具体代码如下:

```
LIBRARY IEEE;
USE IEEE.STD_LOGIC_1164.ALL;
USE IEEE.STD_LOGIC_UNSIGNED.ALL;
ENTITY MUX4_1 IS
    PORT (a,b,c,d,s1,s0 : IN STD_LOGIC;
        Y : OUT STD_LOGIC);
END MUX4_1;
ARCHITECTURE BEH OF MUX4_1 IS
    SIGNAL sel : STD_LOGIC_VECTOR(1 DOWNTO 0);
    BEGIN
    sel < = s1&s0;
    PROCESS (sel)
    BEGIN
```

```
            CASE sel IS
                WHEN "00" = > y < = a;
                WHEN "01" = > y < = b;
                WHEN "10" = > y < = c;
                WHEN "11" = > y < = d;
                WHEN OTHERS = > NULL;
            END CASE;
        END PROCESS;
END BEH;
```

12.3.3 时序逻辑设计实例

本节给出使用 VHDL 描述时序逻辑的示例,与前面章节使用 Verilog HDL 描述时序逻辑的示例相对应,也是分别描述十进制加法计数器和二十四进制加法计数器。

【例 12.9】 使用 VHDL 描述十进制加法计数器,具体代码如下:

```
LIBRARY IEEE;
USE IEEE.STD_LOGIC_1164.ALL;
USE IEEE.STD_LOGIC_ARITH.ALL;
USE IEEE.STD_LOGIC_UNSIGNED.ALL;
ENTITY cnt10 IS
PORT(clk        :IN STD_LOGIC;
    en,rst       :IN STD_LOGIC;
    cnt          :OUT STD_LOGIC_VECTOR(3 DOWNTO 0);
    co           :OUT STD_LOGIC);
END;

ARCHITECTURE RTL OF cnt10 IS
SIGNAL counter:STD_LOGIC_VECTOR(3 DOWNTO 0);
BEGIN
PROCESS(clk)
BEGIN
    IF rst = '0' THEN
        counter < =  "0000";
        co < = '0';
    ELSIF(clk'EVENT AND clk = '1') THEN
        IF en  = '1' THEN
            IF counter = "1001" THEN
                counter < = "0000";
                co < = '1';
            ELSE
                counter < = counter + 1;
                co < = '0';
            END IF;
        END IF;
    END IF;
END PROCESS;
cnt < = counter;
END rtl;
```

【**例 12.10**】 使用 VHDL 描述二十四进制加法计数器，具体代码如下：

```
LIBRARY IEEE;
USE IEEE.STD_LOGIC_1164.ALL;
USE IEEE.STD_LOGIC_ARITH.ALL;
USE IEEE.STD_LOGIC_UNSIGNED.ALL;
ENTITY cnt24 IS
PORT(clk       :IN STD_LOGIC;
    en,rst      :IN STD_LOGIC;
    cnt         :OUT STD_LOGIC_VECTOR(7 DOWNTO 0);
    co          :OUT STD_LOGIC);
END;

ARCHITECTURE rtl OF cnt24 IS
SIGNAL counter:STD_LOGIC_VECTOR(7 DOWNTO 0);
BEGIN
PROCESS(clk)
BEGIN
    IF rst = '0' THEN
        counter < = "00000000";
        co < = '0';
    ELSIF(clk'EVENT AND clk = '1') THEN
        IF en = '1' THEN
            IF counter = "00100011" THEN
                counter < = "00000000";
                co < = '1';
            ELSE
                co < = '0';
                IF counter(3 DOWNTO 0) = "1001" THEN
                    counter < = counter + 7;
                ELSE
                    counter < = counter + 1;
                END IF;
            END IF;
        END IF;
    END IF;
END PROCESS;
cnt < = counter;
END rtl;
```

习题

习题 12.1 试用硬件描述语言设计 16 选 1 数据选择器。

习题 12.2 试用硬件描述语言设计 1min 倒计时秒表。

参 考 文 献

[1] 阎石.数字电子技术基础[M].6 版.北京:高等教育出版社,2016.
[2] 康华光.电子技术基础:数字部分[M].6 版.北京:高等教育出版社,2014.
[3] 范立南,田丹,李雪飞,等.数字电子技术[M].北京:清华大学出版社,2014.
[4] 李雪飞.数字电子技术基础[M].北京:清华大学出版社,2011.
[5] 潘松,黄继业.EDA 技术与 VHDL[M].4 版.北京:清华大学出版社,2013.
[6] 余孟尝.数字电子技术基础简明教程[M].4 版.北京:高等教育出版社,2018.
[7] 高吉祥,丁文霞.数字电子技术[M].4 版.北京:电子工业出版社,2016.
[8] 林红.数字电路与逻辑设计[M].3 版.北京:清华大学出版社,2014.
[9] 郭永贞,许其清,龚克西.数字电子技术[M].3 版.南京:东南大学出版社,2013.
[10] 江晓安,董秀峰,杨颂华.数字电子技术[M].3 版.西安:西安电子科技大学出版社,2008.
[11] 朱勇.数字逻辑[M].2 版.北京:中国铁道出版社,2013.
[12] 邹虹.数字电路与逻辑设计[M].北京:人民邮电出版社,2008.
[13] 王建珍.数字电子技术[M].北京:人民邮电出版社,2005.
[14] 孟庆斌,司敏山.EDA 实验教程[M].天津:南开大学出版社,2011.
[15] 熊小君.数字逻辑电路分析与设计教程[M].北京:清华大学出版社,2017.
[16] 张新喜.Multisim 14 电子系统仿真与设计[M].2 版.北京:机械工业出版社,2017.
[17] 吕波,王敏.Multisim 14 电路设计与仿真[M].北京:机械工业出版社,2017.
[18] 胡晓光.数字电子技术基础[M].北京:北京航空航天大学出版社,2016.
[19] 鲍可进,赵念强,赵不贿.数字逻辑电路设计[M].北京:清华大学出版社,2004.
[20] 张豫滇.数字电子技术[M].北京:北京邮电大学出版社,2005.
[21] 丛红侠,郭振武,刘广伟.数字电子技术基础实验教程[M].天津:南开大学出版社,2011.

图 书 资 源 支 持

感谢您一直以来对清华版图书的支持和爱护。为了配合本书的使用，本书提供配套的资源，有需求的读者请扫描下方的"书圈"微信公众号二维码，在图书专区下载，也可以拨打电话或发送电子邮件咨询。

如果您在使用本书的过程中遇到了什么问题，或者有相关图书出版计划，也请您发邮件告诉我们，以便我们更好地为您服务。

我们的联系方式：

地　　址：北京市海淀区双清路学研大厦 A 座 714

邮　　编：100084

电　　话：010-83470236　010-83470237

客服邮箱：2301891038@qq.com

QQ：2301891038（请写明您的单位和姓名）

资源下载： 关注公众号"书圈"下载配套资源。

资源下载、样书申请

书圈

获取最新书目

观看课程直播